五年制"3+2"中高职融通土建

建筑给水排水
工程设计

主　编　胡世琴

副主编　汤万龙

参　编　张小英　宋新梅　阿孜古丽·阿布都

主　审　张洪洲　张政治

中国电力出版社
CHINA ELECTRIC POWER PRESS

内 容 提 要

本书内容分为建筑给排水工程设计程序与基本要求、建筑内部给水系统设计、建筑内部消防给水系统设计、建筑内部热水及饮水供应系统设计、建筑内部排水系统设计、建筑小区给水排水系统设计、建筑与小区中水系统及雨水利用七个单元。

本书在重点介绍建筑给水、消防给水、热水供应、建筑排水、建筑小区给排水等系统的供水、排水方式选择、管道敷设、附属设备选用的基础上，详细讲解流量计算，管径确定，水池、水箱容积计算和水泵流量，扬程的计算方法、步骤，在学生已具备建筑给排水系统安装操作技能的基础上，进一步强化学生的建筑给排水工程设计能力，同时还融入建筑及小区中水系统及雨水利用的新知识和新技术，增强学生的节水、节能和环保等思想意识。

本书可作为高等职业学校建筑设备类专业和五年制"3+2"中高职融通建筑设备类专业（高职阶段）的教材，也可供相关专业工程技术人员和管理人员学习参考使用。

图书在版编目（CIP）数据

建筑给水排水工程设计/胡世琴主编. —北京：中国电力出版社，2017.1
五年制"3+2"中高职融通土建类专业培养系列教材
ISBN 978-7-5123-9678-4

Ⅰ.①建… Ⅱ.①胡… Ⅲ.①建筑—给水工程—建筑设计—职业教育—教材 ②建筑—排水工程—建筑设计—职业教育—教材 Ⅳ.①TU82

中国版本图书馆 CIP 数据核字（2016）第 199376 号

中国电力出版社出版发行
北京市东城区北京站西街 19 号　100005　http://www.cepp.sgcc.com.cn
策划编辑：周　娟　责任编辑：未翠霞　联系电话：010—63412611
责任印制：蔺义舟　责任校对：常燕昆
北京市同江印刷厂印刷·各地新华书店经售
2017 年 1 月第 1 版·第 1 次印刷
787mm×1092mm　16 开本·14.25 印张·342 千字
定价：36.00 元

前　　言

　　《建筑给水排水工程设计》是五年制"3＋2"中高职融通的给排水工程技术、建筑设备工程技术和供热通风与空调工程技术等专业的核心能力课程，建筑给水排水工程设计的基本知识和能力对于提高建筑设备类专业（高职阶段）的教学质量和实现人才培养目标起着重要的支撑作用。

　　本教材将学生所必须掌握的知识和技能整合为建筑给排水工程设计程序与基本要求、建筑给水设计、建筑排水设计和建筑小区给排水设计四个部分。以工程设计过程为导向，先了解各个设计阶段的设计程序和要求；再熟悉各个系统的供水、排水方式、管道敷设要求、附属设备选择；然后掌握各个系统流量计算、管径确定、水箱和水池容积计算、水泵流量和扬程的确定；最后进行各个系统的设计训练。通过工程设计实践活动，培养学生的建筑给排水工程设计能力和基本素养。

　　本教材内容取材恰当，符合五年制"3＋2"中高职融通高职阶段的给排水工程技术、建筑设备工程技术和供热通风与空调工程技术等三个专业面向的主要岗位职业能力需求，在学生已具备建筑给排水系统安装操作技能的基础上，通过完成建筑给排水工程设计任务，引入必需的理论知识与技能，进一步强化学生的建筑给排水工程设计能力，同时还融入了节水、节能和环保等新知识和新技术。采用了最新规范和标准，教学内容涵盖我国建筑设备领域的成熟技术。内容充分体现了科学性、实用性、新颖性和可操作性。

　　本教材由新疆建设职业技术学院汤万龙、胡世琴、宋新梅、阿孜古丽·阿布都和新疆乌鲁木齐市建设工程质量监督站张小英共同编写。由胡世琴担任主编并统稿，汤万龙为副主编，具体分工为：内容提要、前言、单元一～三由胡世琴编写，单元四由阿孜古丽·阿布都编写，单元五由宋新梅编写，单元六由汤万龙编写，单元七由张小英编写。

　　本教材由新疆建筑勘察设计研究院张洪洲和新疆冶金建设有限责任公司张政治担任主审，谨致谢意。

　　由于编者学识水平有限，敬请各位读者提出宝贵意见。

编者

目　　录

单元一

建筑给排水工程设计程序与基本要求

【学习目标】通过本单元的学习，熟悉建筑给排水方案设计的一般规定、初步设计、施工图设计的总则、主要内容；掌握建筑给排水工程设计的程序和方法，能够按设计阶段要求完成不同阶段的设计任务。

【学习要求】

知 识 要 点	能 力 要 求	相 关 知 识
建筑给排水工程设计一般规定	理解建筑给排水方案设计的一般规定、初步设计、施工图设计的总则、主要内容	《建筑工程设计文件编制深度规定住房和城乡建设部》（文件建质〔2008〕216号）
建筑给排水工程设计的程序与方法	能够根据设计阶段完成设计任务	
建筑给排水工程设计实例介绍		

【推荐阅读资料】

1. 中华人民共和国住房和城乡建设部.《建筑工程设计文件编制深度规定》〔2008〕216号.
2. 住房和城乡建设部关于发布市政公用工程设计文件编制深度规定（2013年版）的通知.

课题1 建筑给排水工程设计一般规定

一、建筑给排水方案设计一般规定

1. 总则

（1）建筑给排水方案设计附段只出方案设计说明，不出图纸。

（2）建筑给排水方案设计文件编制深度除满足住建部制定的《建筑工程设计文件编制深度规定》（〔2008〕216号）（以下简称"深度规定"）适用的要求外，尚应符合有关行业标准的规定。

（3）方案设计文件，应满足编制初步设计文件的需要，对于反标方案，设计文件深度应满足标书要求；若标书无明确要求，设计文件深度可参照本规定的有关条款编写。

（4）设计宜因地制宜地正确地选用国家、行业和地方建筑标准设计。

（5）当设计合同对设计文件编制深度另有要求时，设计文件编制深度应同时满足本规定和设计合同的要求。

（6）对于具体的工程项目设计，执行"深度规定"应根据项目的内容和设计范围对"深度规定"的条款进行合理地取舍。

2. 建筑给排水方案设计的内容

（1）给水设计。

1）水源情况简述，包括自备水源及市政给水管网。

2）用水量及耗热量估算：总用水量（最高日用水量、最大时用水量）、热水设计小时耗热量、消防水量。

3）给水系统：简述系统供水方式。

4）消防系统：简述消防系统的种类、供水方式。

5）热水系统：简述热源、供应范围及供应方式。

6）中水系统：简述设计依据、处理方法。

7）冷却循环水、重复用水及采取的其他节水节能措施。

8）饮用净水系统：简述设计依据、处理方法等。

（2）排水设计。

1）排水体制、污水、废水及雨水的排放出路。

2）估算污水、污水排水量，雨水量及重现期参数等。

3）排水系统说明及综合利用。

4）污水、废水的处理方法。

（3）需要说明的其他问题。

二、建筑给排水初步设计一般规定

1. 总则

（1）建筑给排水初步设计阶段包括初步设计说明和设计图纸（注：对于简单工程项目初步设计阶段一般可不出图）。

（2）建筑给排水初步设计文件编制深度除满足建设部制定的"深度规定"适用的要求外，尚应符合有关行业标准的规定。

（3）初步设计文件，应满足编制施工图设计文件的需要。

（4）设计宜因地制宜正确选用国家、行业和地方建筑标准设计。

（5）当设计合同对设计文件编制深度另有要求时，设计文件编制深度应同时满足"深度规定"和"设计合同的要求"。

（6）对于具体的工程项目设计，执行"深度规定"应根据项目的内容和设计范围对"深度规定"的条款进行合理的取舍。

（7）本专业的某项设计内容可由其他专业承担设计，但设计文件的深度应符合"深度规定"的要求。

2. 建筑给排水初步设计内容的一般要求

（1）初步设计阶段，给水排水专业设计文件应包括设计说明书（为满足各部门的审批要求，分别编制给排水设计篇、环保和卫生防疫篇、节水专篇、消防专篇）、设计图纸、主要设备表、计算书（内部使用并存档）。

（2）设计依据。

1）设计总说明所列批准文件《建筑给水排水设计规范》。

2）工程采用的主要法规和标准。

3）其他专业提供的工程设计资料，工程可利用的市政条件。

（3）设计范围。根据设计任务书和有关设计资料，说明本专业设计的内容和分工。

（4）室外给水设计。

1）水源：由市政或小区管网供水时，应说明供水干管的方位、接管管径、能提供的水量、水压。当建自备水源时，应说明水源的水质、水温、水文及供水能力，取水方式及净化处理工艺和设备选型等。

2）用水量：说明或用表格列出生活用水定额及用水量，生产用水水量，其他项目用水定额及用水量（含循环冷却水系统补水量、游泳池和中水系统补水量、洗衣房、锅炉房、水景用水、道路、绿化洒水和不可预计水量等）；消防用标准及用水量；总用水量（最高日用水量、最大时用水量）。

3）给水系统：说明生活、生产、消防系统的划分及组合情况，分质分压分区供水的情况。当水量、水压不足时采取的措施，并说明调节设施的容量、材质、位置及加压设备选型。如系扩建工程，还应对现有给水系统加以简介。

4）消防系统：说明各类型消防设施的设计依据、设计参数、供水方式、设备选型及控制方法等。

5）中水系统：说明中水系统设计依据、水质要求、工艺流程、设计参数及设备选型，并绘制水量平衡图。

6）循环冷却水系统：说明根据用水设备对水量、水质、水温、水压的要求，以及当地的有关气象参数（如室外空气干、湿球温度和大气压力等）来选择采取循环冷却水系统的组成，冷却构筑物、循环水泵的型号及稳定水质措施。

7）当采用重复用水的系统较大时，应根述系统流程，净化工艺并绘制水量平衡图。

8）管材、接口及敷设方式。

（5）室外排水设计。

1）现有排水条件简介：当排入城市管道或其他外部明沟时应说明管道、明沟的大小、坡度、排入点的标高、位置或检查井编号。当排入水体（江、河、湖、海等）时，还应说明对排放的要求。

2）说明设计采用的排水制度、排水出路。如需要提升，则说明提升位置、规模，提升设备选型及设计数据，构筑物形式，占地面积，紧急排放的措施等。

3）说明或用表格列出生产、生活排水系统的排水量。当污水需要处理时，应分别说明排放量、水质、处理方式、工艺流程、设备选型、构筑物概况以及处理效果等。

4）说明雨水排水采用的暴雨强度公式（或采用的暴雨强度）、重现期、雨水排水量等。

5）管材、接口及敷设方式。

（6）建筑给水排水设计。

1）说明或用表格列出各种用水量标准，用水单位数，工作时间，小时变化系数，最高日用水量，最大时用水量。

2）给水系统：说明给水系统的划分和给水方式，分区供水要求和采取的措施，计量的方式，水箱和水池的容量、设置位置、材质，设备选型，保温、防结露和防腐蚀等措施。

3）消防系统：遵照各类防火设计规范的有关规定要求，分别对各类消防系统（如消火栓、自喷水、水幕、雨淋喷水、水喷雾、泡沫、气体灭火系统）的设计原则和依据，计算标准，系统组成，控制方式，消防水池和水箱的容量、设置位置以及主要设备选择等予以叙述。

4）热水系统：说明采取的热水供应方式，系统选择，水温、水质、热源、加热方式及最大小时用水量和耗热量等。说明设备选型、保温、防腐的技术措施等。当利用余热或太阳能时，尚应说明采用的依据、供应能力、系统形式、运行条件及技术措施等。

5）对水质、水温、水压有特殊要求或设置饮用净水、开水系统者，应说明采用特殊技术措施，并列出设计数据及工艺流程、设备选型等。

6）中水系统：说明中水系统设计依据、水质要求、工艺流程、设计参数及设备选型，并绘制水量平衡图。

7）排水系统：说明排水系统选择、生活和生产污（废）水排水量、室外排放条件。有毒有害污水的局部处理工艺流程及设计数据，屋面雨水的排水系统选择及室外排放条件，采用的降雨强度和重现期。

8）管材、接口及敷设方式。

（7）节水、节能措施：说明高效节水，节能设备及系统设计中采用的技术措施等。

（8）对有隔振及防爆要求的建（构）筑物，说明给排水设施所采取的技术措施。

（9）对特殊地区（地震、湿陷性或胀缩性土、冻土地区，软弱地基）的给排水设施，说明所采取的相应技术措施。

（10）需提请在设计审批时解决或确定的主要问题。

3. 设计图纸

（1）给水排水总平面图。

1）全部建筑物和构筑物的平面位置、道路等，并标出主要定位尺寸或坐标、标高，指北针（或风玫瑰图）等。

2）给水、排水管道平面位置，标注出干管的管径、流水方向、闸门井、消火栓井，水表井、检查井、化粪池等和其他给排水构筑物位置。

3）场地内给水、排水管道与城市管道系统连接点的控制标高和位置。

4）消防系统、中水系统、冷却循环水系统、重复用水系统的管道的平面位置，标注出干管的管径。

（2）给水排水局部总平面图。

1）取水构筑物平面布置图。若自建水源的取水构筑物距离较远时，应单独给出取水构筑物平面，包括取水头部（取水口）、取水泵房、转换闸门井、道路平面位置、坐标、标高、方位等，必要时还应给出流程示意图，各构筑物之间的高程关系。

2）水处理厂（站）总平面布置及工艺流程图。如工程设计项目有净化处理厂（站）时（包括给水、污水、中水），应单独给出水处理构筑物总平面布置图及流程标高示意图。各构筑物是否要绘制单线条的平、剖面图，可视工程的复杂程度而定。在上述图中，还应列出建（构）筑物一览表，表中内容包括建（构）筑物的平面尺寸、结构形式等。

（3）建筑给排水平面图。

1）绘制给排水底层、标准层、管道和设备复杂层的平面布置图，标出室内外接管位置、管径等。

2）绘制机房（水池、水泵房、热交换间、水箱间、水处理间、游泳池、水景、冷却塔等）平面布置图（在上款中已表示清楚者，可不另出图）。

3）绘制给水系统、排水系统、各类消防系统、循环水系统、热水系统、中水系统等系统原理图，标注干管管径，设备设置标高，建筑楼层编号及层面标高。

4）绘制水处理流程图（或框图）。

（4）主要设备表。按子项分别列出主要设备的名称、型号、规格（参数）、数量。

（5）计算书。

1）各类用水量和排水量计算。

2）有关的水力计算及热力计算。

3）设备选型和构筑物尺寸计算。

三、建筑给排水施工图设计一般规定

1. 总则

（1）建筑给排水施工图设计文件编制深度除满足建设部制定的"深度规定"适用的要求外，尚应符合有关行业标准的规定。（注：工业项目设计文件的编制应根据工程性质执行有关行业标准的规定）

（2）施工图设计文件，应满足设备材料采购、非标准设备制作和施工的需要。对于将项目分别发包给几个设计单位或实施设计分包的情况，设计文件相互关联处的深度应当满足各承包或分包单位设计的需要。

（3）设计宜因地制宜正确选用国家、行业和地方建筑标准设计，并在设计文件的图纸目录或施工图设计说明中注明应用图集的名称。

（4）当设计合同对设计文件编制深度另有要求时，设计文件编制深度应同时满足本规定和设计合同的要求。

（5）对于具体的工程项目设计，执行本"深度规定"应根据项目的内容和设计范围对"深度规定"的条款进行合理的取舍。

（6）本专业的某项设计内容可由其他专业承担设计，但设计文件的深度应符合"深度规定"的要求。

2. 建筑给排水施工图设计内容的一般要求

（1）在施工图设计阶段，给水排水专业设计文件应包括图纸目录、施工图设计说明、设计图纸、主要设备表、计算书（内部使用并存档）。

（2）图纸目录：先列新绘制图纸，后列选用的标准图或重复利用图。

（3）设计总说明。

1）设计依据简述。

2）给排水系统概况，主要的技术指标（如最高日用水量，最大时用水量，最高日排水量，最大时热水用水量、耗热量，循环冷却水量，各消防系统的设计参数及消防总用水量等），控制方法；有大型的净化处理厂（站）或复杂的工艺流程时，还应有运转和操作说明。

3）凡不能用图示表达的施工要求，均以设计说明表述。

4）有特殊需要说明的可分别列在有关图纸上。

（4）给水排水总平面图。

1）绘出各建筑物的外形，名称、位置、标高、指北标（或风玫瑰图）。

2）绘出全部给排水管网及构筑物的位置（或坐标）、距离、检查井、化粪池型号及详图索引号。

3）对较复杂工程，应将给水、排水（雨水、污废水）总平面图分开绘制，以便于施工（简单工程可以绘在一张图上）。

4）给水管注明管径、埋设深度或敷设的标高，宜标注管道长度，并绘制阀门组合节点图，注明节点结构、阀门井尺寸、编号及引用标准图号（一般工程给水管线可不绘节点图）。

5）排水管标注检查井编号和水流坡向，标注管道接口处市政管网的位置、标高、管径、水流坡向。

（5）排水管道高程表和纵断面图。

1）排水管道绘制高程表，将排水管道的检查井编号、井距、管径、坡度、地面设计标高、管内底标高等写在表内。简单的工程，可将上述内容直接标注在平面图上，不列表。

2）对地形复杂的排水管道以及管道交叉较多的给排水管道，应绘制管道纵断面图，图中应表示出设计地面标高、管道标高（给水管道注管中心，排水管道注管内底）、管径、坡度、井距、井号、井深，并标出交叉管的管径、位置、标高；纵断面图比例宜为竖向 1：100（或 1：50，1：200），横向 1：500（或与总平面图的比例一致）。

（6）建筑给水排水图纸。

1）平面图。绘出与给水排水、消防给水管道布置有关各层的平面图，内容包括主要轴线编号，房间名称、用水点位置，注明各种管道系统编号（或图例）。

绘出给水排水、消防给水管道平面布置、立管位置及编号。

当采用展开系统原理图时，应标注管道管径、标高，给水管安装高度变化处，应在变化处用符号表示清楚，并分别标出标高（排水横管应标注管道终点标高）管道密集处应在该平面图中画横断面图将管道布置定位表示清楚。

底层平面应注明引入管、排出管、水泵接合器等与建筑物的定位尺寸、穿建筑外墙管道的标高，防水套管形式等，还应给出指北针。

标出各楼层建筑平面标高（如卫生设备间平面标高有不同时，应另加注），灭火器放置地点。

若管道种类较多，在一张图纸上表示不清楚时，可分别绘制给排水平面图和消防给水平面图。

对于给排水设备及管道较多处，如泵房、水池、水箱间、热交换器站、饮水间、卫生间、水处理间、报警阀门、气体消防贮瓶间等，当上述平面图不能交代清楚时，应绘出局部放大平面图。

2）系统图。对于给水排水系统和消防给水系统，一般宜按比例分别绘出各种管道系统图。图中标明管道走向、管径、仪表及阀门、控制点标高和管道坡度（设计说明中已交代者，图中可不标注管道坡度），各系统编号，各楼层卫生设备和用水设备的连接点位置。如各层（或某几层）卫生设备及用水点接管（分支管段）情况完全相同时，在系统图上可只绘一个有代表性楼层的接管图，其他各层注明同该层即可。复杂的连接点应局部放大绘制。在系统图上，应注明建筑楼层标高、层数、室内外建筑平面标高差，卫生间管道应绘制系统图。

展开系统原理图。对于用展开系统原理图将设计内容表达清楚的，可绘制展开系统原理图。图中标明立管和横管的管径、立管编号、楼层标高、层数、仪表及阀门、各系统编号、各楼层卫生设备和工艺用水设备的连接，排水管标立管检查口、通气帽等距地（板）高度等。如各层（或某层）卫生设备及用水点接管（分支管段）情况完全相同时，在展开系统原理图上可只绘一个有代表性楼层的接管图，其他各层注明同该层即可。

当自动喷水灭火系统在平面图中已将管道管径、标高、喷头间距和位置标注清楚时，可简化表示从水流指示器至末端试水装置（试水阀）等阀件之间的管道和喷头。

简单管段在平面上注明管径、坡度、走向、进出水管位置及标高，可不绘制系统图。

3）局部设施。当建筑物内有提升、调节或小型局部给排水处理设施时，可绘出其平面图、剖面图（或轴测图），或注明引用的详图、标准图号。

4）详图。特殊管件无定型产品又无标准图可利用时，应绘制详图。

5）主要设备材料表。主要设备、器具、仪表及管道附件、配件可在首页或相关图上列表表示。

6）计算书。根据初步设计审批意见进行施工图阶段设计计算。

当为合作设计时，应依据主设计方审批的初步设计文件，按所分工内容进行施工图设计。

课题 2 建筑给排水工程设计程序与方法

一、设计程序

（1）建设单位（通称甲方）根据建筑工程要求，提出申请报告（或称为工程计划任务书），说明建设用途、规模、标准、投资估算和工程建设年限，并申报政府建设主管部门批准，列入年度基建计划。

（2）申请报告批准后，由建设单位委托设计单位（通称乙方）进行工程设计。

（3）在上级批准的设计任务书及有关文件（例如建设单位的申请报告、上级批文、上级下达的文件等）齐备的条件下，设计单位接受设计任务，开始组织设计工作。

二、设计内容和要求

1. 方案设计

进行方案设计时，应从建筑总图上了解建筑平面位置、建筑层数及用途、建筑外形特点、建筑物周围地形和道路情况。还需要了解市政给水管道的具体位置和允许连接引入管处管段的管径、埋深、水压、水量及管材；了解排水管道的具体位置、出户管接入点的检查井标高、排水管径、管材、排水方向和坡度，以及排水体制。必要时，应到现场踏勘，落实上述数据是否与实际相符。

方案设计的具体工作：

（1）根据建筑使用性质，计算总用水量，并确定给水、排水设计方案。

（2）向建筑专业设计人员提供给排水设备（如水泵房、锅炉房、水池、水箱等）的安装位置、占地面积等。

（3）编写方案设计说明书，一般应包括以下内容：

1）设计依据。

2）建筑物的用途、性质及规模。

3）给水系统：说明给水的用水定额及总用水量，选用的给水系统和给水方式，引入管平面位置及管径，升压、贮水设备的型号、容积和位置等。

4）排水系统：说明选用的排水体制和排水方式，出户管的位置及管径，污废水抽升和局部处理构筑物的型号和位置，以及雨水的排除方式等。

5）热水系统：说明热水用水定额、热水总用水量、热水供水方式、循环方式、热媒及热媒耗量、锅炉房位置，以及水加热器的选择等。

6）消防系统：说明消防系统的选择，消防给水系统的用水量，以及升压和贮水设备的选择、位置、容积等。

方案设计完毕，建设单位认可，并报主管部门审批后，可进行下一阶段的设计工作。

2. 初步设计

初步设计是将方案设计确定的系统和设施，用图纸和说明书完整地表达出来。

（1）图纸内容。

1）给水排水总平面图：应反映出室内管网与室外管网如何连接。内容有室外给水、排水及热水管网的具体平面位置和走向。图上应标注管径、地面标高、管道埋深和坡度（排水管）、控制点坐标，以及管道布置间距等。

2）平面布置图：表达各系统管道和设备的平面位置。通常采用的比例尺为 1：100，如管线复杂时可放大至 1：50～1：20。图中应标注各种管道、附件、卫生器具、用水设备和立管（立管应进行编号）的平面位置，以及管径和排水管道的坡度等。通常是把各系统的管道绘制在同一张平面布置图上，当管线错综复杂，在同一张平面图上表达不清时，也可分别绘制各类管道的平面布置图。

3）系统布置图（简称系统图）：表达管道、设备的空间位置和相互关系。各类管道的系统图要分别绘制。图中应标注管径、立管编号（与平面布置图一致）、管道和附件的标高，排水管道还应标注管道的坡度。

4）设备材料表：列出各种设备、附件、管道配件和管材的型号、规格、材质、尺寸和数量，供概预算和材料统计使用。

5）图纸目录：列出编有图纸序号的所有图纸和说明。

（2）初步设计说明书内容。

1）计算书：各个系统的水力计算、设备选型计算。

2）设计说明：主要说明各种系统的设计特点和技术性能，各种设备、附件、管材的选用要求及所需采取的技术措施（如水泵房的防振、防噪声技术要求等）。

3. 施工图设计

（1）审核设计基础资料。召集各专业开会，确定互相提资时间，列出工作计划，建筑设计人员提供平面、立面、剖面。给排水专业提资应分三个阶段，第一阶段提管井位置、面积、电容量、水池容积、设备房面积等（第一次建筑提交的资料一般比较简单，给排水专业人员要仔细看图，不清楚的地方要问清楚，设计范围要明确，管井分布面积要落实）；第二阶段提设备房布置，消火栓、湿式报警阀、水流指示器位置等；第三阶段，在出图前向概算专业提供设备材料表。其他专业应向给排水专业提供的资料：第一阶段空调应提供空调补充水量，第二阶段建筑应该提供卫生间大样，使给排水专业绘制完设备房大样图后，能绘制卫生间大样图。

写联系函，请业主提供相关资料（如市政自来水最低水压、管径、位置，市政污水、雨水管道标高、位置等，由业主向相关部门索要资料）；明确做法（如住宅卫生间大样画到什么程度，水表怎么设置，有什么特殊要求等），确定管道材料等，而且业主必须书面回复，作为设计依据，发生纠纷时有据可查，并作为归档资料的一部分归档。

（2）编写设计技术条件。编写统一技术条件，交审核人签字认可。设计依据、建筑等级、计算的方法、各个系统的技术方案（如给水系统方案是否为市政水直供、水泵－水箱供水），关键的技术指标（用水定额、消防用水量等），采用的管材一定要写清楚，技术方案和设计的关键问题应该先与审核人取得一致意见，否则校审时修改工作量太大，而且影响其他专业。

（3）编写计算书。先计算涉及应向其他专业提资的内容，如水池容积计算、水泵选型等，计算完成后给校对人检查。

（4）提交技术资料。向各相关专业第一阶段提交资料，并接受各专业提交的资料。要严格按工作计划提交资料，一定要按质量管理体系要求填写提资单，以便任何事情有据可查。提资单给校对及专业负责人签字时应该提交相应部分的计算书。

（5）绘制施工图。绘制施工图，完成计算书余下内容，第二阶段提交资料。绘制施工图的顺序应该是大样图、平面图、系统图。画图当中注意与建筑等工种的沟通和协商，如建筑专业修改或某专业要求修改建筑，如果不沟通，则会相互影响，致使工作效率低下。

（6）自审。设计人员自审，提交校审时，出现图纸相互矛盾等错误是不应该的，而且不允许出现很明显的简单错误，例如立管编号错编成其他系统的，编号重复等等。

（7）校对审核。提交校审时应一起提交统一技术条件和计算书，白纸图设计人应签字。

（8）会签，出图。

三、绘制施工图注意事项

（一）建筑内部给排水工程施工图设计注意问题

1. 卫生间大样

绘制卫生间大样，首先要确定给排水立管的位置，要根据各层平面图特别是转换层是否能方便连接考虑，排水立管布置尽量靠近大便器。住宅卫生间没有蹲厕的应设地漏。公用卫生间宜在洗脸盆、小便斗附近设地漏，并尽量靠墙角，方便地面找坡。如果建筑提交资料时已经定了地漏位置，如有修改要通知建筑专业修改。厨房不宜设置地漏。

公用卫生间排水管道除按规范设置清扫口外，拐弯处有条件的尽量设清扫口。给水管需要暗装时：DN≤25，墙厚至少应为120mm；DN＞25，墙厚至少应为180mm，不足的应要求建筑加砌墙，空心小型砌块墙不能暗装。敷设在楼板内的给水管应按规范要求执行，卫生间大样、给排水系统图，要按透视图的要求画，平面上可以不标注管径，在系统图上详细标明。

2．系统图

系统图不用完全按比例画，各楼层用横线表示并注上标高，楼层间距可以根据需要适当调整，立管相互关系位置要与平面相符，各种方向的横管按系统图的原则画，施工图编制深度要求的内容不能少，如管道的管径、标高、立管底标高等。

3．设计总说明

设计总说明一般分为设计说明和施工说明两部分，设计说明部分设计依据必须一一列出；各个系统作为一节说明，技术指标（用水定额、消防用水量）要写出来，采用的系统形式，分区等都要说明，消防系统还要说明设备的选用（消火栓、喷头）。施工说明部分应说明管材选用及安装，安装部分只要说明方式就可以了，如PVC-U管，粘接。

（二）小区给排水工程施工图设计注意问题

（1）设计单体时应该先考虑供水问题。给水系统是否需设屋顶水箱，如需水泵加压是设总的泵房还是区域泵房（根据建筑高度及距离远近等，从造价、节能、安全方面比较后确定）。消防如要水泵加压通常按区域消防考虑，泵房单独设置，或设在某一建筑内要与建筑专业协商。

（2）设计单体给排水平面时，要结合总平面来确定化粪池及雨水管、沟的出口位置。按设计深度要求，属单体设计内容的，如总平面图在单体设计之后出图，应在单体的设计说明中列出该部分内容详见后×××总平面图。

（3）雨水设计要详细计算。

（4）核对业主提供的市政接口资料，以免小区排水管与市政排水管衔接不上。

（5）仔细核对其他专业的管线，避免交叉，特别是非设计院承接的内容，如通信、电话、有线电视、管道煤气等管线，必须在这些专业内容施工前协调好标高问题。

课题3　建筑给排水工程设计实例

一、建筑给排水工程方案设计实例

某建筑的给排水工程方案设计实例

（1）地下三层设消防水池两座，每座容积分别为400m³，两座连通；消火栓水泵6台（中、低区及高区消防补水泵各两台，均为一用一备），自动喷水水泵4台（高、低区各两台，均为一用一备），消防提升水泵两台（一用一备）；生活用水水池一座，容积为400m³，生活给水水泵12台，每区3台（两用一备）。

（2）办公楼避难层设消防水池一座，容积为60m³，高区消火栓水泵两台（一用一备），高区自动喷水泵两台（一用一备）。

（3）住宅楼顶层设消防水箱两座，容积均为18m³，在其中一个水箱间内分别设消火栓增压设备及自动喷水稳压设备，在办公楼顶层设消防水箱一座，容积为30m³。

（4）地下三层消防电梯下设潜水排污泵，每处两台（一用一备）；其余地方适当考虑设集水坑及潜水排污泵。

二、建筑给排水工程扩大初步设计实例

某建筑的给排水工程扩大初步设计实例

1. 设计依据

(1) 建设投资方提供的委托任务书。

(2) 建筑，总图，采暖通风，动力等专业提供的条件图。

(3) 给水排水专业有关的设计规范。

2. 设计范围

建筑物内的给排水、消防设计。

3. 设计内容

(1) 生活给水。

1) 给水水源。由×××路的市政供水管网上接两根DN200的供水管，供本建筑生活及消防使用。

2) 用水量标准及用水量。

办公：40L/(人·班)，小时变化系数：1.2；公寓式办公：300L/(人·班)，小时变化系数：1.2。

住宅：200L/(人·d)，小时变化系数：2.5；商场：6L/(人·m^2·d)，小时变化系数：1.2。

餐厅：20L/(人·d)，小时变化系数：1.2；电影厅：4L/(人·场)，小时变化系数：1.2。

冷却循环补充水：按总循环水量的1.5%计算；采暖补水：按总循环水量的1.5%计算。

道路：2L/(m^2·d)，小时变化系数：1.2；绿化：2L/(m^2·d)，小时变化系数：1.2。

未预见水量：按最高日用水量的10%计；总生活用水量：921m^3/d。

3) 给水系统。于地下三层设生活水泵和生活水箱（容积为400m^3）。办公及公寓楼分为四个区：地下三层～八层为1区，九层～十八层为2区，十九层～二十六层为3区，（A座）二十层～顶层为4区；住宅楼分为三个区：三层～十三层为低区，十四层～二十二层为中区，二十三层～顶层为高区。各个区均采用微机变频调速供水，每区设水泵三台（两用一备）；控制给水压力不超过0.35MPa，超压部分设减压阀。各区生活水经紫外线消毒。

热水供水：住宅洗浴热水采用电热水器供应。

冷却循环水：于地下室制冷机房内设冷却循环水泵，每台水泵对应一台冷水机组，冷却塔设于裙房屋面。冷却循环水经过杀菌灭藻过滤处理。

(2) 生活排水。采用雨水、污水分流制排水系统。

生活污水系统：排水量按生活给水量的90%计算，约为830m^3/d，排入市政污水管网。建筑内设专用通气管。

雨水系统：设计重现期为10年，设计降雨历时为5min。屋面雨水采用内排水方式。

(3) 消防给排水。

1) 消火栓给水系统。

用水量标准：室内：40L/s；室外：30L/s。火灾延续时间：3h。

供水系统：系统分高、中、低三个区，地下三层～五层为低区，A座六层～十七层、其他各楼六层～顶层为中区，A座十八层～顶层为高区。于地下三层设800m^3消防水池一座

（分为两个联通的 400m³ 消防水池两座）。

高区消防（A 座中区消防）：于 A 座顶层设有效容积为 30m³ 的水箱一座，储备高区消防初期用水，并设消火栓增压泵及增压罐，为 A 座三十～层—顶层消火栓系统增压；于二十七层（避难层）设有效容积为 60m³ 的接力水箱一座，储备 A 座高区及中区消防用水，并设高区消火栓泵两台（一用一备）。于地下三层消防水泵房设高区消火栓接力泵两台（一用一备），将地下三层消防水池内消防水提升至高区接力水箱，供高区消防使用；接力水箱同时担任 A 座中区消防用水（重力流方式供水）。

中区消防：于 C、E、F 座顶层分别各设有效容积为 18m³ 的水箱一座，储备中区消防初期用水；并在 F 座顶层设消火栓增压泵及增压罐，为 B、E、F 座二十六层～顶层及 C、D 座二十九层～顶层消火栓系统增压。在消防泵房（设于地下三层）内设中区消火栓泵两台（一用一备）。

低区消防：十四层（避难层）设有效容积为 18m³ 的水箱一座，储备低区消防初期用水。在消防泵房（设于地下三层）内设低区消火栓泵两台（一用一备）。

室内消火栓给水管成环状布置，消火栓的布置保证两股充实水柱同时到达室内任何部位，A 座消火栓充实水柱长度不小于 13m，其他不小于 10m，A、E、F 座及裙房部分消火栓配置消防卷盘。消火栓栓口工作压力大于 0.5MPa 时，采用减压消火栓。消防电梯前室设消火栓；顶层设试验及检查用消火栓。每区各配消防水泵接合器三组。

2）自动喷水灭火系统。采用湿式灭火系统，按中危险 II 级设计。

设计标准：喷水强度：8L/(min·m²)；作用面积：160m²；火灾延续时间：1h；设计秒流量：26L/s。

供水系统。系统分区及供水方式同消火栓灭火系统。于地下三层消防水泵房设高区自动喷水接力泵两台（一用一备），将地下三层消防水池内消防水提升至高区接力水箱，供高区及 A 座中区自动喷水系统使用，并在二十七层（避难层）设高区自动喷水泵两台（一用一备）。

系统由洒水喷头、水流指示器、报警阀组、压力开关、末端试水装置等组成。不作吊顶处，采用直立型喷头；吊顶下布置的喷头，采用下垂型喷头。当梁、通风管道、桥架等障碍物的宽度大于 1.2m 时，其下方增设喷头。水流指示器前设信号阀。报警阀前管道呈环状布置。每区各配消防水泵接合器两组。（B、C、D 座仅在裙房部分设自动喷水灭火系统）。

系统由压力开关直接连锁自动启动自动喷水泵。

地下三层及地下二层车库设自动喷水灭火系统。

（4）管材。

1）生活给水管：采用无缝铝合金属塑管，热熔连接。

2）自动喷水管、水喷雾管：采用热浸内外镀锌钢管，丝接或者管箍连接。

3）消火栓、冷却循环水、雨水管：采用焊接钢管，焊接。

4）污水管、雨水管：采用柔性排水铸铁管，卡箍柔性连接或者法兰柔性连接。

管道竖井内管线布置分为通行地沟和不通行地沟两种。不通行管沟管线布置如图 1-1 所示。

如图 1-2 所示为规模较大建筑的专用管道竖井。每层留有检修门，可进入管道竖井内施工和检修。因竖井空间较小，布置管线应考虑施工的顺序。

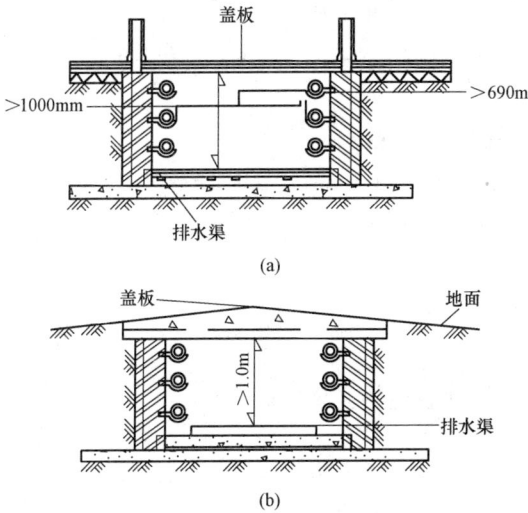

图 1-1　不通行管沟管线布置
（a）室内管沟；（b）室外管沟

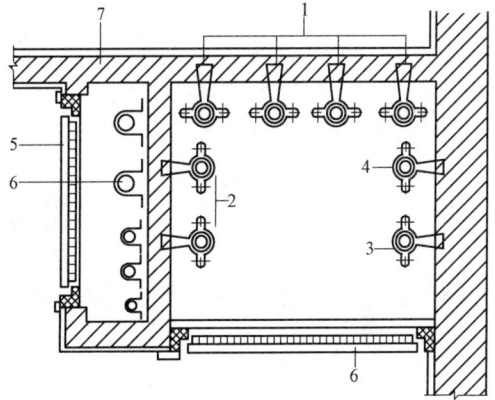

图 1-2　专用管道竖井

1—排水立管；2—采暖立管；3—热水回水立管；
4—消防立管；5—水泵加压管；6—给水立管；7—角钢

吊顶内管线布置，由于吊顶内空间较小，管线布置时应考虑施工的先后顺序、安装操作距离、支托吊架的空间和预留维修检修的余地。管线安装一般是先装大管，后装小管；先固定支、托、吊架，后安装管道。如图 1-3 所示，为楼道吊顶内的管线布置，因空间较小，电缆也布置在吊顶内，故需设专用电缆槽保护电缆。

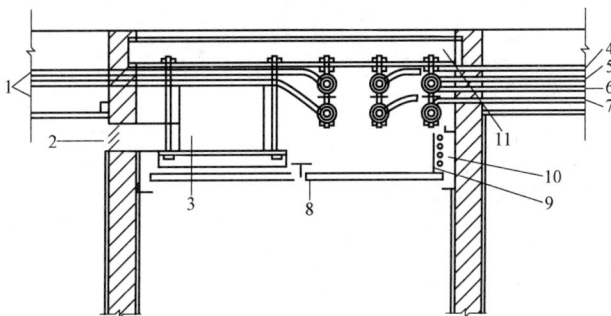

图 1-3　楼道吊顶内管道布置

1—空调管；2—风口；3—风管；4—采暖管；5—热水管；6—采暖回水管；
7—给水管；8—吊顶；9—电缆槽；10—电缆；11—槽钢

如图 1-4 所示为地下室吊顶内的管线布置，由于吊顶内空间较大，可按专业分段布置。此方式也可用于顶层闷顶内管线布置。为防止吊顶内敷设的冷水管道和排水管道有凝结水下滴影响天花板美观，应对冷水管道和排水管道采取防结露措施。

13

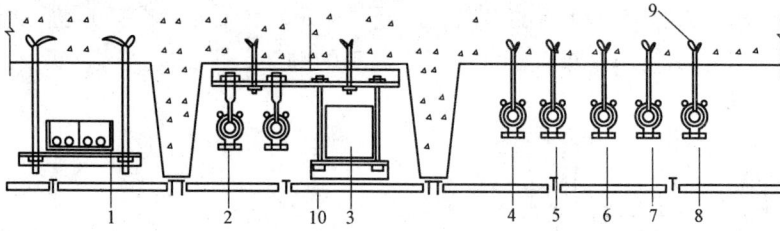

图 1-4 地下室吊顶内管线布置

1—电缆桥架；2—采暖管；3—通风管；4—消防管；5—给水管；6—热水供水管；
7—热水回水管；8—排水干管；9—角钢；10—吊顶

能力拓展训练

识读一套建筑给排水工程施工图，并总结其设计表达的主要内容。

单元二

建筑内部给水系统设计

【学习目标】通过本单元的学习和训练，熟悉给水系统水质、水量要求，掌握管道的布置及敷设要求；掌握给水系统水压与给水方式；熟悉水质污染的原因及其防护措施；掌握给水管道水力计算方法，能够进行增压和贮水设备的计算和选择，具备初步的设计计算能力。

【学习要求】

知 识 要 点	能 力 要 求	相 关 知 识
给水系统水质、水量及管道布置与敷设	1. 能说出生活饮用水的水质要求 2. 能够进行用水量的计算	1.《生活饮用水卫生标准》(GB 5749—2006) 2.《饮用净水水质标准》(CJ 94—2005) 3.《城市污水再生利用 城市杂用水水质标准》(GB/T 18920—2002)
给水系统供水压力与给水方式	1. 会计算给水系统所需水压 2. 能正确选用生活给水系统的给水方式	《建筑给水排水设计规范》(GB 50015—2003,2009 年版)
防止水质污染	1. 能说出污染的原因 2. 能选用污染防护措施	倒流防止器 背压回流
给水系统设计	1. 能进行管网水力计算 2. 能进行增压和贮水设备的选择	气压给水设备

【推荐阅读资料】

1. 中华人民共和国住房和城乡建设部.GB 50015—2003，2009 年版 建筑给水排水设计规范[S].北京：中国计划出版社，2009.
2. 中国建筑设计研究院.建筑给水排水设计手册 [M].北京：中国建筑工业出版社，2008.
3. 王增长.建筑给水排水工程 [M].5 版.北京：中国建筑工业出版社，2005.
4. 岳秀萍.建筑给水排水工程 [M].北京：中国建筑工业出版社，2011.

课题 1 给水系统水质、水量及管道布置与敷设

室内给水系统是指通过管道及辅助设备，按照建筑物和用户的生产、生活和消防的需

要，把水有组织地输送到用水地点的网络系统。其任务是满足建筑物和用户对水质、水量、水压、水温的要求，以确保用水安全可靠。

一、水质要求

（1）生活给水系统水质满足各类建筑物内的饮用、烹调、盥洗、淋浴、洗涤用水，水质必须符合国家规定的饮用水水质标准。

（2）生产给水系统水质满足各种工业建筑内的生产用水，如冷却用水、锅炉给水等。水质标准满足相应的工业用水水质标准。

（3）消防给水系统水质满足各类建筑物内的火灾扑救用水。

以上三类给水系统可独立设置，也可根据需要将其中两类或三类联合，构成生活消防给水系统、生产生活给水系统、生产消防给水系统、生活生产消防给水系统。

生活给水系统的水质，应符合《生活饮用水卫生标准》（GB 5749）的要求。

当采用中水为生活杂用水时，生活杂用水系统的水质应符合《城市污水再生利用 城市杂用水水质》（GB/T 18920）的要求。

二、用水量

小区给水设计用水量，应根据居民生活用水量、公共建筑用水量、绿化用水量、水景、娱乐设施用水量、道路、广场用水量、公用设施用水量、未预见用水量及管网漏失水量和消防用水量确定（注：消防用水量仅用于校核管网计算，不计入正常用水量）。

居住小区的居民生活用水量，应按小区人口和《建筑给水排水设计规范》（GB 50015）规定的住宅最高日生活用水定额见表 2-1，经计算确定。居住小区内的公共建筑用水量，应按其使用性质、规模采用表 2-2 中的用水定额经计算确定。

绿化浇灌用水定额应根据气候条件、植物种类、土壤理化性状、浇灌方式和管理制度等因素综合确定。当无相关资料时，小区绿化浇灌用水定额可按浇灌面积 $1.0 \sim 3.0 L/(m^2 \cdot d)$ 计算，干旱地区可酌情增加。

小区道路、广场的浇洒用水定额可按浇洒面积 $2.0 \sim 3.0 L/(m^2 \cdot d)$ 计算。

小区消防用水量和水压及火灾延续时间，应按《建筑设计防火规范》（GB 50016）及《高层民用建筑设计防火规范》（GB 50045）确定。

小区管网漏失水量和未预见用水量之和可按最高日用水量的 10%～15% 计算。

居住小区内的公用设施用水量，应由该设施的管理部门提供用水量计算参数，当无重大公用设施时，不另计用水量。

住宅的最高日生活用水定额及小时变化系数，可根据住宅类别、建筑标准、卫生器具设置标准按表 2-1 确定。

宿舍、旅馆等公共建筑的生活用水定额及小时变化系数，根据卫生器具完善程度和区域条件，可按表 2-2 确定。

生产用水一般比较均匀，并且具有规律性，其用水量可按消耗在单位产品上的水量计算，也可以按单位时间内消耗在生产设备上的水量计算。

表 2-1 住宅最高日生活用水定额及小时变化系统

住宅类别		卫生器具设置标准	用水定额 /[L/(人·d)]	小时变化系数 K_h
普通住宅	Ⅰ	有大便器、洗涤盆	85～150	3.0～2.5
	Ⅱ	有大便器、洗脸盆、洗涤盆、洗衣机、热水器和沐浴设备	130～300	2.8～2.3
	Ⅲ	有大便器、洗脸盆、洗涤盆、洗衣机、集中热水供应（或家用热水机组）和沐浴设备	180～320	2.5～2.0
别墅		有大便器、洗脸盆、洗涤盆、洗衣机、洒水栓，家用热水机组和沐浴设备	200～350	2.3～1.8

注 1. 当地主管部门对住宅生活用水定额有具体规定时，应按当地规定执行。
2. 别墅用水定额中含庭院绿化用水和汽车抹车用水。

表 2-2 宿舍、旅馆和公共建筑生活用水定额及小时变化系统

序号	建筑物名称	单位	最高日生活用水定额/L	使用时数 /h	小时变化系数 K_h
1	宿舍 Ⅰ类、Ⅱ类 Ⅲ类、Ⅳ类	每人每日 每人每日	150～200 100～150	24 24	3.0～2.5 3.5～3.0
2	招待所、培训中心、普通旅馆 设公用盥洗室 设公用盥洗室、淋浴室 设公用盥洗室、淋浴室、洗衣室 设单独卫生间、公用洗衣室	每人每日 每人每日 每人每日 每人每日	50～100 80～130 100～150 120～200	24	3.0～2.5
3	酒店式公寓	每人每日	200～300	24	2.5～2.0
4	宾馆客房 旅客 员工	每床位每日 每人每日	250～400 80～100	24	2.5～2.0
5	医院住院部 设公用盥洗室 设公用盥洗室、淋浴室 设单独卫生间 医务人员 门诊部、诊疗所 疗养院、休养所住房部	每床位每日 每床位每日 每床位每日 每人每班 每病人每次 每床位每日	100～200 150～250 250～400 150～250 10～15 200～300	24 24 24 8 8～12 24	2.5～2.0 2.5～2.0 2.5～2.0 2.0～1.5 1.5～1.2 2.0～1.5
6	养老院、托老所 全托 日托	每人每日 每人每日	100～150 50～80	24 10	2.5～2.0 2.0
7	幼儿园、托儿所 有住宿 无住宿	每儿童每日 每儿童每日	50～100 30～50	24 10	3.0～2.5 2.0

序号	建筑物名称	单位	最高日生活用水定额/L	使用时数/h	小时变化系数 K_h
8	公共浴室 　淋浴 　浴盆、淋浴 　桑拿浴（淋浴、按摩池）	 每顾客每次 每顾客每次 每顾客每次	 100 120～150 150～200	 12 12 12	2.0～1.5
9	理发室、美容院	每顾客每次	40～100	12	2.0～1.5
10	洗衣房	每 kg 干衣	40～80	8	1.5～1.2
11	餐饮业 　中餐酒楼 　快餐店、职工及学生食堂 　酒吧、咖啡馆、茶座、卡拉 OK 房	 每顾客每次 每顾客每次 每顾客每次	 40～60 20～25 5～15	 10～12 12～16 8～18	1.5～1.2
12	商场 　员工及顾客	每 m² 营业厅面积每日	5～8	12	1.5～1.2
13	图书馆	每人每次 员工	5～10 50	8～10 8～10	15～1.2 15～1.2
14	书店	员工每人每班 每 m² 营业厅	30～50 3～6	8～12 8～12	1.5～1.2 1.5～1.2
15	办公楼	每人每班	30～50	8～10	1.5～1.2
16	教学、实验楼 　中小学校 　高等院校	 每学生每日 每学生每日	 20～40 40～50	 8～9 8～9	 1.5～1.2 1.5～1.2
17	电影院、剧院	每观众每场	3～5	3	1.5～1.2
18	会展中心（博物馆、展览馆）	员工每人每班 每 m² 展厅每日	30～50 3～6	8～16	1.5～1.2
19	健身中心	每人每次	30～50	8～12	1.5～1.2
20	体育场（馆） 　运动员淋浴 　观众	 每人每次 每人每场	 30～40 3	 — 4	 3.0～2.0 1.2
21	会议厅	每座位每次	6～8	4	1.5～1.2
22	航站楼、客运站旅客，展览中心观众	每人每次	3～6	8～16	1.5～1.2
23	菜市场地面冲洗及保鲜用水	每 m² 每日	10～20	8～10	2.5～2.0
24	停车库地面冲洗水	每 m² 每次	2～3	6～8	1.0

注 1. 除养老院、托儿所、幼儿园的用水定额中含食堂用水，其他均不含食堂用水。

2. 除注明外，均不含员工生活用水，员工用水定额为每人每班 40～60L。

3. 医疗建筑用水中已含医疗用水。

4. 空调用水应另计。

工业企业建筑中的管理人员的生活用水定额可取 30～50L/（人·班）；车间工人的生活用水定额应根据车间性质确定，宜采用 30～50L/（人·班）；用水时间宜取 8h，小时变化系数宜取 1.5～2.5。

工业企业建筑淋浴用水定额，应根据现行国家标准 GBZ 1《工业企业设计卫生标准》中车间的卫生特征分级确定，可采用 40~60L/(人·次)，延续供水时间宜取 1h。

根据规范，按设计要求可以确定建筑物内生活用水的最高日用水量及最大小时用水量。

最高日用水量按式（2-1）计算：

$$Q_d = mq_d \tag{2-1}$$

式中　　Q_d——最高日用水量，L/d；

　　　　m——用水人数；

　　　　q_d——每人最高日生活用水定额，[L/(人·d)]。

最大小时用水量按式（2-2）计算：

$$Q_h = K_h \frac{Q_d}{T} = Q_p K_h \tag{2-2}$$

式中　　Q_h——最大小时用水量，L/h；

　　　　T——建筑物内每日用水时间，h；

　　　　K_h——小时变化系数，为生活用水量最高日最大小时用水量与平均小时用水量之比，即 $K_h = Q_h/Q_p$，Q_p 为生活用水量最高日平均时用水量，L/h。

三、管道布置、敷设与防护

（一）管道布置

给水管道的布置受建筑结构、用水要求、配水点和室外给水管道的位置以及供暖、通风空调、供电等其他建筑设备工程管线等布置因素影响。布置管道时，应处理和协调好各种相关因素的关系。

1. 基本要求

（1）确保供水安全，力求经济合理。管道尽可能和墙、梁、柱平行，呈直线走向，力求管路简短，以减少工程量，降低造价。干管应布置在用水量大或不允许间断供水的配水点附近，既利于供水安全，

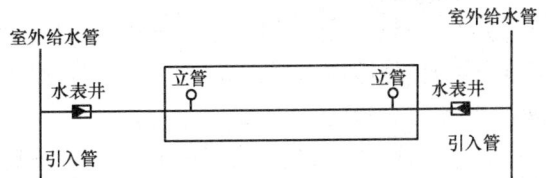

图 2-1　引入管从建筑物不同侧引入

又可减少流程中不合理的转输流量，节省管材。对不允许间断供水的建筑物，应从室外环状管网不同管段上连接 2 条或 2 条以上引入管，在室内将管道连成环状或贯通状双向供水，如图 2-1 所示。若条件达不到要求，可采取设贮水池或增设第二水源等安全供水措施。

（2）保护管道不受损坏。给水埋地管道应避免布置在可能受重物压坏处。管道不得穿越生产设备基础，如遇特殊情况必须穿越时，应与有关专业设计人员协商处理。管道不宜穿过建筑的伸缩缝、沉降缝，如必须穿过，应采取保护措施，常用的措施有：软性接头法，即用橡胶软管或金属波纹管连接沉降缝或伸缩缝两边的管道；螺纹弯头法，如图 2-2 所示，在建筑沉降过程中，两边的沉降差由螺纹弯头的旋转来补偿，适用于小管径的管道；活动支架法，如图 2-3 所示，在沉降缝两侧设支架，使管道只能产生垂直位移而不能产生水平横向位移，以适应沉降、伸缩的应力。为防止管道腐蚀，管道不允许布置在烟道、风道和排水沟内；不允许穿越大便槽和小便槽，当立管距小便槽端部小于等于 0.5m 时，在小便槽端部应设隔断。

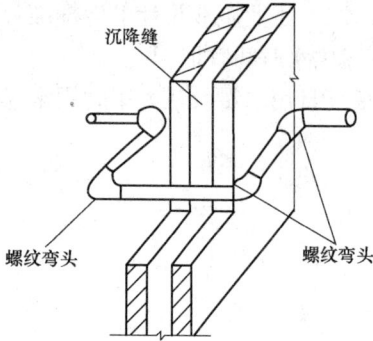

图 2-2　螺纹弯头法

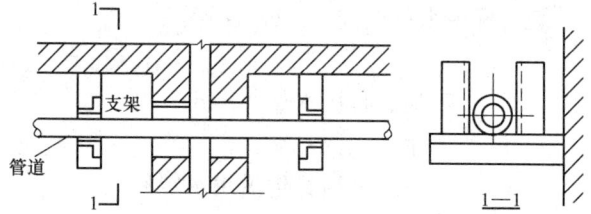

图 2-3　活动支架法

（3）不影响生产安全和建筑物的使用。为避免管道渗漏，造成配电间电气设备故障或短路，管道不能从配电间通过；不能布置在妨碍生产操作和交通运输处或遇水易引起燃烧、爆炸、损坏的设备、产品和原料处；不宜穿过橱窗、壁柜、吊柜等，也不宜在机械设备上方通过，以免影响各种设施的功能和设备的维修。

（4）便于安装和维修。布置管道时其周围要留有一定的空间，以满足安装、维修的要求，保证给水管道与其他管道和建筑结构的最小净距离。需进入检修的管道井，其通道宽度不宜小于 0.6m。

（5）防止水质污染。

1）城镇给水管道严禁与自备水源的供水管道直接连接。

2）中水、回用雨水等非生活饮用水管道严禁与生活饮用水管道连接。

3）生活饮用水不得因管道产生虹吸、背压回流而受污染。

4）卫生器具和用水设备、构筑物等的生活饮用水管配水件出水口应符合下列规定：出水口不得被任何液体或杂质所淹没；出水口高出承接用水容器溢流边缘的最小空气间隙，不得小于出水口直径的 2.5 倍。

5）生活饮用水水池（箱）进水管口的最低点高出溢流边缘的空气间隙应等于进水管管径，但最小不应小于 25mm，最大不大于 150mm。当进水管从最高水位以上进入水池（箱），管口为淹没出流时应采取真空破坏器等防虹吸回流措施。不存在虹吸回流的低位生活饮用水贮水池，其进水管不受本条限制，但进水管仍宜从最高水面以上进入水池。

6）从生活饮用水管网向消防、中水和雨水回用等其他用水的贮水池（箱）补水时，其进水管口最低点高出溢流边缘的空气间隙不应小于 150mm。

7）从给水饮用水管道上直接供下列用水管道时，应在这些用水管道的下列部位设置倒流防止器：①从城镇给水管网的不同管段接出两路及两路以上的引入管，且与城镇给水管形成环状管网的小区或建筑物，在其引入管上；②从城镇生活给水管网直接抽水的水泵的吸水管上；③利用城镇给水管网水压且小区引入管无倒流防止设施时，向商用的锅炉、热水机组、水加热器、气压水罐等有压容器或密闭容器注水的进水管上。从小区或建筑物内生活饮用水管道系统上接至下列用水管道或设备时应设置倒流防止器：①单独接出消防用水管道时，在消防用水管道的起端；②从生活饮用水贮水池抽水的消防水泵出水管上。

8）生活饮用水管道系统上接至下列含有对健康有危害物质等有害有毒场所或设备时，应设置倒流防止设备：贮存池（罐）、装置、设备的连接管上；化工剂罐区、化工车间、实验楼（医药、病理、生化）等除设置倒流防止器外，还应在其引入管上设置空气间隙。

9）从小区或建筑物内生活饮用水管道上直接接出下列用水管道时，应在这些用水管道上设置真空破坏器：当游泳池、水上游乐池、按摩池、水景池、循环冷却水集水池等的充水或补水管道出口与溢流水位之间的空气间隙小于出口管径 2.5 倍时，在其充（补）水管上；不含有化学药剂的绿地等喷灌系统，当喷头为地下式或自动升降式时，在其管道起端；消防（软管）卷盘；出口接软管的冲洗水龙头与给水管道连接处。

10）空气间隙、导流防止器和真空破坏器的选择，应根据回流性质、回流污染的危害程度按相关规范确定。

注：在给水管道防回流设施的设置点，不应重复设置。

11）严禁生活饮用水管道与大便器（槽）、小便斗（槽）采用非专用冲洗阀直接连接冲洗。

12）生活饮用水管道应避开毒物污染区，当条件限制不能避开时，应采取防护措施。

13）供单体建筑的生活饮用水池（箱）应与其他用水的水池（箱）分开设置。

14）埋地式生活饮用水贮水池周围 10m 以内，不得有化粪池、污水处理构筑物、渗水井、垃圾堆放点等污染源；周围 2m 以内不得有污水管和污染物。当达不到此要求时，应采取防污染的措施。

15）建筑物内的生活饮用水水池（箱）体，应采用独立结构形式，不得利用建筑物的本体结构作为水池（箱）的壁板、底板及顶盖。

16）生活饮用水水池（箱）与其他用水水池（箱）并列设置时，应有各自独立的分隔墙。

17）建筑物内的生活饮用水水池（箱）宜设在专用房间内，其上层的房间不应有厕所、浴室、盥洗室、厨房、污水处理间等。

18）生活饮用水水池（箱）的构造和配管，应符合下列规定：人孔、通气管、溢流管应有防止生物进入水池（箱）的措施；进水管宜在水池（箱）的溢流水位以上接入；进出水管布置不得产生水流短路，必要时应设导流装置；不得接纳消防管道试压水、泄压水等回流水或溢流水；泄水管和溢流管的排水不得与污废水管道系统直接连接，应采取间接排水的方式；水池（箱）材质、衬砌材料和内壁涂料，不得影响水质。

19）当生活饮用水水池（箱）内的贮水 48h 内不能得到更新时，应设置水消毒处理装置。

20）在非饮用水管道上接出水龙头或取水短管时，应采取防止误饮误用的措施。

2. 布置形式

给水管道的布置按供水可靠程度要求可分为枝状和环状两种形式，前者单向供水，供水可靠性差，但节省材料，造价低；后者干管相互连通，双向供水，安全可靠，但管线长，造价高。一般建筑内部给水管网宜采用枝状布置。按水平干管的敷设位置又可分为上行下给式、下行上给式和中分式三种形式。干管设在顶层天花板下、吊顶内或技术夹层中，由上向下供水的为上行下给式，适用于设置高位水箱的居住与公共建筑和地下管线较多的工业建筑；设在底层或地下室中，由下向上供水的为下行上给式，适用于利用室外给水管网水压直接供水的工业与民用建筑；水平干管既不在建筑顶层也不在底层，而是设在中间技术层或中间某层吊顶内，由中间向上、下两个方向供水的为中分式，适用于屋顶作为露天茶座、舞厅或设有中间技术层的高层建筑。同一幢建筑的给水管网也可同时兼有以上两种形式。

（二）管道敷设

根据建筑物对卫生、美观方面的要求不同，建筑内部给水管道敷设有明装和暗装两种形式。

（1）明装。管道在建筑物内沿墙、梁、柱、地板等暴露敷设。这种敷设形式造价低，安装维修方便，但由于管道表面积灰，产生凝结水而影响环境卫生，也有碍室内美观。一般的民用建筑和大部分生产车间内的给水管道可采用明装。

（2）暗装。将管道敷设在地下室的天花板下或吊顶、管沟、管道井、管槽和管廊内。这种敷设形式的优点是室内整洁、美观，但施工复杂，维护管理不便，工程造价高。管道井的尺寸应根据管道的数量、管径大小、排列方式、维修条件、建筑的结构等因素合理确定。当需进人检修时，管道井应每层设检修门，暗装在顶棚或管槽内的管道在阀门处应留有检修门。

为了便于管道的安装和检修，管沟内的管道应尽量单层布置。当采取双层或多层布置时，一般将管径较小、阀门较多的管道放在上层。管沟应有与管道相同的坡度和防水、排水设施。

与其他管道同沟敷设时，给水管道应位于热水和蒸汽管下方、排水管上方。

（三）管道防护

要使管道系统能在较长年限内正常工作，除日常加强维护管理外，还应在设计和施工过程中采取防腐、防冻和防结露措施。

1. 管道的防腐

无论是明装管道还是暗装管道，除镀锌钢管、给水塑料管和复合管外，都必须作防腐处理。管道防腐最常用的是刷油法。具体做法是：明装管道表面除锈，露出金属光泽并使之干燥，刷防锈漆（如红丹防锈漆等）2道，然后刷面漆（如银粉漆或调和漆）1～2道，如果管道需要做标志时，可再刷不同颜色的调和漆或铅油；暗装管道除锈后，刷防锈漆2道；埋地钢管除锈后刷冷底子油2道，再刷沥青胶（玛脂）2遍。质量较高的防腐做法是做管道的防腐层，层数为3～9层，材料为冷底子油、沥青（玛脂）、防水卷材等。对于埋地铸铁管，如果管材出厂时未涂油，敷设前应在管外壁涂沥青两道防腐，明装部分可刷防锈漆两道和银粉两道。当通过管道内的水有腐蚀性时，应采用耐腐蚀管材或在管道内壁采取防腐措施。

2. 管道的保温防冻

设置在室内温度低于0℃处的给水管道，如敷设在不采暖房间的管道以及安装在受室外冷空气影响的门厅、过道处的管道应考虑保温防冻。在管道安装完毕，经水压试验和管道外表面除锈并刷防锈漆后，应采取保温防冻措施。常用的保温防冻方法有以下几种。

（1）管道外包棉毡（岩棉、超细玻璃棉、玻璃纤维和矿渣棉毡等）保温层，再外包玻璃丝布保护层，表面涂调合漆。

（2）管道用保温瓦（泡沫混凝土、硅藻土、水泥蛭石、泡沫塑料、岩棉、超细玻璃棉、玻璃纤维、矿渣棉和水泥膨胀珍珠岩等制成）做保温层，外包玻璃丝布保护层，表面刷调和漆。

3. 管道的防结露

在环境温度较高、空气湿度较大的房间（如厨房、洗衣房和某些生产车间等）或管道内水温低于室内温度时，管道和设备外表面可能产生凝结水而引起管道和设备的腐蚀，影响使用和室内卫生，故必须采取防结露措施，其做法一般与保温层的做法相同。

4. 管道加固

室内给水管道由于受自重、温度及外力作用会产生变形及位移而遭到损坏。为此，必须将管道予以固定，固定方法为在水平管道和垂直管道上每隔适当距离装设支架。

5. 湿陷性黄土地区管道敷设

在一定压力作用下受水浸湿后土壤结构迅速破坏而发生下沉的黄土，称为湿陷性黄土。我国的湿陷性黄土主要分布在陕西、甘肃、山西、青海、宁夏、河北、山东、新疆、内蒙古和东北部分地区，湿陷性黄土地区管道敷设时应考虑因给排水管道漏水而造成的湿陷事故，需因地制宜采取合理有效的措施。

（1）室内给水管道一般尽量明装，重要建筑或高层建筑暗装管道处，必须设置便于管道维修的设施。

（2）室内给水管道应根据便于及时截断漏水管段和便于检修的原则，在干管和支管上适当增设阀门。

（3）给水管道穿越建筑物的承重墙或基础处，应预留孔洞。洞顶与管沟或管道顶间的净空高度：在1、2级湿陷性黄土地基上，不应小于200mm，在3、4级湿陷性黄土地基上，不应小于300mm。洞边与管沟外壁必须脱开，洞边至承重墙转角处外缘的距离应不小于1m。

（4）将给水点集中设置，缩短地下管线，避免管道过长过深，减少漏水机会。

（5）建筑物外墙上不宜设置洒水栓，以防洒水栓漏水造成建筑物地基浸水湿陷。

（6）给水管道宜采用铸铁管和钢管。湿陷性黄土对金属管材有一定的腐蚀作用，故对埋地铸铁管应作好防腐处理，对埋地钢管及钢配件应加强防腐处理。

（7）给水管道的接口应严密、不漏水，并有柔性，以便在管道有轻微的不均匀沉降时，仍能保证接口处不渗不漏。

（8）给水检漏井应设置在管沟沿线分段检漏处，并应防止地面水流入，其位置应便于寻找识别、检漏和维护。阀门井、消火栓井、水表井、洒水栓井等均不得兼作检漏井。

课题 2　给水系统供水压力与给水方式

一、给水系统所需水压

建筑内部给水系统必须保证将需要的水量输送到建筑物内最不利配水点（系统内所需给水压力最大的配水点，通常位于系统最高、最远点），并保证有足够的流出压力，如图 2-4 所示。

建筑内部给水系统所需水压可用式（2-3）计算：

$$H = H_1 + H_2 + H_3 + H_4 + H_z \qquad (2\text{-}3)$$

式中　H——室内给水系统所需的水压，m；

H_1——最不利配水点与室外引入管起端之间的静压差，m；

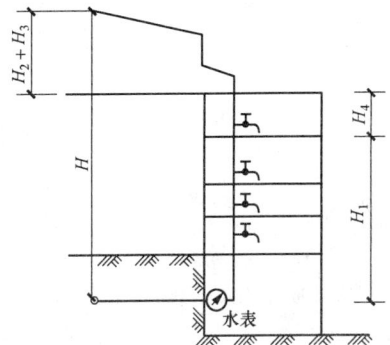

图 2-4　建筑内部给水系统所需压力

23

H_2——计算管路（最不利配水点至引入管起点间的管路，也称为最不利管路）的压力损失，m；

H_3——水流通过水表的压力损失，m；

H_4——最不利配水点所需的流出压力，m。

流出压力是指各种卫生器具配水龙头或用水设备处，为获得规定的出水量所需要的最小水压力，见表2-3。

对于民用建筑生活用水管网，在初步设计阶段可按建筑物的层数粗略估计自地面算起的最小保证压力值。一层建筑物最小保证压力值为10m，二层建筑物最小保证压力值为12m，三层以上每增加一层，最小保证压力值增加4m。

估算时应注意建筑物层高不超3.2m，最高层卫生器具配水点的出流压力在50kPa以内，给水管道内的水流速度不宜过大。

二、给水系统的给水方式

给水方式是指建筑内部给水系统的给水方案。给水方式必须依据用户对水质、水量和水压的要求，结合室外管网所能提供的水质、水量和水压情况，卫生器具及消防设备在建筑物内的分布，用户对供水安全可靠性的要求等因素，经技术经济比较或综合评判来确定。给水方式有以下几种基本类型。

表2-3 卫生器具的给水额定流量、当量、连接管公称管径和流出压力

序号	给水配件名称	额定流量 /(L/s)	当 量	连接管公称管径/mm	最低工作压力/MPa
1	洗涤盆、拖布盆、盥洗槽 　单阀水嘴 　单阀水嘴 　混合水嘴	0.15～0.20 0.30～0.40 0.15～0.20（0.14）	0.75～1.00 1.5～2.00 0.75～1.00（0.70）	15 20 15	0.050
2	洗脸盆 　单阀水嘴 　混合水嘴	0.15 0.15（0.10）	0.75 0.75（0.50）	15 15	0.050
3	洗手盆 　感应水嘴 　混合水嘴	0.10 0.15（0.10）	0.50 0.75（0.5）	15 15	0.050
4	浴盆 　单阀水嘴 　混合水嘴（含带淋浴转换器）	0.20 0.24（0.20）	1.00 1.2（1.0）	15 15	0.050 0.050～0.070
5	淋浴器 　混合阀	0.15（0.10）	0.75（0.50）	15	0.050～0.100
6	大便器 　冲洗水箱浮球阀 　延时自闭式冲洗阀	0.10 1.20	0.50 6.00	15 25	0.020 0.100～0.150
7	小便器 　手动或自动自闭式冲洗阀 　自动冲洗水箱进水阀	0.10 0.10	0.50 0.50	15 15	0.050 0.020

序号	给水配件名称	额定流量 /(L/s)	当 量	连接管公称 管径/mm	最低工作 压力/MPa
8	小便槽穿孔冲洗管（每米长）	0.05	0.25	15～20	0.015
9	净身盆冲洗水嘴	0.10 (0.07)	0.50 (0.35)	15	0.050
10	医院倒便器	0.20	1.00	15	0.050
11	实验室化验水嘴（鹅颈） 单联 双联 三联	0.07 0.15 0.20	0.35 0.75 1.00	15 15 15	0.020 0.020 0.020
12	饮水器喷嘴	0.05	0.25	15	0.050
13	洒水栓	0.40 0.70	2.00 3.50	20 25	0.050～0.100 0.050～0.100
14	室内地面冲洗水嘴	0.20	1.00	15	0.050
15	家用洗衣机水嘴	0.20	1.00	15	0.050

注 1. 表中括号内的数值是在有热水供应时，单独计算冷水或热水时使用。

2. 当浴盆上附设淋浴器时，或混合水嘴有淋浴器转换开关时，其额定流量和当量只计水嘴，不计淋浴器。但水压应按淋浴器计。

3. 家用燃气热水器，所需水压按产品要求和热水供应系统最不利配水点所需工作压力确定。

4. 绿地的自动喷灌应按产品要求设计。

5. 当卫生器具给水配件所需额定流量和最低工作压力有特殊要求时，其值应按产品要求确定。

（一）多层建筑给水系统的给水方式

1. 直接给水方式

建筑内部只设给水管道系统，不设加压及贮水设备，室内给水管道系统与室外供水管网直接相连，利用室外管网压力直接向室内给水系统供水（图 2-5），是最简单经济的给水方式。这种给水方式的优点是给水系统简单，投资少，安装维修方便，能充分利用室外管网水压，供水较为安全可靠；缺点是系统内部无贮备水量，当室外管网停水时，室内系统立即断水。这种给水方式适用于室外管网水量和水压充足，能够保证室内用户全天用水要求的地区。

2. 设水箱的给水方式

建筑物内部设有管道系统和屋顶水箱（也称高位水箱），且室内给水系统与室外给水管网直接连接。当室外管网压力能够满足室内用水需要时，则由室外管网直接向室内管网供水，并向水箱充水，以贮备一定水量。当高峰用水时，室外管网压力不足，则由水箱向室内系统补充供水。为了防止水箱中的水回流至室外管网，在引入管上要设置单向阀，如图 2-6 所示。

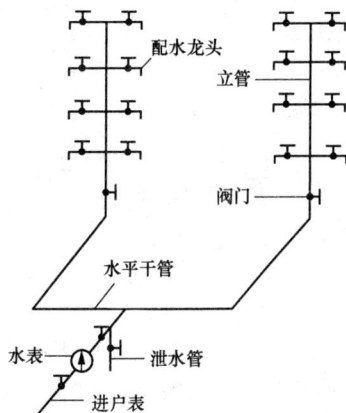

图 2-5 直接给水方式

这种给水方式具有一定的贮备水量，供水的安全可靠性较好；缺点是系统设置了高位水箱，增加了建筑物的结构荷载，并给建筑物的立面处理带来一定的困难。设水箱的给水方式适用于室外管网水压周期性不足及室内用水要求水压稳定，并且允许设置水箱的建筑物。

在室外管网给水压力周期性不足的建筑中，可采用如图2-7所示的给水方式，即建筑物下面的几层由室外管网直接供水，建筑物上面的几层采用有水箱的给水方式，这样可以减小水箱的体积。

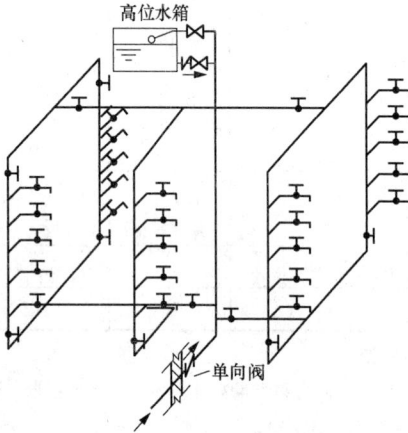

图2-6 设水箱的给水方式

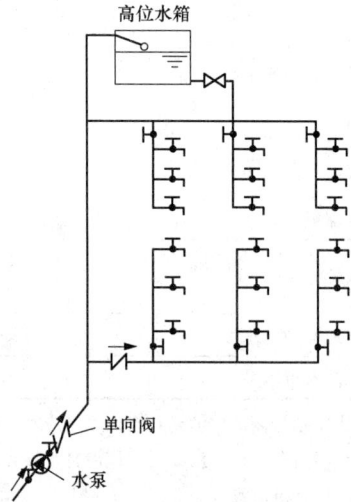

图2-7 下层直接供水、上层设水箱的给水方式

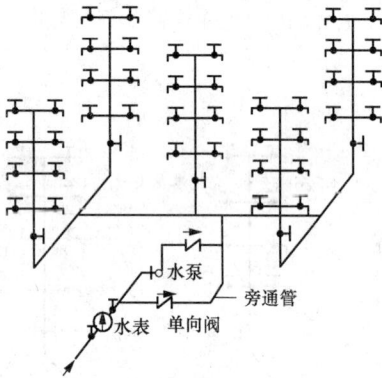

图2-8 设水泵的给水方式

3. 设水泵的给水方式

建筑物内部设有给水管道系统及加压水泵，当室外管网水压不足时，利用水泵加压后向室内给水系统供水，如图2-8所示。

当室外给水管网允许水泵直接吸水时，水泵宜直接从室外给水管网吸水，但室外给水管网的压力不得低于100kPa（从地面算起）。此时，应绕水泵设旁通管，并在旁通管上设阀门，当室外管网水压较大时，可停泵直接向室内系统供水。在水泵出口和旁通管上应装设单向阀，以防水泵停止运转时，室内给水系统中的水产生回流。

当水泵直接从室外管网吸水而造成室外管网压力大幅度波动，影响其他用户使用时，必须设置贮水池，如图2-9所示，设置贮水池可增加供水的安全性。

当建筑物内用水量较均匀时，可采用恒速水泵供水；当建筑物内用水不均匀时，宜采用自动变频调速水泵供水，以提高水泵的运行效率，达到节能的目的。

4. 设贮水池、水泵和水箱的给水方式

当室外给水管网水压经常不足，而且不

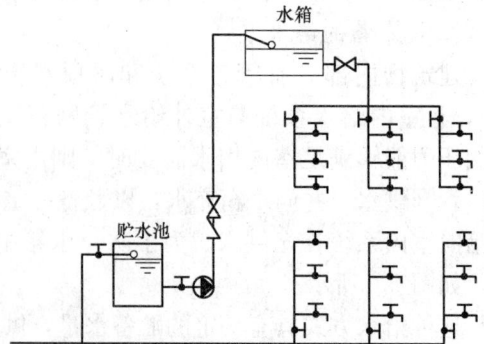

图2-9 设贮水池、水泵和水箱联合工作的给水方式

允许水泵直接从室外管网吸水或室内用水不均匀时，常采用设贮水池、水泵和水箱联合工作的给水方式，如图2-9所示。

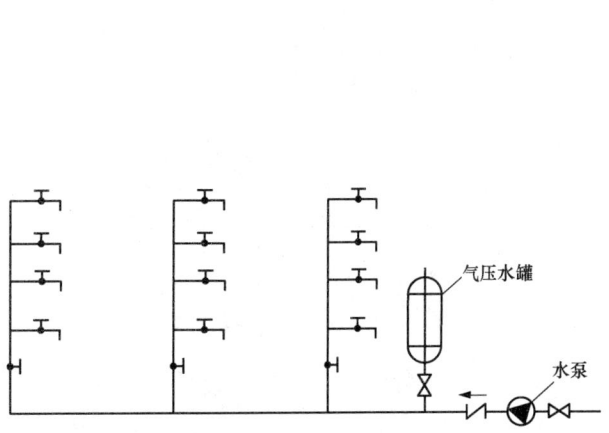

水泵从贮水池吸水，经加压后送给系统用户使用。当水泵供水量大于系统用水量时，多余的水充入水箱贮存；当水泵供水量小于系统用水量时，则由水箱向系统补充供水，以满足室内用水要求。此外，贮水池和水箱又起到了贮备一定水量的作用，使供水的安全可靠性更好。这种给水方式由水泵和水箱联合工作，水泵及时向水箱充水，可以减小水箱体积。同时，在水箱的调节下，水泵的工作稳定，工作效率高，节省电能。在高位水箱上采用水位继电器控制水泵起动，易于实现管理自动化。

当允许水泵直接从外网吸水时，可采用水泵和水箱联合工作的给水方式，如图2-10所示。

5. 设气压给水装置的给水方式

气压给水装置是利用密闭压力水罐内空气的可压缩性贮存、调节和压送水量的给水装置，其作用相当于高位水箱，如图2-11所示，水泵从贮水池或由室外给水管网吸水，经加压后送至给水系统和气压水罐内，停泵时，再由气压水罐向室内给水系统供水，由气压水罐调节贮存水量及控制水泵运行。

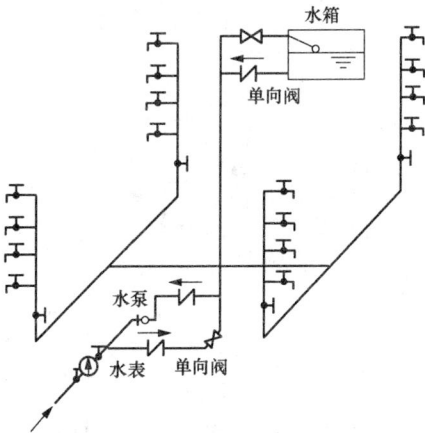

图2-10 设水泵和水箱联合工作的给水方式　　图2-11 设气压给水装置的给水方式

这种给水方式的优点是设备可设在建筑物的任何高度，便于隐蔽，安装方便，水质不易受污染，投资省，建设周期短，便于实现自动化等。这种给水方式适用于室外管网水压经常不足，不宜设置高位水箱的建筑（如隐蔽的国防工程，地震区的建筑，对外部形象要求较高的建筑）。

6. 分区给水方式

在层数较多的建筑物中，当室外给水管网的压力只能满足建筑物下面几层供水要求时，为了充分利用室外管网水压，可将建筑物供水系统划分为上、下两个区域，下区由外网直接供水，上区由升压、贮水设备供水。将上、下两区的一根或几根立管连通，在分区处装设阀门，如图2-12所示，以备下区进水管发生故障或外网水压不足时打开阀门由高区水箱向低区供水。

（二）高层建筑给水系统的给水方式

高层建筑给水系统竖向分区常用方式有以下几种。

1. 串联分区给水方式

如图 2-13 所示，各分区均设有水泵和水箱，分别安装在相应的技术设备层内。上区水泵从下区水箱中抽水供本区使用，低区水箱兼作上区水池。因而各区水箱容积为本区使用水量与转输到以上各区水量之和，水箱容积从上向下逐区加大。这种给水方式的主要优点是无须设置高压水泵和高压管线，各区水泵的流量和压力可按本区需要设计，供水逐级加压向上输送；水泵可在高效区工作，耗能少，设备及管道比较简单，投资较省。缺点是由于水泵分散在各区技术层内，占用建筑面积较多，振动及噪声干扰较大，因此，各区技术层应采取防振、防噪声、防漏的技术措施；由于水箱容积较大，增加了结构负荷和建筑造价；上区供水受到下区限制，一旦下区发生事故，上区供水就会受到影响。

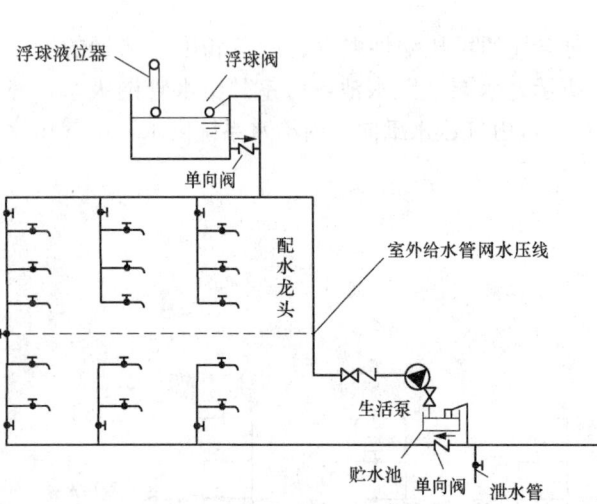

图 2-12　分区给水方式

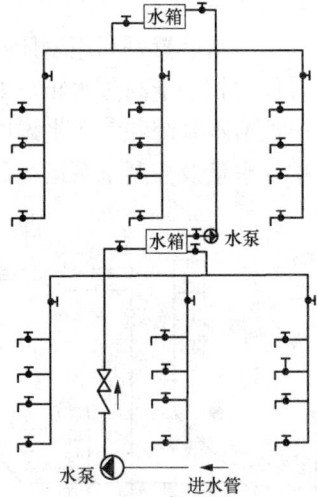

图 2-13　串联分区给水方式

2. 并联分区给水方式

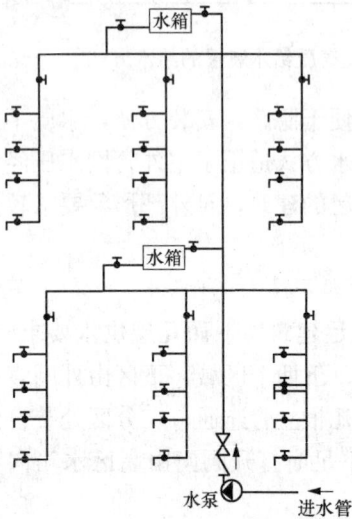

图 2-14　并联分区单管给水方式

按水泵与水箱供水干管的布置不同，并联分区给水分为单管式和平行式两种基本类型。

（1）并联分区单管给水方式。各区分别设有高位水箱，给水经设在底层的泵房统一加压后，由一根总干管将水分别输送至各区高位水箱，在下区水箱进水管上需设减压阀，如图 2-14 所示。这种给水方式供水较为可靠，管道长度较短，设备型号统一，数量较少，因而维护管理方便，投资较省。其缺点是各区要求的水压相差较大，而全部流量均按最高区水压供水，因而在低区能量浪费较大；各区合用一套水泵与干管，如果发生事故，则断水影响范围大。该给水方式适用于分区数目较少的高层建筑。

（2）并联分区平行给水方式。每区设有专用水泵和水箱，各区水泵集中设置在建筑物底层的总泵房内，各区水泵与水箱设独立管道连接，各区均用水泵和水箱联合式供水，如图 2-15 所示。这种给水方式使各独立运行的水泵在本区所需要的流量和压力下工作，因而效率较高，水泵运行管理方便，供水安全，一处发生事故，影响范围小。其缺点是水泵型号较多，压水管线较长。由于这种给水方式优点较显著，得到广泛的应用。

3. 减压给水方式

建筑物的用水由设置在底层的水泵加压后，输送至最高水箱，再由此水箱依次向下区供水，并通过各区水箱或减压阀减压，如图 2-16 所示。减压给水方式的水泵型号统一，设备布置集中，便于管理；与前面各种给水方式比较，水泵及管道投资较省；如果设减压阀减压，各区可不设水箱，节省建筑面积。其缺点是设置在建筑物高层的总水箱容积大，增加了建筑底层的结构荷载；下区供水受上区限制；下区供水压力损失大，能源消耗大。

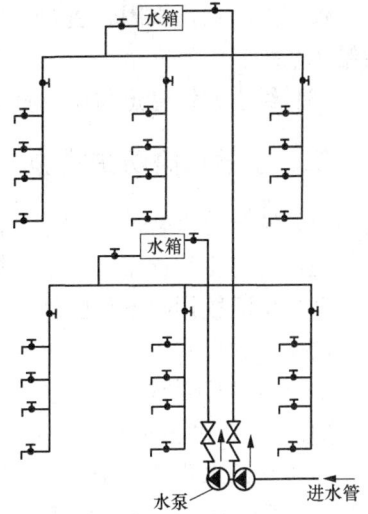

图 2-15　并联分区平行给水方式

4. 分区无水箱给水方式

如图 2-17 所示，各分区设置单独的供水水泵，不设水箱，水泵集中设置在建筑物底层的水泵房内，分别向各区管网供水。这种给水方式省去了水箱，因而节省了建筑面积；设备集中布置，便于维护管理；能源消耗较少。其缺点是水泵型号及数量较多，投资较大。

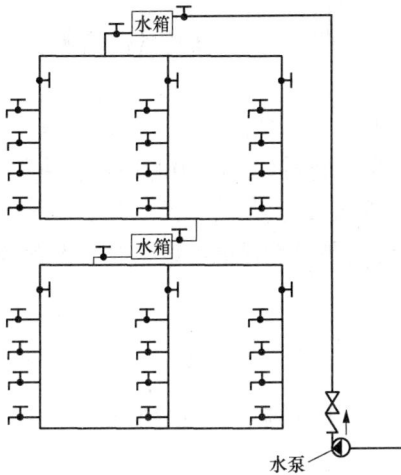

图 2-16　分区水箱减压给水方式

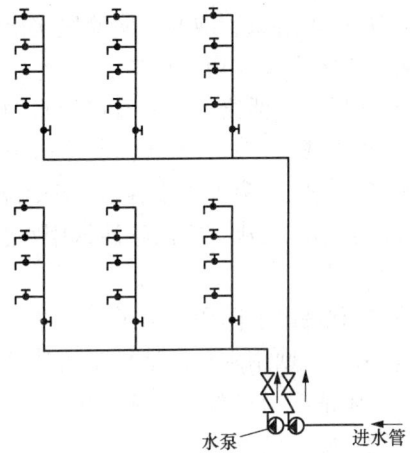

图 2-17　分区无水箱给水方式

课题 3　防止水质污染

一、水质污染的原因

（1）贮水池（箱）制作材料或防腐涂料选择不当，水在贮水池（箱）中停留时间过长，贮水池（箱）维护管理不到位。

（2）生活饮用水因管道内产生虹吸、背压回流而受污染，即非饮用水或其他液体流入生活给水系统。

（3）给水系统管道材质选择不当。

二、水质污染防护措施

（1）城镇给水管道严禁与自备水源的供水管道直接连接。中水、回用雨水等非生活饮用水管道严禁与生活饮用水管道连接。

（2）生活饮用水不得因管道产生虹吸、背压回流而受污染。卫生器具和用水设备、构筑物等的生活饮用水管配水件出水口应符合下列规定：

1）出水口不得被任何液体或杂质所淹没。

2）出水口高出承接用水容器溢流边缘的最小空气间隙，不得小于出水口直径的2.5倍。

生活饮用水水池（箱）进水管口的最低点高出溢流边缘的空气间隙应等于进水管管径，但最小不应小于25mm，最大可不大于150mm。当进水管从最高水位以上进入水池（箱），管口为淹没出流时应采取真空破坏器等防虹吸回流措施。

注：不存在虹吸回流的低位生活饮用水贮水池，其进水管不受本条限制，但进水管仍宜从最高水面以上进入水池。

从生活饮用水管网向消防、中水和雨水回用等其他用水的贮水池（箱）补水时，其进水管口最低点高出溢流边缘的空气间隙不应小于150mm。

（3）从给水饮用水管道上直接供下列用水管道时，应在这些用水管道的下列部位设置倒流防止器。

1）从城镇给水管网的不同管段接出两路及两路以上的引入管，且与城镇给水管形成环状管网的小区或建筑物，在其引入管上。

2）从城镇生活给水管网直接抽水的水泵的吸水管上。

3）利用城镇给水管网水压且小区引入管无倒流防止设施时，向商用的锅炉、热水机组、水加热器、气压水罐等有压容器或密闭容器注水的进水管上。

（4）从小区或建筑物内生活饮用水管道系统上接至下列用水管道或设备时应设置倒流防止器。

1）单独接出消防用水管道时，在消防用水管道的起端。

2）从生活饮用水贮水池抽水的消防水泵出水管上。

（5）生活饮用水管道系统上接至下列含有对健康有危害物质等有害有毒场所或设备时，应设置倒流防止设备。

1）贮存池（罐）、装置、设备的连接管上。

2）化工剂罐区、化工车间、实验楼（医药、病理、生化）等除按本条第1款设置外，还应在其引入管上设置空气间隙。

（6）从小区或建筑物内生活饮用水管道上直接接出下列用水管道时，应在这些用水管道上设置真空破坏器。

1）当游泳池、水上游乐池、按摩池、水景池、循环冷却水集水池等的充水或补水管道出口与溢流水位之间的空气间隙小于出口管径2.5倍时，在其充（补）水管上。

2）不含有化学药剂的绿地等喷灌系统，当喷头为地下式或自动升降式时，在其管道起端。

3）消防（软管）卷盘。

4）出口接软管的冲洗水嘴与给水管道连接处。

（7）空气间隙、倒流防止器和真空破坏器的选择，应根据回流性质、回流污染的危害程度按本规范确定。

注：在给水管道防回流设施的设置点，不应重复设置。

（8）严禁生活饮用水管道与大便器（槽）、小便斗（槽）采用非专用冲洗阀直接连接冲洗。

（9）生活饮用水管道应避开毒物污染区，当条件限制不能避开时，应采取防护措施。

（10）供单体建筑的生活饮用水池（箱）应与其他用水的水池（箱）分开设置。

（11）埋地式生活饮用水贮水池周围 10m 以内，不得有化粪池、污水处理构筑物、渗水井、垃圾堆放点等污染源；周围 2m 以内不得有污水管和污染物。当达不到此要求时，应采取防污染的措施。

（12）建筑物内的生活饮用水水池（箱）体，应采用独立结构形式，不得利用建筑物的本体结构作为水池（箱）的壁板、底板及顶盖。生活饮用水水池（箱）与其他用水水池（箱）并列设置时，应有各自独立的分隔墙。

（13）建筑物内的生活饮用水水池（箱）宜设在专用房间内，其上层的房间不应有厕所、浴室、盥洗室、厨房、污水处理间等。

（14）生活饮用水水池（箱）的构造和配管，应符合下列规定：

1）人孔、通气管、溢流管应有防止生物进入水池（箱）的措施。

2）进水管宜在水池（箱）的溢流水位以上接入。

3）进出水管布置不得产生水流短路，必要时应设导流装置。

4）不得接纳消防管道试压水、泄压水等回流水或溢流水。

5）泄水管和溢流管的排水应符合《建筑给水排水设计规范》第 4.3.13 条的规定。

6）水池（箱）材质、衬砌材料和内壁涂料，不得影响水质。

（15）当生活饮用水水池（箱）内的贮水 48h 内不能得到更新时，应设置水消毒处理装置。

（16）在非饮用水管道上接出水嘴或取水短管时，应采取防止误饮误用的措施。

课题 4　给水系统设计

一、设计流量

1. 建筑内部给水设计秒流量

设计秒流量是反映给水系统瞬时高用水规律的设计流量，是确定给水管管径和计算给水管道的压力损失、确定给水系统所需水压的主要依据。目前计算设计秒流量的方法归结起来有三种：经验法、平方根法、概率法。无论采用何种方法计算设计秒流量都应建立在大量的实测数据和统计数据的基础上。我国现行规范对于住宅类建筑采用概率法计算设计秒流量，其他公共建筑仍采用平方根法计算设计秒流量。

（1）住宅类建筑的生活给水管道的设计秒流量计算。根据建筑物的卫生器具给水当量、使用人数、用水定额、使用时数及小时变化系数，按式（2-4）计算出最大用水时卫生器具给水当量平均出流概率：

$$U = 100 \frac{1 + \alpha_c (N_g - 1)^{0.49}}{\sqrt{N_g}} \% \tag{2-4}$$

$$U_0 = \frac{100 q_0 m K_h}{0.2 N'_g T 3600} \% \tag{2-5}$$

式中　U_0——生活给水管道的最大用水时卫生器具给水当量平均出流概率，%；

　　　q_0——最高用水日的用水定额，按本单元表 2-1 取用；

　　　m——每户用水人数；

　　　K_h——小时变化系数，按本单元表 2-1 取用；

　　　N'_g——每户设置的卫生器具给水当量数；

　　　T——用水小时数，h；

　　　0.2——个卫生器具给水当量的额定流量，L/s；

　　　N_g——计算管段的卫生器具给水当量总数。

表 2-4　　　　　　　给水管段卫生器具给水当量同时出流概率计算式 α_c 系数取值表

U_0（%）	α_c
1.0	0.00323
1.5	0.00697
2.0	0.01097
2.5	0.01512
3.0	0.01939
3.5	0.02374
4.0	0.02816
4.5	0.03263
5.0	0.03715
6.0	0.04629
7.0	0.05555
8.0	0.06489

　　注　1. 为了计算快速、方便，在计算出 U_0 后，即可根据计算管段的 N_g 值从附录 E 的计算表中直接查得给水设计秒流量 q_g。该表可用内插法。

　　　　2. 当计算管段的卫生器具给水当量总数超过表 E 中的最大值时，其设计流量应取最大时用水量。

　　1）根据计算管段上的卫生器具给水当量总数，可按式（2-5）计算得出该管段的卫生器具给水当量的同时出流概率。

　　2）根据计算管段上的卫生器具给水当量同时出流概率，可按式（2-6）计算该管段的设计秒流量：

$$q_g = 0.2 U N_g \tag{2-6}$$

式中 q_g——计算管段的设计秒流量，L/s。

3）给水干管有两条或两条以上具有不同最大用水时卫生器具给水当量平均出流概率的给水支管时，该管段的最大用水时卫生器具给水当量平均出流概率应按式（2-7）计算：

$$\bar{u}_0 = \frac{\sum u_{oi} N_{gi}}{\sum N_{gi}} \tag{2-7}$$

式中 $\bar{u}_0$——给水干管的卫生器具给水当量平均出流概率；

u_{oi}——支管的最大用水时卫生器具给水当量平均出流概率；

N_{gi}——相应支管的卫生器具给水当量总数。

（2）宿舍（Ⅰ、Ⅱ类）、旅馆、宾馆、酒店式公寓、医院、疗养院、幼儿园、养老院、办公楼、商场、图书馆、书店、客运站、航站楼、会展中心、中小学教学楼、公共厕所等建筑的生活给水设计秒流量，应按式（2-8）计算：

$$q_g = 0.2\alpha \sqrt{N_g} \tag{2-8}$$

式中 q_g——计算管段的给水设计秒流量，L/s；

N_g——计算管段的卫生器具给水当量总数；

α——根据建筑物用途而定的系数，应按表2-5采用。

注：1. 如计算值小于该管段上一个最大卫生器具给水额定流量时，应采用一个最大的卫生器具给水额定流量作为设计秒流量。

2. 如计算值大于该管段上按卫生器具给水额定流量累加所得流量值时，应按卫生器具给水额定流量累加所得流量值采用。

3. 有大便器延时自闭冲洗阀的给水管段，大便器延时自闭冲洗阀的给水当量均以0.5计，计算得到的 q_g 附加1.10L/s的流量后，为该管段的给水设计秒流量。

4. 综合楼建筑的 α 值应按加权平均法计算。

表2-5　　　　　　　　　　根据建筑物用途而定的系数值

建 筑 物 名 称	α 值
幼儿园、托儿所、养老院	1.2
门诊部、诊疗所	1.4
办公楼、商场	1.5
图书馆	1.6
书店	1.7
学校	1.8
医院、疗养院、休养所	2.0
酒店式公寓	2.2
宿舍（Ⅰ、Ⅱ类）、旅馆、招待所、宾馆	2.5
客运站、航站楼、会展中心、公共厕所	3.0

（3）宿舍（Ⅲ、Ⅳ类）、工业企业的生活间、公共浴室、职工食堂或营业餐馆的厨房、体育场馆、剧院、普通理化实验室等建筑的生活给水管道的设计秒流量，应按式（2-9）计算：

$$q_g = \sum q_0 N_0 b \tag{2-9}$$

式中　q_g——计算管段的给水设计秒流量，L/s；

　　　q_0——同类型的一个卫生器具给水额定流量，L/s；

　　　N_0——同类型卫生器具数；

　　　b——卫生器具的同时给水百分数，按本规范表2-6～表2-8采用。

注：1. 如计算值小于该管段上一个最大卫生器具给水额定流量时，应采用一个最大的卫生器具给水额定流量作为设计秒流量。

　　2. 大便器自闭式冲洗阀应单列计算，当单列计算值小于1.2L/s时，以1.2L/s计；大于1.2L/s时，以计算值计。

表2-6　　宿舍（Ⅲ、Ⅳ类）、工业企业生活间、公共浴室、剧院、体育场馆等
卫生器具同时给水百分数 （%）

卫生器具名称	宿舍（Ⅲ、Ⅳ类）	工业企业生活间	公共浴室	影剧院	体育场馆
洗涤盆（池）	30	33	15	15	15
洗手盆	—	50	50	50	70（50）
洗脸盆、盥洗槽水嘴	60～100	60～100	60～100	50	80
浴盆	—	—	50	—	—
无间隔淋浴器	100	100	100	—	100
有间隔淋浴器	80	80	60～80	(60～80)	(60～100)
大便器冲洗水箱	70	30	20	50（2-0）	70（2-0）
大便槽自动冲洗水箱	100	100	—	100	100
大便器自闭式冲洗阀	2	2	2	10（2）	15（2）
小便器自闭式冲洗阀	10	10	10	50（10）	70（10）
小便器（槽）自动冲洗水箱	—	100	100	100	100
净身盆	—	33	—	—	—
饮水器	—	30～60	30	30	30
小卖部洗涤盆	—	—	50	50	50

注　1. 表中括号内的数值系电影院、剧院的化妆间，体育场馆的运动员休息室使用。

　　2. 健身中心的卫生间，可采用本表体育场馆运动员休息室的同时给水百分率。

表2-7　　　　　　　职工食堂、营业餐馆厨房设备同时给水百分数

厨房设备名称	同时给水百分数（%）
污水盆（池）	50
洗涤盆（池）	70
煮锅	60
生产性洗涤机	40
器皿洗涤机	90
开水器	50
蒸汽发生器	100
灶台水嘴	30

注　职工或学生饭堂的洗碗台水嘴，按100%同时给水，但不与厨房用水叠加。

表 2-8 　　　　　　　　　　　　　　　实验室化验水嘴同时给水百分数

化验水嘴名称	同时给水百分数（%）	
	科研教学实验室	生产实验室
单联化验水嘴	20	30
双联或三联化验水嘴	30	50

2. 建筑给水引入管设计流量

建筑物的给水引入管的设计流量，应符合下列要求：

（1）当建筑物内的生活用水全部由室外管网直接供水时，应取建筑物内的生活用水设计秒流量。

（2）当建筑物内的生活用水全部自行加压供给时，引入管的设计秒流量应为贮水调节池的设计补水量。设计补水量不宜大于建筑物最高日最大时用水量，且不得小于建筑物最高日平均时用水量。

（3）当建筑物内的生活用水既有室外管网直接供水，又有自行加压供水时，应按以上（1）、（2）计算设计流量后，将两者叠加作为引入管的设计流量。

二、管网水力计算

给水管道水力计算的目的是通过计算管段设计流量合理确定管径、确定系统所需水压和水量，选择设备和设施。

1. 确定管径

在求得管段的设计秒流量后，根据流量公式即可求定管径，可按式（2-11）计算：

$$q_g = \frac{\pi D_j^2}{4} V \tag{2-10}$$

$$D_j = \sqrt{\frac{4q_g}{\pi V}} \tag{2-11}$$

式中　　q_g ——计算管段的设计秒流量，m^3/s；

　　　　D_j ——计算管段的内径，m，即管道外径减去 2 个壁厚；

　　　　V ——管道中的水流速度，m/s。

建筑物内生活给水管道流速一般可按表 2-9 确定，不同材质管道流速控制范围见表 2-10。

表 2-9 　　　　　　　　　　　　　　　　生活给水管道流速

公称直径/mm	15～20	25～40	50～70	≥80
水流流速/(m/s)	≤1.0	≤1.2	≤1.5	≤1.8

表 2-10 　　　　　　　　　　　　　　不同材质管径流速控制范围

材质	管径/mm	流速/(m/s)
铜管	DN<25	0.6～0.8
	DN≥25	0.8～1.5
薄壁不锈钢管	<25	0.8～1.0
	≥25	1.0～1.5

材质	管径/mm	流速/(m/s)
硬聚氯乙烯管（PVC-U）	≤50	≤1.0
	>50	≤1.5
聚丙烯管（PP）	≤32	≤1.2
	40～63	≤1.5
	≥63	≤2.0
氯化聚氯乙烯管（PVC-C）	≤32	≤1.2
	40～75	≤1.5
	≥90	≤2.0
钢管	15～20	≤1.0
	25～40	≤1.2
	50～70	≤1.5
	≥80	≤1.8
复合管	薄壁不锈钢管复合管：0.8～1.2	
	参照其内衬材料的管道流速要求	

注 表中塑料管管径均指外径。

2. 给水管道水头损失

给水管道水头损失包括：沿程水头损失和局部水头损失。

（1）沿程水头损失。沿程水头损失按式（2-12）计算：

$$h_f = iL \tag{2-12}$$

式中 h_f ——沿程水头损失，m；

L ——管道计算长度，m；

i ——管道单位长度水头损失，m/m，根据管材可以查附录 A、B。

工程设计中，在求得管段的设计秒流量 q_g 后，可根据 q_g 和流速 V（控制在允许范围内）直接查有关给水管道水力计算表确定管径和单位长度的水头损失 i 值。

（2）局部水头损失。按式（2-13）计算：

$$h_j = \sum \xi \frac{V^2}{2g} \times 10 \tag{2-13}$$

式中 ξ ——局部阻力系数；

V ——管道中的流速，m/s；

g ——重力加速度，m^2/s。

由于给水管网中局部管件如弯头、三通等甚多，随着构造不同其局部阻力系数也不尽相同，详细计算较为烦琐，在实际工程中给水管网的局部水头损失也可按管网沿程水头损失百分数估算。

不同材质管道、三通分水和分水器分水的局部水头损失占沿程水头损失的百分数的经验取值见表 2-11。

（3）水表的局部水头损失。

36

表 2-11　　　　　　　　　　　　　　不同材质管道的局部水头损失估算值

管 道 材 质		局部水头损失占沿程水头损失的百分数（％）
塑料管、铜管、薄壁不锈钢管、热镀锌钢管铸铁管、钢塑复合压力管		25～30
铝塑复合管（PAP）	三通分水	50～60
	分水器分水	30
建筑给水钢塑复合管	螺纹连接内衬塑可锻铸铁管件	30～40
	法兰或沟槽式连接内涂（衬）塑钢管件	10～20
聚乙烯管	热熔连接、电熔连接　三通分水	25～30
	热熔连接、电熔连接　分水器分水	15～30
	承插式柔性连接和法兰连接，管材端口内插不锈钢的卡套式连接　三通分水	35～40
	承插式柔性连接和法兰连接，管材端口内插不锈钢的卡套式连接　分水器分水	30～35
	卡压式连接和管材端口插入管件本体的卡套式连接　三通分水	60～70
	卡压式连接和管材端口插入管件本体的卡套式连接　分水器分水	35～40

1）水表的计算参数。水表流量：流经水表的水体积除以此体积通过水表所需时间所得的商，以 m^3/h 表示。

过载流量（Q_{max}）：水表在规定误差限内使用的上限流量。水表只能短时间通过过载流量，否则易损坏。

常用流量（Q_n）：水表在规定误差限内允许长期工作的流量。其值为过载流量的一半。

分界流量（Q_t）：水表误差限改变时的流量，其值为常用流量的函数。

最小流量（Q_{min}）：水表在规定误差限内使用的下限流量，其值为常用流量的函数。

始动流量（Q_s）：水表开始连续指示的流量，此时水表不计示值误差。水平螺翼式水表没有始动流量。

流量范围：由过载流量和最小流量所限定的范围。该范围分为两个区间，两个区间的误差限各不相同。

水表按始动流量、最小流量和分界流量分为 A、B 两个计量等级，B 级精度高于 A 级精度。

示值误差：水表的示值和被测水量值之间的差值。

示值误差限：技术标准给定的水表所允许的误差极限值，亦称最大允许误差。

2）水表口径的确定。用水量均匀、用水密集型建筑，如住宅、宿舍（Ⅲ、Ⅳ类）、工业企业的生活间、公共浴室、职工食堂或营业餐馆的厨房、体育场馆、剧院、普通理化实验室等的生活给水系统的水表应以给水设计秒流量选定水表的常用用量。

用水量不均匀、用水分散型建筑如宿舍（Ⅰ、Ⅱ类）、旅馆、宾馆、酒店式公寓、医院、疗养院、幼儿园、养老院、办公楼、商场、图书馆、书店、客运站、航站楼、会展中心、中小学教学楼、公共厕所等的生活给水系统的水表应以给水设计流量选定水表的过载流量。

3）水表的水头损失。水表的水头损失可按式（2-14）计算：

$$h_d = \frac{q_g^2}{K_b} \tag{2-14}$$

式中 h_d——水表的水头损失，kPa；

q_g——计算管段的给水设计流量，m^3/h；

K_b——水表的特性参数，一般由生产厂提供，也可按下式计算：

旋翼式水表 $K_b = \dfrac{Q_{max}^2}{100}$，或螺翼式水表 $K_b = \dfrac{Q_{max}^2}{10}$

Q_{max}——水表的过载流量，m^3/h。

水表水头损失应按选用产品所给定的压力损失值计算，在未确定具体产品时可按下列情况取用：

住宅的入户管的水表，宜取 10kPa。

建筑物或小区引入管上的水表，在生活用水工况时，宜取 30kPa；在校核消防工况时，宜取 50kPa。

水表的水头损失应满足表 2-12 的规定。

表 2-12   **水表水头损失允许值**

表　　型	正常用水时/kPa	消防时/kPa
旋翼式	<24.5	<49.0
螺翼式	<12.8	<29.4

4）特殊附件的局部水头损失。管道过滤器水头损失宜取 10kPa；比例式减压阀水头损失，阀后动水压宜按阀后静水压的 80%～90% 采用。倒流防止器、真空破坏器的水头损失，应按相应产品测试参数确定。

3. 确定给水系统所需要的压力

确定了给水计算管路的水头损失、水表和特殊附件的水头损失之后，即可根据公式（2-3）求得建筑物内给水系统所需压力。

4. 水力计算的方法和步骤

（1）首先根据建筑平面图和初定的给水方式，绘制给水管道平面布置图和系统图，列出水力计算表，见表 2-13。

表 2-13   **建筑内部给水管网水力计算表**

计算管段编号	卫生器具名称 n/N＝数量/当量				当量总数 N_g	设计秒流量 q_g /(L/s)	管径 DN /mm	流速 V /(m/s)	每米管长沿程水头损失 i /kPa	管段长度 L/m	管段沿程水头损失 $h_f = iL$ /kPa	管段沿程水头损失累计 $\sum h_f$ /kPa
	低水箱	浴盆	洗脸盆	洗涤盆								

（2）根据系统图选择配水最不利点，确定计算管路。若在系统图中难以判定配水最不利点，则应同时选择几条计算管路，分别计算各管路所需压力，其最大值即为建筑内部给水系统所需的压力。

（3）以流量变化处为节点，从配水最不利点开始，进行节点编号，划分计算管段，并标出各计算管段的长度。

（4）根据建筑的性质选用设计秒流量计算公式，计算各管段的设计秒流量。

（5）进行水力计算。在确定各计算管段的管径后，对采用下行上给式布置的给水系统，应计算水表和计算管路的水头损失，求出给水系统所需压力 H，并校核初定给水方式。若初定为外网直接给水方式，当室外给水管网水压 $H_0 \geqslant H$ 时，原方案可行；若 H 略大于 H_0 时，可适当放大部分管段的管径，减小管段系统的水头损失，以满足 $H_0 \geqslant H$ 的条件；若 H 比 H_0 大很多时，则应修正原方案，在给水系统中增加升压设备；对采用设水箱上行下给式布置的给水系统，则应按公式（2-20）计算水箱的安装高度。

（6）确定非计算管路各管段的管径。

（7）设置升压、贮水设备的给水系统，还应对以上设备进行选择计算。

三、增压和贮水设备选择

1. 水泵的选择

水泵的选择是依据建筑给水系统的设计秒流量和给水系统的阻力来确定水泵的型号及台数，所选水泵应在高效区工作。

选择生活给水系统的加压水泵，应遵守下列规定：

（1）水泵的 $Q \sim H$ 特性曲线，应是随流量的增大，扬程逐渐下降的曲线。

注：对 $Q \sim H$ 特性曲线存在有上升段的水泵，应分析在运行工况中不会出现不稳定工作时才可采用。

（2）应根据管网水力计算进行选泵，水泵应在其高效区内运行。

（3）生活加压给水系统的水泵机组应设备用泵，备用泵的供水能力不应小于最大一台运行水泵的供水能力。水泵宜自动切换交替运行。

水泵的流量在单设水泵的给水系统中，应按设计秒流量确定；在水泵水箱系统中，应按最大小时流量确定。当用水量较均匀时，高位水箱的容积较大，水泵流量可按平均小时流量确定，对重要建筑按设计秒流量确定。

建筑物内采用高位水箱调节的生活给水系统时，水泵的最大出水量不应小于最大小时用水量。

生活给水系统采用调速泵组供水时，应按系统最大设计流量选泵，调速泵在额定转速时的工作点，应位于水泵高效区的末端。

水泵的扬程应满足最不利配水点（或消火栓）所需的水压。

当水泵为直接抽水方式时，水泵扬程按式（2-15）计算：

$$H_b \geqslant H_1 + H_2 + H_3 + H_4 + H_z \qquad (2\text{-}15)$$

式中　　H_b——水泵扬程，m；

$\quad\quad H_1$——水泵的几何扬水高度，即自给水系统引入管至系统最不利配水点（或消火栓）间的垂直距离，m；

$\quad\quad H_2$——水表阻力，m；

$\quad\quad H_3$——水泵吸水管和压水管的总阻力，m；

$\quad\quad H_4$——最不利配水点（或消火栓或高水箱最高设计水位）流出水头，m；

H_z ——资用水头，即引入管连接室外管网的最小水压，m。

当水泵为水池、水泵抽水方式时，水泵扬程按式（2-16）计算：

$$H_b = Z_1 + Z_2 + H_3 + H_4 \tag{2-16}$$

式中　Z_1 ——水泵的几何吸水高度，即水泵轴至贮水池最低水面之间的垂直距离（m）；

　　　Z_2 ——水泵的几何压水高度，即水泵轴至最不利配水点（或消火栓或高水箱最高设计水位）之间的垂直距离，m。

水泵的台数确定，当供生活用水时，按建筑物的重要性考虑一般设置备用泵一台；对小型民用建筑允许短时间停水的，不考虑备用；对生产及消防给水，水泵的备用台数应按生产工艺要求及相关防火规定来确定。

水泵工作时会产生噪声，必要时应在水泵的进、出水管上设隔声装置，并设减振装置如弹性基础或弹簧减振器。

2. 水箱容积与安装高度

水箱有效容积应根据调节水量、生活和消防贮水量及生产事故贮水量来确定。其调节容积应根据用水量和流入水量的变化曲线确定，但实践中获得以上资料比较困难，因此，调节容积一般通过近似计算方式或按经验数据计算而定。

建筑物内的生活用水低位贮水池（箱）应符合下列规定：

（1）贮水池（箱）的有效容积应按进水量与用水量变化曲线经计算确定，也可按式（2-17）计算：

$$Q_j T_t \geqslant (Q_b - Q_j) T_b \tag{2-17}$$

式中　Q_b ——水泵出水量，m^3/h；

　　　Q_j ——水池进水量，m^3/h；

　　　T_b ——水泵最长连续运行时间，h；

　　　T_t ——水泵运行的间隔时间，h。

当资料不足时，宜按建筑物最高日用水量的20%～25%确定。

（2）池（箱）外壁与建筑本体结构墙面或其他池壁之间的净距，应满足施工或装配的要求，无管道的侧面，净距不宜小于0.7m；安装有管道的侧面，净距不宜小于1.0m，且管道外壁与建筑本体墙面之间的通道宽度不宜小于0.6m；设有人孔的池顶，顶板面与上面建筑本体板底的净空不应小于0.8m。

（3）贮水池（箱）不宜毗邻电气用房和居住用房或在其下方。

（4）贮水池内宜设有水泵吸水坑，吸水坑的大小和深度，应满足水泵或水泵吸水管的安装要求。

生活用水高位水箱应符合下列规定：

（1）水箱—水泵供水方式水泵自动启动时，高位水箱有效容积可按式（2-18）计算：

$$V_g = C \frac{Q_b}{4 n_{max}} \tag{2-18}$$

式中　V_g ——高位水箱有效容积，m^3；

　　　Q_b ——水泵出水量，m^3/h；

　　n_{max} ——水泵1h内最大启动次数，次/h，一般选用4～8次/h；

　　　C ——安全系数，可在1.25～2.00内选用。

由水泵联动提升进水的水箱的生活用水调节容积，不宜小于最大用水时水量的50%；由城镇给水管网夜间直接进水的高位水箱供水方式，高位水箱有效容积宜按用水人数和最高日用水定额确定，或者按式（2-19）计算：

$$V_g = Q_m T \tag{2-19}$$

式中 V_g——高位水箱有效容积，m^3；

  Q_m——由水箱供水的最大连续平均小时用水量，m^3/h；

  T——需由水箱供水的最大连续时间，h。

生活用水中途转输水箱的转输调节容积宜取转输水泵5～10min的流量。吸水井的有效容积不应小于水泵3min的设计流量。

（2）高位水箱箱壁与水箱间墙壁及箱顶与水箱间顶面的净距同建筑物内的生活用水低位贮水池（箱）的相关规定，箱底与水箱间地板面的净距，当有管道敷设时不宜小于0.8m。

（3）水箱的设置高度（以地板面计）应满足最高层用户的用水水压要求，按式（2-20）进行计算。当达不到要求时，宜采取管道增压措施：

$$h \geqslant H_2 + H_4 \tag{2-20}$$

式中 H_2——水箱出口至配水最不利点（或最不利消火栓、自动洒水喷头）管路的总水头损失，kPa；

  H_4——最不利配水点（或最不利消火栓、自动洒水喷头）处所需的压力，kPa。

建筑物贮水池（箱）应设置在通风良好、不结冻的房间内。

高层建筑中的分区减压水箱，由屋顶水箱补给和贮存调节水量，自身仅起到减压作用，因此体积较小。

减压水箱用液压水位控制阀调节水量，使进水量保持一致，因此其平面尺寸能安装液压水位控制阀等设备即可，水箱高度包括安全保护高度、有效水深、最小水深，一般有效水深取1m，最小水深不小于0.5m。

水箱的安装高度与建筑物高度、配水管长度、管径及设计流量有关。

水箱的设置高度应使水箱最低水位的标高满足建筑物内最不利配水点所需的流出水头的要求，并经管道的水力计算确定。减压水箱的安装高度一般需要高出其供水分区3层以上。此外，根据构造要求，水箱底距水箱间地面或屋顶的高度最小不得小于0.4m。

水塔、水池、水箱等构筑物应设进水管、出水管、溢流管、泄水管和信号装置，并应符合下列要求：

（1）水池（箱）设置和管道布置应防止水质污染。

（2）进、出水管宜分别设置，并应采取防止短路的措施。

（3）当利用城镇给水管网压力直接进水时，应设置自动水位控制阀，控制阀直径应与进水管管径相同，当采用浮球阀时不宜少于两个，且进水管标高应一致。

（4）当水箱采用水泵加压进水时，应设置水箱水位自动控制水泵开、停的装置。当一组水泵供给多个水箱进水时，在进水管上宜装设电信号控制阀，由水位监控设备实现自动控制。

（5）溢流管宜采用水平喇叭口集水；喇叭口下的垂直管段不宜小于4倍溢流管管径。溢流管的管径，应按能排泄水塔（池、箱）的最大入流量确定，并宜比进水管管径大一级。

（6）泄水管的管径，应按水池（箱）泄空时间和泄水受体排泄能力确定。当水池（箱）

中的水不能以重力自流泄空时，应设置移动或固定的提升装置。

（7）水塔、水池应设水位监视和溢流报警装置，水箱宜设置水位监视和溢流报警装置。信息应传至监控中心。

3. 气压给水设备

（1）气压水罐的调节容积应按式（2-21）计算：

$$V_{q2} = \frac{\alpha_a q_b}{4 n_q} \qquad (2-21)$$

式中　V_{q2}——气压水罐的调节容积，m^3；

　　　　q_b——水泵（或泵组）的出流量（以气压水罐内平均压力对应的水泵扬程的流量计）不应小于给水系统最大小时用水量的 1.2 倍，m^3/h；

　　　　α_a——安全系数，宜取 1.0～1.3；

　　　　n_q——水泵在 1h 内的启动次数，宜采用 6～8 次。

（2）气压水罐的总容积应按式（2-22）计算：

$$V_q = \frac{\beta V_{q1}}{1 - \alpha_b} \qquad (2-22)$$

式中　V_q——气压水罐总容积，m^3；

　　　　V_{q1}——气压水罐的水容积，m^3，应不小于调节容量；

　　　　α_b——气压水罐内的最低工作压力与最高工作压力比（以绝对压力计），宜采用 0.65～0.85；

　　　　β——气压水罐的容积系数，隔膜式气压水罐取 1.05；立式补气式取 1.10；卧式补气式取 1.25。

生活给水系统采用气压给水设备供水时，应符合下列规定：

（1）气压水罐内的最低工作压力，应满足管网最不利处的配水点所需水压。

（2）气压水罐内的最高工作压力，不得使管网最大水压处配水点的水压大于 0.55MPa。

四、给水系统设计训练

（一）单项技能训练

【单项设计训练 1】　某建筑为 6 层，1～2 层为商场，当量总数为 20；3～6 层为旅馆，当量总数为 125。该地区市政管网给水压力为 0.30MPa。请确定该建筑给水系统的给水方式及建筑给水引入管的设计流量。

　　解：（1）确定给水方式。对于民用建筑，在初步设计阶段，可以通过估算，确定建筑内部所需的压力为 0.28MPa。

　　因市政管网的给水压力为 0.30MPa，所以该建筑的给水系统的给水方式可以采用直接供水方式。

　　（2）确定给水引入管的设计流量。根据该筑物的性质可知，该建筑物给水管道设计秒流量应按用水分散型建筑给水管道设计秒流量进行计算：

$$q_g = 0.2\alpha \sqrt{N_g}$$

由于该建筑 1～2 层为商场，当量总数为 20；3～6 层为旅馆，则 α 值应按加权平均法计

算。查本教材表 2-5，商场：$\alpha = 1.5$、旅馆：$\alpha = 2.5$

则

$$\alpha = \frac{\alpha_1 N_{g1} + \alpha_2 N_{g2}}{N_{g1} + N_{g2}} = \frac{20 \times 1.5 + 125 \times 2.5}{20 + 125} = 2.4$$

$$q_g = 0.2\alpha \sqrt{N_g} = 0.2 \times 2.4 \sqrt{145} \text{L/s} = 5.78 \text{L/s}$$

【单项设计训练 2】 某住宅楼共 120 户，若每户按 4 人计，生活用水定额取 200L/(人·d)，小时变化系数为 2.5，用水时间为 24h，每户设置的卫生器具当量数为 8，求最大用水时卫生器具给水当量平均出流概率 U_0。

解： 根据公式：

$$U_0 = 100 \times \frac{q_0 \times m \times K_h}{0.2 \times N_g \times T \times 3600}\% = 100 \times \frac{200 \times 120 \times 4 \times 2.5}{0.2 \times 120 \times 8 \times 24 \times 3600}\% = 1.4\%$$

【单项设计训练 3】 某住宅楼给水系统分为高、低两个区，低区由市政管网供水，高区由变频泵组供水，在地下室设备间设有生活用水贮水池和变频泵组。已知高区用户最高日用水量为 102.4m³/d，求贮水池有效容积最大应为多少？

解： 当资料不足时，建筑内部的生活用水低位贮水池有效容积宜按最高日用水量的 20%～25%确定。

所以，贮水池有效容积为：V $= 102.4\text{m}^3 \times 25\% = 25.6\text{m}^3$

（二）综合技能训练

【综合设计训练】 某 5 层 10 户住宅，每户卫生间内有低水箱坐式大便器 1 套，洗脸盆、浴盆各 1 个。厨房内有洗涤盆 1 个，该建筑有局部热水供应。图 2-18 为该建筑给水系统图。管材采用薄壁不锈钢管。引入管与室外给水管网连接点到配水最不利点的高差为 17.1m。室外给水管网所能提供的最小压力为 270kPa。请进行给水系统的水力计算。

解：（1）绘出系统图，如图 2-18 所示。

（2）确定配水最不利点位低水箱坐便器。

（3）进行管段编号，如图 2-18 所示。

（4）计算设计秒流量：该工程为住宅建筑，选用公式 $q_g = 0.2UN_g$。

首先求各计算管段的 N_g 填入表中，根据该建筑物的卫生器具设置，该建筑属于普通住宅Ⅱ，查本教材表 2-1，用水定额取为 200L/(人·d)，时变化系数取 2.5，然后用公式 $U_0 = \frac{100q_0 m K_h}{0.2N'_g T 3600}\%$，计算 U_0 值，填入表 2-14 中。再查本

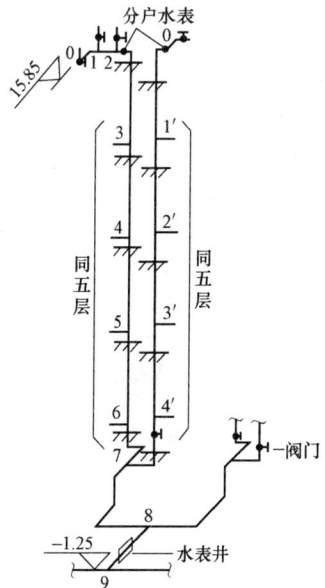

图 2-18 建筑给水系统计算草图

教材表 1-4，求出 α_c 填入表中，最后用公式 $U = 100\frac{1 + \alpha_c(N_g - 1)^{0.49}}{\sqrt{N_g}}\%$ 求出 U 值填入表 2-14中。最后用公式 $q_g = 0.2UN_g$ 计算出各计算管段的设计秒流量填入表 2-15 中。

（5）水力计算。根据各计算管段的设计流量、不同材质管径流速控制范围表 1-10，查水力计算表，确定管径及各管段的沿程阻力系数，并计算各管段的沿程水头损失，填入表 2-15中。

表 2-14

计算管段编号	卫生器具名称				当量总数 N_g	U_0 （%）	$\alpha_c / 10^{-2}$	U （%）
	n/N＝数量/当量							
	低水箱	浴盆	洗脸盆	洗涤盆				
0-1	1/0.5				0.5			138.33
1-2	1/0.5	1/1			1.5			83.39
2-3	1/0.5	1/1	1/0.5		2			72.9
3-4	1/0.5	2/1	2/0.5		3.5			55.9
4-5	1/0.5	3/1	3/0.5		5			47.4
5-6	1/0.5	4/1	4/0.5		6.5			41.9
6-7	1/0.5	4/1	5/0.5		7	4.28	3.039	40.6
7-8	1/0.5	4/1	5/0.5	5/0.7	10.5			33.5
8-9	1/0.5	10/1	10/0.5	10/0.7	22.5			23.9
0a-1a				1/0.7	0.7			117.6
1a-2a				2/0.7	1.4			86.4
2a-3a				3/0.7	2.1			71.2
3a-4a				4/0.7	2.8			71.8
4a-7				5/0.7	3.5			62.7

表 2-15

计算管段编号	当量总数 N_g	设计秒流量 q_g /(L/s)	管径 DN /mm	流速 V /(m/s)	每米管长沿程水头损 i /kPa	管段长度 L /m	管段沿程水头损失 $h_f = iL$ /kPa	管段沿程水头损失累计 $\sum h_f$ /kPa
0-1	0.5	0.138	15	0.96	0.93	0.8	0.744	0.744
1-2	1.5	0.249	20	0.78	0.50	0.9	0.450	1.194
2-3	2	0.292	20	0.94	0.70	4.0	2.8	3.994
3-4	3.5	0.391	25	0.74	0.31	3.0	0.93	4.924
4-5	5	0.474	25	0.88	0.43	3.0	1.29	6.214
5-6	6.5	0545	25	1.02	0.57	3.0	1.71	7.924
6-7	7	0568	25	1.07	0.62	1.7	1.05	8.974
7-8	10.5	0.704	32	0.84	0.38	6	2.28	11.254
8-9	22.5	1.076	40	0.87	0.26	4	1.04	12.294
0a-1a	0.7	0.165	20	0.5	0.22			
1a-2a	1.4	0.242	20	0.78	0.50			
2a-3a	2.1	0.299	20	0.94	0.70			
3a-4a	2.8	0.402	25	0.74	0.31			
4a-7	3.5	0.439	25	0.80	0.35			

计算局部阻力损失，采用管网沿程水头损失的百分数进行估算，查表 2-11：薄壁不锈钢管的局部损失占沿程损失的 25%～30%，因此局部阻力损失为 12.294kPa×30%＝3.688kPa。

（6）计算水表的水头损失。水表水头损失应按选用产品所给定的压力损失值计算，在未确定具体产品时可按下列情况取用：

住宅的入户管的水表，宜取 10kPa；建筑物引入管上的水表，在生活用水工况时，宜取 30kPa，则给水系统所需压力为：

$$H = H_1 + H_2 + H_3 + H_4 + H_z$$
$$= (17.1 \times 10 + 3.69 + 12.29 + 30 + 20)kPa$$
$$= 236.98kPa$$

因此，给水系统所需压力小于室外给水管网所能提供的最小压力为 270kPa，可以采用直接供水方式。

能力拓展训练

一、复习思考题

1. 室内给水系统的给水方式有哪些？各有何优缺点？
2. 如何确定生活给水系统所需的水压？
3. 选择水表的依据是什么？
4. 怎样确定水箱的体积及型号尺寸？
5. 水泵的选择依据是什么？怎样确定水泵的台数？
6. 什么叫气压给水？气压给水需要哪些设备？
7. 室内给水管道布置的原则和要求有哪些？
8. 高层建筑给水的特点是什么？
9. 高层建筑给水的分区方式有哪些？
10. 如何选用设计流量计算公式？
11. 试述室内给水系统水力计算的方法和步骤。
12. 如何使用给水管道水力计算表？

二、单项选择题（将正确答案的序号填入括号内）

1. 生活饮用水管道的配水件出水口高出承接用水容器溢流边缘的最小空气间隙，不得小于出水口直径的多少倍？（　　）

    A. 1.0 倍　　　　　　B. 1.5 倍　　　　　　C. 2.0 倍　　　　　　D. 2.5 倍

2. 生活给水系统采用气压给水设备供水时，气压罐内的最高工作压力不得使管网最大水压处配水点的水压大于下列何项值？（　　）

    A. 0.6MPa　　　　　B. 0.55MPa　　　　C. 0.45MPa　　　　D. 0.35MPa

3. 在多、高层住宅的给水系统中，下列哪项不允许设在户内？（　　）

    A. 住户水表　　　　B. 立管上的阀门　　C. 支管上的减压阀　　D. 卡压式接头

4. 某 14 层住宅楼采用加压供水方式，水池和水加压装置设在地下室水泵房内。下列哪种供水方式能使水泵的运行工况点控制在水泵高效区的一个点上？（　　）

    A. 恒速泵→用户　　　　　　　　　　B. 恒速泵→高位水箱→用户

    C. 隔膜气压罐加压供水装置→用户　　D. 恒压变频调速泵→用户

5. 采用水泵→高位水箱→用户的供水方式，应选下列哪种方法控制高位水箱进水？（　　）

    A. 水箱进水管口浮球阀   B. 水箱中的高、低水位信号

    C. 水泵出口的压力信号   D. 水箱出水管的水流信号

三、多项选择题（将正确答案的序号填入括号内）

1. 生活用水高位（屋顶）水箱调节容积的方法哪几项是正确的？（　　）

    A. 由城市给水管网夜间直接进水的高位水箱，宜按用水人数和最高日用水定额确定

    B. 由城市给水管网夜间直接进水的高位水箱，宜按最大小时用水量的 1.5 倍确定

    C. 由水泵联动提升进水的高位水箱，不宜小于最大小时用水量的 50%

    D. 由水泵联动提升进水的高位水箱，不宜小于平均小时用水量的 50%

2. 给水管道应设置阀门的部位是哪些？（　　）

    A. 入户管、水表前和各分支立管

    B. 居住小区给水干管上接出的支管起端或接户管起端

    C. 居住小区给水管道从市政给水管道的引入管段上

    D. 配水点的配水支管上

3. 以下有关生活给水管网水力计算的叙述中，哪几项是错误的？（　　）

    A. 住宅入户管径应按计算确定，但公称直径不得小于 25mm

    B. 生活给水管道当其设计流量相同时，可采用同一 i 值（单位长度水头损失）计算管道沿程水头损失

    C. 计算给水管道上比例式减压阀的水头损失时，阀后动水压宜按阀后静水压力的 80%~90% 采用

    D. 生活给水管道配水管的局部水头损失，宜按管道的连接方式，采用管（配）件当量长度法计算

4. 下述高层建筑生活给水系统水压的要求中，哪几项符合规定？（　　）

    A. 系统各分区最低卫生器具配水点处静水压力不宜大于 0.45MPa

    B. 静水压力不宜大于 0.35MPa 的入户管应设减压措施

    C. 卫生器具给水配件承受的最大工作压力不得大于 0.6MPa

    D. 竖向分区的最大水压应是卫生器具正常使用的最佳水压

四、计算题

1. 某 30 层集体宿舍，用水定额为 200L/（人·d），小时变化系数 $K_h=3.0$；每层 20 个房间，每间住 2 人并设一卫生间，其卫生间器具当量总数 $N=3$，采用图示分区供水系统全天供水，每区服务 15 个楼层，低区采用恒速泵、高区采用变频水泵供水，则水泵流量 Q_1、Q_2 应多少？

2. 某公共浴室共设有有间隔淋浴器（混合阀）96 个，洗手盆（混合水嘴）20 个，若淋浴器的同时给水百分数为 80%，一个淋浴器的额定流量为 0.10L/s，洗手盆的同时给水百分数为 50%，一个洗手的额定流量为 0.10L/s，则公共浴室用冷水的设计秒流量为多少？

    A. 8.68L/s   B. 9.68L/s   C. 10.60L/s   D. 11.60L/s

单元三

建筑内部消防给水系统设计

【学习目标】通过本单元的学习和训练，了解建筑设计防火规范的有关规定、自动喷水灭火系统的类型和设置要求、工作原理及适用场合、消火栓用水量标准等基本知识。掌握室内消火栓给水系统的组成与布置、消火栓给水系统的供水方式及其选择；消防给水管道的水力计算方法以及建筑内部消防给水系统应用条件，具备初步的建筑消防给水系统的设计计算能力。

【学习要求】

知 识 要 点	能 力 要 求	相 关 知 识
消防概论	1. 能说出灭火机理 2. 能判别建筑物分类及耐火等级 3. 能够认知建筑物火灾危险性分类	材料与燃烧
消火栓给水系统	1. 能正确设置建筑物内消火栓的位置 2. 能够进行消火栓系统的设计计算	充实水柱 保护半径
自动喷水灭火系统	1. 能说出自动喷水灭火系统的设置场所 2. 能判别自动喷水灭火系统的分类 3. 能说出自动喷水灭火系统的主要组件	喷水强度 作用面积
水喷雾和细水雾灭火系统	1. 能说出水喷雾灭火系统的应用场所 2. 能说出细水雾灭火系统的应用场所	水喷雾和细水雾的区别及灭火原理
其他灭火系统	能说出其他灭火方式及其原理	泡沫灭火、二氧化碳灭火

【推荐阅读资料】

1. 中华人民共和国住房和城乡建设部 . GB 50016—2014 建筑设计防火规范［S］. 北京：中国计划出版社，2015.

2. 中华人民共和国住房和城乡建设部 . GB 50974—2014 消防给水及消火栓系统技术规范［S］. 北京：中国建筑工业出版社，2015.

3. 中华人民共和国建设部 . GB 50084—2001（2005 年版）自动喷水灭火系统设计规范［S］. 北京：中国计划出版社，2005.

4. 中华人民共和国住房和城乡建设部 . GB 50129—1995 水喷雾灭火系统设计规范［S］. 北京：中国计划出版社，1995.

5. 中华人民共和国住房和城乡建设部 . GB 50219—2014 水喷雾灭火系统技术规范［S］. 北京：中国计划出版社，2014.

6. 中华人民共和国住房和城乡建设部 . GB 50898—2013 细水雾灭火系统技术规范［S］. 北

京：中国计划出版社，2013.

课题1 消防概论

一、灭火机理

可燃物与氧化剂作用发生的放热反应，通常伴有火焰、发光和（或）发烟现象，称为燃烧。火灾是指在时间或空间上由于燃烧失去控制而造成的灾害。

1. 火灾分类

根据可燃物的性质、类型和燃烧特性。火灾可分为以下五类：

（1）A类火灾。指固体物质火灾，如木材、棉、毛、麻、纸张及其制品等燃烧的火灾。

（2）B类火灾。指液体火灾或可熔化固体物质火灾，如汽油、煤油、柴油、原油、甲醇、乙醇、沥青、石蜡等燃烧的火灾。

（3）C类火灾。指气体火灾，如煤气、天然气、甲烷、乙烷、丙烷、氢气等燃烧的火灾。

（4）D类火灾。指金属火灾，如钾、钠、镁、钛、锆、锂、铝镁合金等燃烧的火灾。

（5）E类（带电）火灾。指带电物体的火灾。

火灾发生的必要条件：可燃物、氧化剂和温度（引火源）。有焰燃烧除上述必要条件外，还必须具备未受抑制的链式反应，即自由基的存在，由于自由基的存在使燃烧继续发展扩大。

燃烧的充分条件：一定的可燃物浓度、一定的氧气含量、一定的点火能量和不受抑制的链式反应。

2. 灭火系统分类

灭火就是采取一定的技术措施破坏燃烧条件，使燃烧反应终止的过程。

建筑消防灭火设施常见的系统有消火栓灭火系统、消防炮火灭火系统、自动喷水灭火系统、水喷雾灭火系统、细水雾灭火系统、泡沫灭火系统、气体灭火系统、干粉灭火系统等。

3. 灭火机理

灭火的基本原理：冷却、窒息、隔离和化学抑制，前三种主要是物理过程，后一种为化学过程。

（1）冷却灭火。将可燃物冷却到燃点以下，燃烧反应就会中止。用水扑灭一般固体物质的火灾，水吸收大量热量，使燃烧物的温度迅速降低，火焰熄灭。

（2）窒息灭火。降低氧的浓度使燃烧不能持续，达到灭火的目的。如用二氧化碳、氮气、水蒸气等方法来稀释氧的浓度。窒息灭火多用于密闭或半密闭空间。

（3）隔离灭火。把可燃物与火焰、氧隔离开，使燃烧反应自动中止。如切断流向火区的可燃气体或液体的通道；或喷洒灭火剂把可燃物与氧和热隔离开，这是常用的灭火方法。

（4）化学抑制灭火。物质的有焰燃烧中的氧化反应，都是通过链式反应进行的。碳氢化合物在燃烧过程中分子被活化，产生大量的自由基，H、OH和O的链式反应。灭火剂能抑制自由基的产生，降低自由基浓度，中止链式反应扑灭火灾。

二、建筑物分类及耐火等级

民用建筑根据其建筑高度和层数可分为单、多层民用建筑和高层民用建筑。高层民用建筑根据其建筑高度、使用功能和楼层的建筑面积可分为一类和二类。民用建筑的分类应符合表 3-1 的规定。

表 3-1   民用建筑的分类

名称	高层民用建筑		单、多层民用建筑
	一类	二类	
住宅建筑	建筑高度大于 54m 的住宅建筑（包括设置商业服务网点的住宅建筑）	建筑高度大于 27m，但不大于 54m 的住宅建筑（包括设置商业服务网点的住宅建筑）	建筑高度不大于 27m 的住宅建筑（包括设置商业服务网点的住宅建筑）
公共建筑	1. 建筑高度大于 50m 的公共建筑 2. 任一楼层建筑面积大于 1000m² 的商店、展览、电信、邮政、财贸金融建筑和其他多种功能组合的建筑 3. 医疗建筑、重要公共建筑 4. 省级及以上的广播电视和防灾指挥调度建筑、网局级和省级电力调度建筑 5. 藏书超过 100 万册的图书馆、书库	除一类高层公共建筑外的其他高层公共建筑	1. 建筑高度大于 24m 的单层公共建筑 2. 建筑高度不大于 24m 的其他公共建筑

注　1. 表中未列入的建筑，其类别应根据本表类比确定。
　　2. 除本规范另有规定外，宿舍、公寓等非住宅类居住建筑的防火要求，应符合本规范有关公共建筑的规定；裙房的防火要求应符合本规范有关高层民用建筑的规定。

三、建筑物火灾危险性分类

建筑物火灾危险等级分类的依据是：火灾危险性大小、火灾发生频率、可燃物数量、单位时间内释放的热量、火灾蔓延速度以及扑救难易程度。

1. 建筑的火灾危险性分类

多层民用建筑可分为多层居住建筑和多层公共建筑（含建筑高度大于 24m 的单层公共建筑）；高层民用建筑可分为一类高层建筑和二类高层建筑。

2. 厂房生产的火灾危险性分类

厂房生产的火灾危险性分类分为甲、乙、丙、丁和戊五类，其中甲类火灾危险性最大。分类举例见表 3-2。

表 3-2   生产的火灾危险性分类

生产的火灾危险性类别	使用或产生下列物质生产的火灾危险性特征
甲	1. 闪点小于 28℃ 的液体 2. 爆炸下限小于 10% 的气体 3. 常温下能自行分解或在空气中氧化能导致迅速自燃或爆炸的物质 4. 常温下受到水或空气中水蒸气的作用，能产生可燃气体并引起燃烧或爆炸的物质 5. 遇酸、受热、撞击、摩擦、催化以及遇有机物或硫磺等易燃的无机物，极易引起燃烧或爆炸的强氧化剂 6. 受撞击、摩擦或与氧化剂、有机物接触时能引起燃烧或爆炸的物质 7. 在密闭设备内操作温度不小于物质本身自燃点的生产

生产的火灾危险性类别	使用或产生下列物质生产的火灾危险性特征
乙	1. 闪点不小于28℃但小于60℃的液体 2. 爆炸下限不小于10%的气体 3. 不属于甲类的氧化剂 4. 不属于甲类的易燃固体 5. 助燃气体 6. 能与空气形成爆炸性混合物的浮游状态的粉尘、纤维、闪点不小于60℃的液体雾滴
丙	1. 闪点不小于60℃的液体； 2. 可燃固体
丁	1. 对不燃烧物质进行加工，并在高温或熔化状态下经常产生强辐射热、火花或火焰的生产 2. 利用气体、液体、固体作为燃料或将气体、液体进行燃烧作其他用的各种生产 3. 常温下使用或加工难燃烧物质的生产
戊	常温下使用或加工不燃烧物质的生产

3. 仓库储存物品的火灾危险性分类

仓库储存物品的火灾危险性分为甲、乙、丙、丁、和戊五类，其中甲类火灾危险性最大，其分类举例见表3-3。

表 3-3 储存物品的火灾危险性分类

储存物品的火灾危险性类别	储存物品的火灾危险性特征
甲	1. 闪点小于28℃的液体 2. 爆炸下限小于10%的气体，受到水或空气中水蒸气的作用能产生爆炸下限小于10%气体的固体物质 3. 常温下能自行分解或在空气中氧化能导致迅速自燃或爆炸的物质 4. 常温下受到水或空气中水蒸气的作用，能产生可燃气体并引起燃烧或爆炸的物质 5. 遇酸、受热、撞击、摩擦以及遇有机物或硫磺等易燃的无机物，极易引起燃烧或爆炸的强氧化剂 6. 受撞击、摩擦或与氧化剂、有机物接触时能引起燃烧或爆炸的物质
乙	1. 闪点不小于28℃但小于60℃的液体 2. 爆炸下限不小于10%的气体 3. 不属于甲类的氧化剂 4. 不属于甲类的易燃固体 5. 助燃气体 6. 常温下与空气接触能缓慢氧化，积热不散引起自燃的物品
丙	1. 闪点不小于60℃的液体 2. 可燃固体
丁	难燃烧物品
戊	不燃烧物品

4. 灭火系统设置场所的危险等级

自动喷水灭火系统设置场所的危险等级按《自动喷水灭火系统设计规范》（GB 50084）

设置场所分为 4 个等级，分类举例见表 3-4。

表 3-4 设置场所火灾危险等级举例

火灾危险等级		设置场所举例
轻危险级		建筑高度为 24m 及以下的旅馆、办公楼，仅在走道设置闭式系统的建筑等
中危险级	Ⅰ级	1. 高层民用建筑：旅馆、办公楼、综合楼、邮政楼、金融电信楼、指挥调度楼、广播电视楼（塔）等 2. 公共建筑（含单多高层）：医院、疗养院、图书馆（书库除外）、档案馆、展览馆（厅）、影剧院、音乐厅和礼堂（舞台除外）及其他娱乐场所；火车站和飞机场及码头的建筑；总建筑面积小于 5000m² 的商场、总建筑面积小于 1000m² 的地下商场等 3. 文化遗产建筑：木结构古建筑、国家文物保护单位等 4. 工业建筑：食品、家用电器、玻璃制品等工厂的备料与生产车间等；冷藏库、钢屋架等建筑构件
	Ⅱ级	1. 民用建筑：书库、舞台（葡萄架除外）、汽车停车场、总建筑面积 5000m² 及以上的商场，总建筑面积 1000m² 及以上的地下商场、净空高度不超过 8m、物品高度不超过 3.5m 的自选商场等 2. 工业建筑：棉毛麻丝及化纤的纺织、织物及制品、木材木器及胶合板、谷物加工、烟草及制品、饮用酒（啤酒除外）、皮革及制品、造纸及纸制品、制药等工厂的备料与生产车间
严重危险级	Ⅰ级	印刷厂、酒精制品、可燃液体制品等工厂的备料与车间、净空高度不超过 8m、物品高度超过 3.5m 的自选商场等
	Ⅱ级	易燃液体喷雾操作区域、固体易燃物品、可燃的气溶胶制品、溶剂清洗、喷涂油漆、沥青制品等工厂的备料及生产车间、摄影棚、舞台葡萄架下部
仓库危险级	Ⅰ级	食品、烟酒，木箱包装的不燃难燃物品等
	Ⅱ级	木材、纸、皮革、谷物及制品、棉毛麻丝化纤及制品、家用电器、电缆、B 组塑料与橡胶及其制品、钢塑混合材料制品、各种塑料瓶盒包装的不燃物品及各类物品混杂储存的仓库等
	Ⅲ级	A 组塑料与橡胶及其制品，沥青制品等

注 表中的 A 组、B 组塑料橡胶的举例见 GB 50084 附录 B。

课题 2 消火栓给水系统

一、设置场所

消防给水由室外消防给水系统、室内消防给水系统共同组成。室外消火栓给水系统是城镇、居住区、建（构）筑物最基本的消防设施，其主要作用是供给室内消防设备用水的水源；室内消防给水系统有室内消火栓、自动喷水灭火、水喷雾灭火等多种系统。

1. 室外消火栓系统

城镇（包括居住区、商业区、开发区、工业区等）应沿可通行消防车的街道设置市政消火栓系统。

民用建筑、厂房、仓库、储罐（区）和堆场周围应设置室外消火栓系统。

用于消防救援和消防车停靠的屋面上，应设置室外消火栓系统。

注：耐火等级不低于二级且建筑体积不大于 3000m³ 的戊类厂房，居住区人数不超过 500 人且建筑层数不超过两层的居住区，可不设置室外消火栓系统。

2. 室内消火栓系统

（1）下列建筑应设置室内消火栓：

1）建筑占地面积大于300m² 的厂房和仓库。

2）高层公共建筑和建筑高度大于21m 的住宅建筑。

注：建筑高度不大于27m 的住宅建筑，设置室内消火栓系统确有困难时，可只设置干式消防竖管和不带消火栓箱的DN65 室内消火栓。

3）体积大于5000m³ 的车站、码头、候车（船、机）建筑、展览建筑、商店建筑、旅馆建筑、医疗建筑和图书馆建筑等单、多层建筑。

4）特等、甲等剧场，超过800 个座位的其他等级的剧场和电影院等以及超过1200 个座位的礼堂、体育馆等单、多层建筑。

5）建筑高度大于15m 或体积大于10 000m³ 的办公建筑、教学建筑和其他单、多层民用建筑。

（2）国家级文物保护单位的重点砖木或木结构的古建筑，宜设置室内消火栓。

（3）消防卷盘的设置要求。人员密集的公共建筑、建筑高度大于100m 的建筑和建筑面积大于200m² 的商业服务网点内应设置消防软管卷盘或轻便消防水龙。高层住宅建筑的户内宜配置轻便消防水龙。

（4）以下建筑内可不设置室内消火栓：

1）耐火等级为一、二级且可燃物较少的单、多层丁、戊类厂房（仓库）。

2）耐火等级为三、四级且建筑体积不大于3000m³ 的丁类厂房；耐火等级为三、四级且建筑体积不大于5000m³ 的戊类厂房（仓库）。

3）粮食仓库、金库、远离城镇且无人值班的独立建筑。

4）存有与水接触能引起燃烧爆炸的物品的建筑。

5）室内无生产、生活给水管道，室外消防用水取自贮水池且建筑体积不大于5000m³ 的其他建筑。

二、室外消防给水系统的设置和水压

1. 系统设置

室外消防给水系统按消防水压要求分高压消防给水系统，临时高压消防给水系统和低压消防给水系统。

城市、居住区、事业单位广泛采用生活—消防合用的低压给水系统；高层建筑及设有高层建筑的小区，其室外消防给水也常采用生活—生产—消防合用的低压给水系统。该系统具有节省投资、维护管理简单的优点。

在工业企业，当生产用水与消防用水所要求的水压、水质相适用时，可考虑采用生产—消防合用的室外给水系统。应保证消防用水时不致因水压下降引起生产事故，且生产设备检修时不会造成消防供水中断。

当城市、居住区或企业事业单位内有建筑群时，室外消防给水系统可采用区域消防给水系统。当区域内有高层建筑时，室外消防给水采用高压或临时高压供水方式的难度较大，可采用以下方式。

室外采用低压消防给水系统，室内采用高压或临时高压的消防给水系统；室外、室内消防给水系统均为高压或临时高压给水系统。

2. 对水压的要求

在计算室外消防给水系统所需的水压时，应采用喷嘴口径 19mm 的水枪和直径 65mm、长度 120m 的有内衬消防水带的参数，每支水枪的计算流量应小于 5L/s。

室外消防给水管道的压力应满足以下要求：

（1）当室外消防给水采用低压给水系统时，室外消火栓口处的水压从室外设计地面算起不应小于 0.1MPa，以满足消防车或手提泵等取水所需压力。

（2）当采用高压或临时高压给水系统时，管道的供水压力应能保证用水总量达到最大且水枪在任何建筑物的最高处时，水枪的充实水柱长度仍不小于 0.1MPa。管网最不利点处室外消火栓的压力可按下式计算：

$$H_{栓口} = H_{高差} + h_{水带} + h_{水枪} \tag{3-1}$$

式中　$H_{栓口}$——管网最不利点处室外消火栓口处所需压力，MPa；

　　　$H_{高差}$——该消火栓距最不利点水枪喷嘴口的高差所产生的位置水头，MPa；

　　　$h_{水带}$——直径为 65mm 水带的水头损失之和，MPa；

　　　$h_{水枪}$——口径 19mm 的水枪充实水柱不小于 0.1MPa、流量不应小于 5L/s 时所需的压力，MPa。

三、室内消火栓给水系统分类及给水方式

1. 系统分类

室内消火栓给水系统有高压消防给水系统和临时高压消防给水系统两类。

（1）高压消防给水系统的管网内始终保持灭火时所需的压力和流量，灭火时不需要启动水泵加压。

（2）临时高压消防给水系统有两种情况：一种是多层建筑（指适用于《建筑设计防火规范》的建筑物）消防给水管网内最不利点周围平时水压和流量不满足灭火需要，灭火时需要启动水泵来满足水压和水量的要求；另一种情况是，高层民用建筑内高位消防水箱的设置高度不能保证最不利点消火栓静水压力（当建筑高度不超过 100m 时，高层建筑最不利点消火栓静水压力不应低于 0.07MPa；当建筑高度超过 100m 时，高层建筑最不利点消火栓静水压力不应低于 0.15MPa），由增压泵或气压给水设备等增压设施来保证足够的压力，火灾发生时再启动消防水泵。

2. 设置方式

（1）室内消火栓给水管网宜与自动喷水灭火系统的管网分开设置；当合用消防泵时，供水管路应在报警阀前分开设置。

（2）高层厂房（仓库）应设置独立的消防给水系统。室内消防竖管应连成环状。

（3）室内消防给水管道、消防水池（箱）与室外生活给水管或生活—消防合用管道连接时，应采取防止回流污染的技术措施。

3. 给水方式

（1）利用市政或区域高压给水管道直接供水。室外给水管网提供的水量和水压，在任何时候都能满足灭火设施的需要时应采用这种方式。当建筑物高度不大，而室外给水管网的压力和流量在任何时候均能够满足室内最不利点所需的设计流量和压力时，宜采用此种方式，

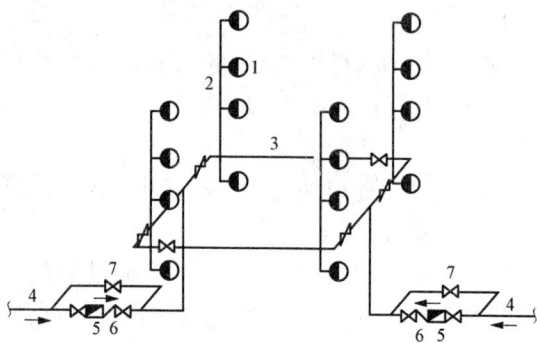

图 3-1　由室外给水管网直接供水的消防给水方式
1—室内消火栓；2—消防竖管；3—干管；4—进户管；
5—水表；6—止回阀；7—闸门

如图 3-1 所示。

（2）设高位消防水箱或增压设备的给水方式。如果室外给水管网水压变化较大，生活和生产用水量达到最大，室外管网不能保证室内最不利点消火栓所需的水压和水量时，可采用此种给水方式，如图 3-2 所示。当室外管网水压较大时，室外管网向水箱充水，由水箱贮存一定水量，以备消防使用。消防水箱的容积按室内 10min 消防用水量确定。生活、生产与消防合用水箱时，应保证消防用水不作他用的技术措施，以保证消防贮水量。

（3）设水泵、水箱的给水方式。当室外管网水压经常不能满足室内消火栓灭火系统的水压和水量要求时，宜采用此种给水方式，如图 3-3 所示。消防与生活、生产用水共用室内给水系统时，其消防水泵应保证供应生活、生产、消防用水的最大秒流量，并应满足室内最不利点消火栓的水压要求。因此，水箱应贮存 10min 的室内消防用水量。水箱的设置高度也应保证最不利点消火栓所需的水压要求。

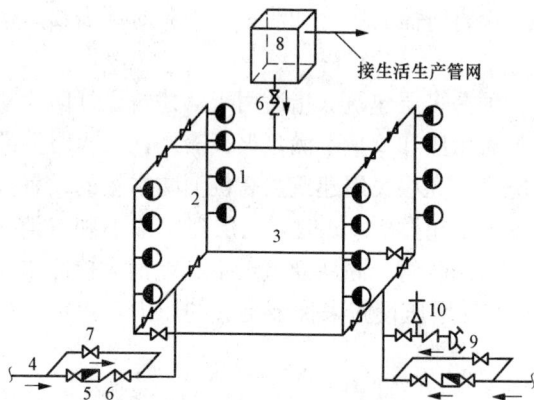

图 3-2　设水箱的消火栓给水方式
1—室内消火栓；2—消防竖管；3—干管；4—进户管；
5—水表；6—止回阀；7—阀门；8—水箱；
9—水泵接合器；10—安全阀

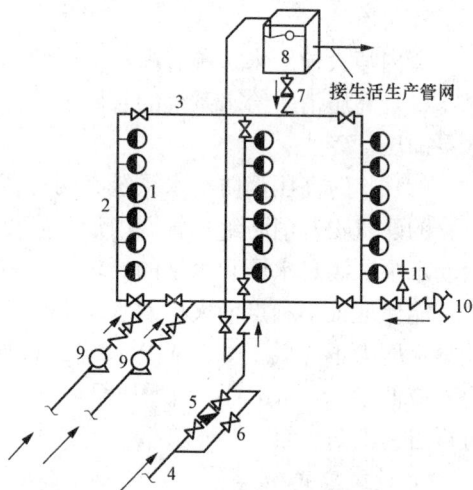

图 3-3　设水泵、水箱的消火栓给水方式
1—室内消火栓；2—消防竖管；3—干管；4—进户管；
5—水表；6—旁通管及阀门；7—止回阀；8—水箱；
9—水泵；10—水泵接合器；11—安全阀

（4）高层建筑室内消火栓灭火系统的给水方式。

1）不分区室内消火栓灭火系统的给水方式消火栓栓口的静水压力不超过 0.8MPa 时，可采用不分区的给水方式，如图 3-4 所示。

2）分区室内消火栓灭火系统的给水方式。建筑高度超过 50m 或建筑内最低处消火栓的静水压力超过 0.8MPa 时，室内消火栓系统难以得到消防车的供水支援。为加强供水安全和保证火场灭火用水，宜采用分区给水方式。分区给水可分为以下三种方式：

分区并联供水方式，如图 3-5（a）所示。其特点是分区设置水泵和水箱，水泵集中布置在地下室，各区独立运行，供水可靠，便于维护管理，但管材耗用较多，投资较大，水箱占用上层使用面积。

分区串联供水方式，如图 3-5（b）所示。其特点是分区设置水箱和水泵，水泵分散布置，自下区水箱抽水供上区用水，设备与管道简单，节省投资。但水泵布置在楼板上，振动和噪声较大。占用上层使用面积，设备分散维护管理不便，上区供水受下区限制。

分区无水箱供水方式，如图 3-5（c）所示。其特点是分区设置变速水泵或多台并联水泵，根据水量调节水泵变速或运行台数，供水可靠，设备集中便于管理，不占用上层使用面积，能耗较低。但水泵型号、数量较多，投资较大，水泵调节控制要求高。分区无水箱供水方式适用于各类型高层工业与民用建筑。

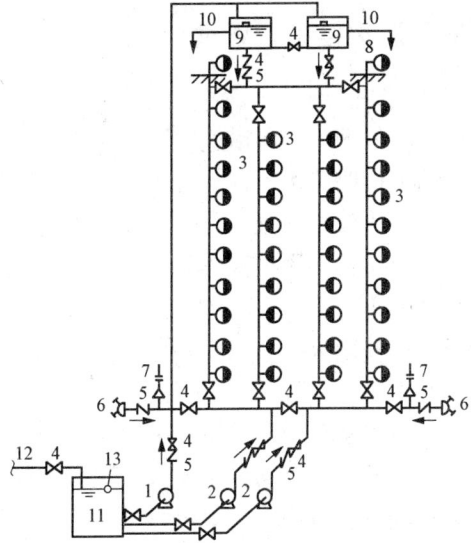

图 3-4　不分区室内消火栓给水系统

1—生活、生产水泵；2—消防水泵；3—消火栓和水泵远距离启动按钮；4—阀门；5—单向阀；6—水泵接合器；7—溢流阀；8—屋顶消火栓；9—高位水箱；10—至生活、生产管网；11—贮水池；12—来自城市管网；13—浮球阀

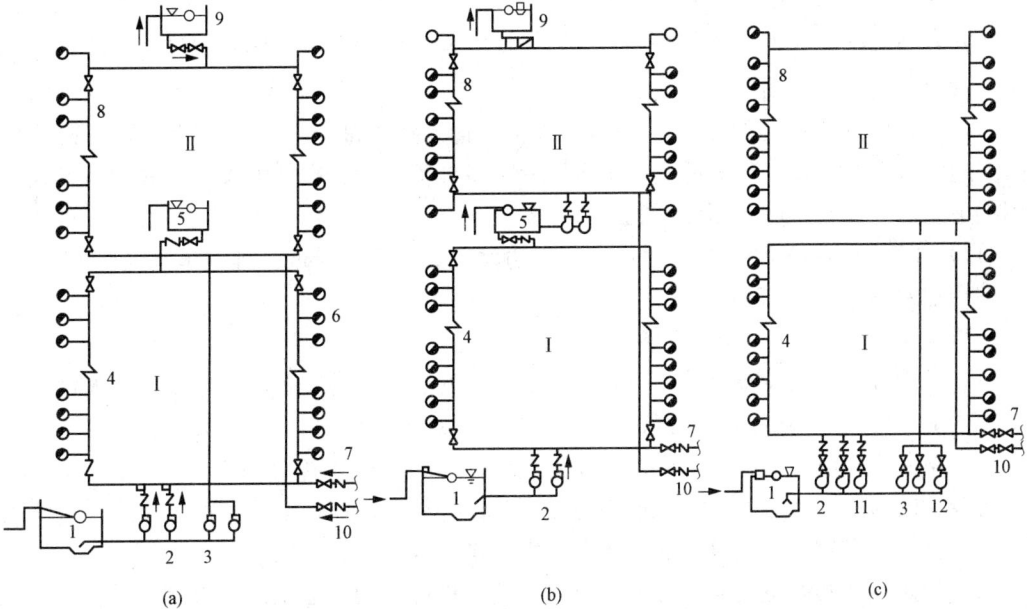

(a)　　　　　　　　　　(b)　　　　　　　　　　(c)

图 3-5　分区供水的室内消火栓供水方式

（a）分区并联供水方式；（b）分区半联供水方式；（c）分区无水箱供水方式

1—水池；2—Ⅰ区消防水泵；3—Ⅱ区消防水泵；4—Ⅰ区管网；5—Ⅰ区水箱；6—消火栓；7—Ⅰ区水泵接合器；8—Ⅱ区管网；9—Ⅱ区水箱；10—Ⅱ区水泵接合器；11—Ⅰ区补压泵；12—Ⅱ区补压泵

四、消火栓设置要求

1. 室外消火栓

（1）室外消火栓应沿道路设置，应设置在便于消防车取用的地点，但不宜布置在建筑物一侧。消火栓距路边不应大于 2m，距房屋外墙不宜小于 5m。当道路宽度大于 60.0m 时，宜在道路两边设置消火栓，并宜靠近十字路口。

（2）甲、乙、丙类液体储罐区和液化石油气储罐区的消火栓应设置在防火堤或防护墙外。距罐壁 15m 范围内的消火栓，不应计算在该罐可使用的数量内。

（3）室外消火栓的间距不应大于 120.0m。

（4）室外消火栓的保护半径不应大于 150.0m；在市政消火栓保护半径 150.0m 以内，当室外消防用水量小于等于 15L/s 时，可不设置室外消火栓。

（5）室外消火栓的数量应按其保护半径和室外消防用水量等综合计算确定，每个室外消火栓的用水量应按 10～15L/s 计算；与保护对象的距离在 5～40m 的市政消火栓，可计入室外消火栓的数量内。

（6）室外消火栓宜采用地上式消火栓。地上式消火栓应有 1 个 DN150 或 DN100 和 2 个 DN65 的栓口。采用室外地下式消火栓时，应有 DN100 和 DN65 的栓口各 1 个。寒冷地区设置的室外消火栓应有防冻措施。

（7）工艺装置区内的消火栓应设置在工艺装置的周围，其间距不宜大于 60.0m。当工艺装置区宽度大于 120.0m 时，宜在该装置区内的道路边设置消火栓。

（8）建筑的室外消火栓、阀门、消防水泵接合器等设置地点应设置相应的永久性固定标识。

（9）寒冷地区设置市政消火栓、室外消火栓确有困难的，可设置水鹤等为消防车加水的设施，其保护范围可根据需要确定。

（10）城市交通隧道出入口外应设置室外消火栓。隧道每个出入口外应设置室外消火栓；双向交通隧道宜在隧道中部的适当位置设置一个室外消火栓；室外消火栓宜采用地上式，当采用地下式消火栓时，应有明显标志。

（11）停车场的室外消火栓宜沿停车场周边设置，且距离最近一排汽车不宜小于 7m，距加油站或油库不宜小于 15m。

2. 室内消火栓

（1）除无可燃物的设备层外，设置室内消火栓的建筑物，其各层均应设置消火栓，同一建筑物内应采用统一规格的消火栓、水枪和水带，每条水带的长度不应大于 25m。

（2）单元式、塔式住宅的消火栓宜设置在楼梯间的首层和各层楼层休息平台上，当设 2 根消防竖管的确有困难时，可设 1 根消防竖管，但必须采用双口双阀型消火栓。干式消火栓竖管应在首层靠出口部位设置便于消防车供水的快速接口和止回阀。

（3）消防电梯间前室内应设置消火栓，该消火栓可作为普通室内消火栓使用。

（4）冷库内的消火栓应设置在常温穿堂或楼梯间内。

（5）室内消火栓应设置在位置明显且易于操作的部位。栓口离地面或操作基面高度宜为 1.1m，其出水方向宜向下或与设置消火栓的墙面成 90°角；栓口与消火栓箱内边缘的距离不应影响消防水带的连接。

（6）室内消火栓的间距应由计算确定。高层厂房（仓库）、高架仓库和甲、乙类厂房中室内消火栓的间距不应大于 30.0m；其他单层和多层建筑中室内消火栓的间距不应大于 50.0m。

（7）室内消火栓的布置应保证每一个防火分区同层有两支水枪的充实水柱同时到达任何部位。建筑高度小于等于 24.0m 且体积小于等于 5000m³ 的多层仓库，可采用 1 支水枪充实水柱到达室内任何部位。

（8）水枪的充实水柱应经计算确定，甲、乙类厂房、层数超过 6 层的公共建筑和层数超过 4 层的厂房（仓库），不应小于 10.0m；高层厂房（仓库）、高架仓库和体积大于25 000m³ 的商店、体育馆、影剧院、会堂、展览建筑，车站、码头、机场建筑等，不应小于 13.0m；其他建筑，不应小于 7.0m。

（9）高层厂房（仓库）和高位消防水箱静压不能满足最不利点消火栓水压要求的其他建筑，应在每个室内消火栓处设置直接启动消防水泵的按钮，并应有保护设施。

（10）室内消火栓栓口处的出水压力大于 0.5MPa 时，应设置减压设施；静水压力大于1.0MPa 时，应采用分区给水系统。

（11）设有室内消火栓的建筑，若为平屋顶时，宜在平屋顶上设置试验和检查用的消火栓。

五、充实水柱与保护半径

1. 充实水柱

水枪的充实水柱长度。水枪的充实水柱是指靠近水枪出口的一段密集不分散的射流。从喷嘴出口起到射流 90% 的总射流量穿过直径 38mm 圆圈处的一段射流长度称为充实水柱长度。这段水柱具有扑灭火灾的能力，为灭火的有效段。为防止消防队员被火烧伤，要求水枪的充实水柱有一定的长度，可按式（3-2）计算确定，并不小于表 3-5 中的规定要求，即：当 S_k 大于规范规定值时取计算值，当 S_k 小于规范规定值时取规范规定的值，为：

$$S_k = \frac{H_1 - H_2}{\sin\alpha} \tag{3-2}$$

式中　S_k ——水枪充实水柱长度，m；

　　　H_1 ——室内最高着火点距离地面高度，m；

　　　H_2 ——水枪喷嘴距离地面高度，m，一般取 1m；

　　　α ——水枪与地平面之间的夹角，一般取 45°，最大不应超过 60°。

2. 室内消火栓的保护半径和间距

（1）室内消火栓保护半径。室内消火栓保护半径应由计算确定，消防竖管布置应保证每个防火分区同层有 2 支水枪的充实水柱同时达到任何部位。建筑高度小于等于 24m 且体积小于等于 5000m³ 的多层仓库，可采用 1 支水枪的充实水柱达到室内任何部位。

室内消火栓保护半径应按下式计算确定：

$$R = kL_d + L_s \tag{3-3}$$

式中　R ——室内消火栓的保护半径，m；

　　　k ——水带弯曲折减系数，一般取 0.8～0.9；

　　　L_d ——水带长度，m；

　　　L_s ——消防水枪充实水柱的水平投影，m，$L_s = S_k\cos\alpha$。

表 3-5充实水柱要求

类　别		充实水柱长度/m
室外	高压或临时高压给水系统	≥10
室内	甲、乙类厂房 层数超过 6 层的公共建筑 层数超过 4 层的厂房（仓库） 人防工程、车库 建筑高度不超过 100m 的高层民用建筑	≥10
	高架仓库、高层厂房（客房） 体积大于 25 000m³ 的商店、体育馆、影剧院、会堂、展览建筑、车站、码头、机场建筑等 建筑高度超过 100m 的高层民用建筑	≥13
	其他建筑	≥7

（2）室内消火栓间距。室内消火栓间距应根据计算确定，并满足以下规定：

高架库房、高层厂房（仓库）和甲、乙类厂房、高层民用建筑的消火栓间距不应大于 30m；其他单层、多层民用建筑的裙房的消火栓间距不应大于 50m。

1）要求 1 支水枪的充实水柱达到室内同层任何部位时的间距（S_1），如图 3-6 所示，可按式（3-4）计算：

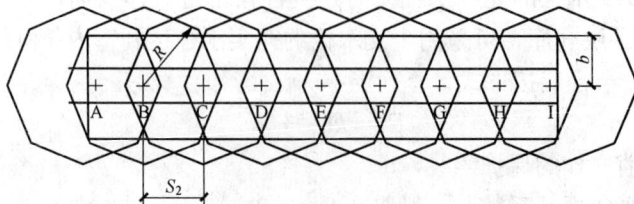

图 3-6　1 支水枪的充实水柱达到室内同层任何部位时的间距

$$S_1 = 2\sqrt{R^2 - b^2} \tag{3-4}$$

式中　S_1 ——消火栓间距，m；

R ——消火栓保护半径，m；

b ——消火栓最大保护宽度，m。

2）要求 2 支水枪的充实水柱达到室内同层任何部位的间距（S_2），如图 3-7 所示，可按式（3-5）计算

$$S_2 = \sqrt{R^2 - b^2} \tag{3-5}$$

式中　S_2 ——消火栓间距，m。

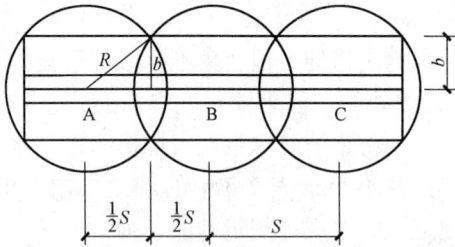

图 3-7　2 支水枪的充实水柱达到室内同层任何部位时的间距

六、消防管网及附件设置要求

1. 室外消防管网

（1）室外消防给水管网应布置成环状，当室外消防用水量小于等于 15L/s 时，可布置成枝状。

（2）向环状管网输水的进水管不应少于两条，当其中一条发生故障时，其余的进水管应能满足消防用水总量的供给要求。

（3）环状管道应采用阀门分成若干独立段，每段内室外消火栓的数量不宜超过 5 个。

（4）室外消防给水管道的直径不应小于 100mm。

2. 室内消防管网

（1）室内消火栓超过 10 个且室外消防用水量大于 15L/s 时，其消防给水管道应连成环状，且至少应有两条进水管与室外管网或消防水泵连接。当其中一条进水管发生事故时，其余的进水管应仍能供应全部消防用水量。

（2）高层厂房（仓库）应设置独立的消防给水系统。室内消防竖管应连成环状。

（3）室内消防竖管直径不应小于 100mm。

（4）室内消火栓给水管网宜与自动喷水灭火系统的管网分开设置；当合用消防泵时，供水管路应在报警阀前分开设置。

（5）消防用水与其他用水合用的室内管道，当其他用水达到最大小时流量时，应仍能保证供应全部消防用水量。

（6）允许直接吸水的市政给水管网，当生产、生活用水量达到最大且仍能满足室内外消防用水量时，消防泵宜直接从市政给水管网吸水。

（7）严寒和寒冷地区非采暖的厂房（仓库）及其他建筑的室内消火栓系统，可采用干式系统，但在进水管上应设置快速启闭装置，管道最高处应设置自动排气阀。

3. 阀门

消火栓给水系统中的设备和器材、管材、阀门等配件的压力等级不应小于系统设计工作压力。

系统管网中阀门的设置应保证检修时其余的消火栓仍可以满足灭火的要求。

（1）室外消防给水管网应设阀门，将管网分隔成若干独立的管段，两阀门间管道上消火栓数量不超过 5 个，环状管网的节点处宜设必需的阀门。

（2）室内消防给水管道应采用阀门分成若干独立段。对于单层厂房（仓库）和公共建筑，检修停止使用的消火栓不应超过 5 个。对于多层民用建筑和其他厂房（仓库），室内消防给水管道上阀门的布置应保证检修管道时关闭的竖管不超过 1 根，但设置的竖管超过 3 根时，可关闭 2 根。

（3）高层民用建筑中室内每根竖管上下均应设阀门，应保证检修管道时关闭的竖管不超过 1 根，如系统中竖管数超过 4 根时，可关闭不相邻的 2 根。

（4）阀门保持常开并应有明显的启闭标志或信号，宜采用蝶阀、明杆闸阀或带启闭刻度的暗杆阀等。

4. 水泵接合器

水泵接合器的主要作用是，当室内消防水泵发生故障或室内消防水源供水不足时，供消防车从室外消火栓取水加压后经水泵接合器将水送到室内消防给水管网。因此，设置室内消火栓系统且层数超过 4 层的厂房（库房）、层数超过 5 层的公共建筑、高层民用建筑和高层厂房（库房）均应设水泵接合器。

高层民用建筑室内消防给水采用竖向分区给水方式时，在消防车供水压力范围内的每个分区应分别设置水泵接合器，且应有明显的标志。只有采用串联给水方式时，上区用水从下区水箱吸水供给，可仅在下区设水泵接合器，供整个建筑物使用。

（1）消防水泵接合器的数量应按室内消防用水量计算确定。每个消防水泵接合器的流量宜按 10～15L/s 计算，且水泵接合器数量不宜少于 2 个。一般 DN100 的水泵接合器的通水能力为 10L/s，DN150 的水泵接合器的通水能力为 15L/s。

（2）水泵接合器应与室内消防环网连接，连接点应尽量远离固定消防水泵出水管与室内管网的接点。水泵接合器应设在室外便于消防车使用和接近的地点，距人防工程出入口不宜小于 5m，距室外消火栓或消防水池取水口的距离宜为 15.0～40.0m。

（3）当采用墙壁式水泵接合器时，其中心高度距室外地坪为 700mm，水泵接合器上部的墙面不宜是玻璃窗或玻璃幕墙等易破碎材料，当必须在该位置设置水泵接合器时，其上部应有有效遮挡保护措施。

（4）水泵接合器宜采用地上式，当采用地下式水泵接合器时应有明显标志。

5. 减压阀

系统压力或消火栓口压力大于规定值时，应设减压设施。

采用减压阀时，减压阀的设计流量应在减压阀产品的流量与压力特性曲线的有效段内。高区减压阀还应校核在 150% 设计流量时，减压阀的出口动压不应小于设计值的 65%。减压阀进口处应设过滤器，进、出口处均应设压力表，其量程是工作压力的 2 倍。室内消火栓栓口处的压力大于规定值时，一般设减压稳压消火栓或在支管上设减压孔板。

七、消防给水系统设计用水量

建筑的全部消防用水量应为其室内、外消防用水量之和。

室外消防用水量应为民用建筑、厂房（仓库）、储罐（区）、堆场室外设置的消火栓、水喷雾、水幕、泡沫等灭火、冷却系统等需要同时开启的用水量之和。

室内消防用水量应为民用建筑、厂房（仓库）室内设置的消火栓、自动喷水、泡沫等灭火系统需要同时开启的用水量之和。

（一）室外消防用水量

城市、居住区的室外消防用水量

城市、居住区的室外消防用水量应按同一时间内的火灾次数和一次灭火用水量确定。同一时间内的火灾次数和一次灭火用水量应不小于表 3-6 的规定。

表 3-6　　　　城市、居住区同一时间内的火灾次数和一次灭火用水量

人数 N/万人	同一时间内的火灾次数/次	一次灭火用水量/(L/s)	人数 N/万人	同一时间内的火灾次数/次	一次灭火用水量/(L/s)
N≤1.0	1	15	30.0<N≤40.0	2	75
1.0<N≤2.5	1	30	40.0<N≤50.0	3	75

人数 N/万人	同一时间内的火灾次数/次	一次灭火用水量/(L/s)	人数 N/万人	同一时间内的火灾次数/次	一次灭火用水量/(L/s)
2.5＜N≤5.0	2	30	50.0＜N≤70.0	3	90
5.0＜N≤20.0	2	45	大于70.0	3	100
20.0＜N≤30.0	2	60			

工业园区、商务区等消防给水设计流量，宜根据其规划区域的规模和同一时间的火灾起数，以及规划中的各类建筑室内外同时作用的水灭火系统设计流量之和经计算分析确定。

建筑物室外消火栓设计流量，应根据建筑物的用途功能、体积、耐火等级、火灾危险性等因素综合分析确定。建筑物室外消火栓设计流量不应小于表3-7的规定。

表3-7　　　　　　　　　　建筑物室外消火栓设计流量　　　　　　　　　　（L/s）

耐火等级	建筑物名称及类别			建筑体积 V/m³					
				V≤1500	1500＜V≤3000	3000＜V≤5000	5000＜V≤20 000	20 000＜V≤50 000	＞50 000
一、二级	工业建筑	厂房	甲、乙	15	20	25	30	35	
			丙	15	20	25	30	40	
			丁、戊	15				20	
		库房	甲、乙	15		25		—	
			丙	15		25	35	45	
			丁、戊	15				20	
	民用建筑	住宅	普通	15					
		公共建筑	单层及多层	15		25	30	40	
			高层	—		25	30	40	
	地下建筑（包括地铁）、平战结合的人防工程			15		20	25	30	
	汽车库、修车库（独立）			15			20		
三级	工业建筑	乙、丙		15	20	30	40	45	—
		丁、戊		15			20	25	35
	单层及多层民用建筑			15	20	25	30	—	
四级	丁、戊类工业建筑			15	20	25	—		
	单层及多层民用建筑			15	20	25	—		

　注　1. 成组的建筑物应按消火栓设计流量较大的相邻两座建筑物的体积之和确定。

　　　2. 火车站、码头和机场的中转库房，其室外消火栓设计流量应按相应耐火等级的丙类物品库房确定。

　　　3. 国家级文物保护单位的重点砖木、木结构的建筑物室外消火栓设计流量，按三级耐火等级民用建筑物消火栓设计流量确定。

（二）室内消防用水量

建筑物室内消火栓设计流量，应根据建筑物的用途功能、体积、高度、耐火极限、火灾危险性等因素综合确定。建筑物室内消火栓设计流量不应小于表3-8的规定。

表 3-8　　　　　　　　　　　　　　　**建筑物室内消火栓设计流量**

建筑物名称		建筑高度 H/m、层数、体积 V/m³ 或座位数 n/个火灾危险性		消火栓用水量/(L/s)	同时使用水枪数量/支	每根竖管最小流量/(L/s)
工业建筑	厂房	$H\leqslant24$	甲、乙、丙、丁、戊	10	2	10
			丙	20	4	15
		$24<H\leqslant50$	乙、丁、戊	25	5	15
			丙	30	6	15
		$H>50$	乙、丁、戊	30	6	15
			丙	40	8	15
	仓库	$H\leqslant24$	甲、乙、丁、戊	10	2	10
			丙	20	4	15
		$H>24$	丁、戊	30	6	15
			丙	40	8	15
单、多层民用建筑	科研楼、试验楼	$V\leqslant10\ 000$		10	2	10
		$V>10\ 000$		15	3	10
	车站、码头、机场的候车（船、机）楼和展览建筑等	$5000<V\leqslant25\ 000$		10	2	10
		$25\ 000<V\leqslant50\ 000$		15	3	10
		$V>50\ 000$		20	4	15
	剧场、电影院、会堂、礼堂、体育馆建筑等	$800<n\leqslant1200$		10	2	10
		$1200<n\leqslant5000$		15	3	10
		$5000<n\leqslant10\ 000$		20	4	15
		$n>10\ 000$		30	6	15
	旅馆	$5000<V\leqslant10\ 000$		10	2	10
		$10\ 000<V\leqslant25\ 000$		15	3	10
		$V>25\ 000$		20	4	15
	商店、图书馆、档案馆等	$5000<V\leqslant10\ 000$		15	3	10
		$10\ 000<V\leqslant25\ 000$		25	5	15
		$V>25\ 000$		40	8	15
	病房楼、门诊楼等	$5000<V\leqslant10\ 000$		5	2	5
		$10\ 000<V\leqslant25\ 000$		10	2	10
		$V>25\ 000$		15	3	10
	办公楼、教学楼等	$V>10\ 000$		15	3	10
	住宅	$21<H\leqslant54$		5	2	5
高层民用建筑	住宅	普通	$27<H\leqslant54$	10	2	10
			$H>54$	20	4	10
	二类公共建筑	$H\leqslant50$		20	4	10
		$H>50$		30	6	15
	二类公共建筑	$H\leqslant50$		30	6	15
		$H>50$		40	8	15

建筑物名称		建筑高度 H/m、层数、体积 V/m³ 或座位数 n/个火灾危险性	消火栓用水量/(L/s)	同时使用水枪数量/支	每根竖管最小流量/(L/s)
国家级文物保护单位的重点砖木或木结构的古建筑		$V \leqslant 10\ 000$	20	4	10
		$V > 10\ 000$	25	5	15
汽车库/修车库（独立）			10	2	10
地下建筑		$V \leqslant 5000$	10	2	10
		$5000 < V \leqslant 10\ 000$	20	4	15
		$10\ 000 < V \leqslant 25\ 000$	30	6	15
		$V > 25\ 000$	40	8	20
人防工程	商场、餐厅、旅馆、医院等	$V \leqslant 5000$	5	1	5
		$5000 < V \leqslant 10\ 000$	10	2	15
		$5000 < V \leqslant 125\ 000$	15	3	10
		$V > 25\ 000$	20	4	10
	展览厅、影院、剧场、礼堂、健身体育馆等	$V \leqslant 1000$	5	1	5
		$1000 < V \leqslant 2500$	10	2	10
		$V > 25\ 000$	15	3	10
	丙、丁、戊类生产车间、自行车库	$V \leqslant 2500$	5	1	5
		$V > 25\ 000$	10	2	10
	丙、丁、戊类物品库房、图书资料档案库	$V \leqslant 3000$	5	1	5
		$V > 3000$	10	2	10

注 1. 丁、戊类高层厂房（仓库）室内消火栓的设计流量可按本表减少 10L/s，同时使用消防水枪数量可按本表减少 2 支。

2. 当高层民用建筑高度不超过 50m，室内消火栓用水量超过 20L/s，且设有自动喷水灭火系统时，其室内、外消防用水量可按本表减少 5L/s。

3. 消防软管卷盘、轻便消防水龙及多层住宅楼梯间中的干式消防竖管，其消防给水设计流量可不计入室内消防给水设计流量。

当建筑物室内设有自动喷水灭火系统、水喷雾灭火系统、泡沫灭火系统或固定消防炮灭火系统等一种或两种以上自动水灭火系统全保护时，室内消火栓系统设计流量可减少 50%，但应不小于 10L/s。

城市交通隧道内室内消火栓设计流量不应小于表 3-9 的规定。地铁地下车站室内消火栓设计流量不应小于 20L/s，区间隧道不应小于 10L/s。

表 3-9 　　　　　　　　　　**城市交通隧道内室内消火栓设计流量**

用　途	类　别	长度/m	设计流量/(L/s)
可通行危险化学品等机动车	一、二、三	>500	20
仅限通行非危险化学品等机动车	一、二、三	$>10\ 000$	
	三、四	$\leqslant 10\ 000$	10

（三）其他消防给水系统的设计用水量

水喷雾灭火系统的用水量应按现行国家标准《水喷雾灭火系统设计规范》（GB 50219）

的有关规定确定。

自动喷水灭火系统的用水量应按《自动喷水灭火系统设计规范》（GB 50084）的有关规定确定。

泡沫灭火系统的用水量应按《低倍数泡沫灭火系统设计规范》（GB 50151）、《高倍数、中倍数泡沫灭火系统设计规范》（GB 50196）的有关规定确定。

固定消防炮灭火系统的用水量应按《固定消防炮灭火系统设计规范》（GB 50338）的有关规定确定。

八、消防水池、消防水箱及增压设施

1. 消防水池

（1）设置条件。多层民用建筑（含建筑高度大于 24m 的单层公共建筑）和单层、多层、高层工业建筑，符合下列条件之一时应设置消防水池。

1）当生产、生活用水量达到最大时，市政给水管道、进水管或天然水源不能满足室内外消防用水量。

2）市政给水管道为枝状或只有 1 条进水管，且室内外消防用水量之和大于 25L/s。

高层民用建筑符合下列条件之一时，应设消防水池。

1）市政给水管道和进水管或天然水源不能满足消防用水量。

2）市政给水管道为支状或只有 1 条进水管（二类居住建筑除外）。

（2）有效容积。消防水池的有效容积是指水池溢流水位以下至消防水泵最低吸水水位之间的水量，不应包括隔墙、柱体所占的体积。扑救火灾时消防水泵从消防水池吸水、加压后送至消防管网，与此同时室外给水管网（是指给水管网等）可通过水池进水管向消防水池补水。因此，消防水池的有效容积与室外给水管网的补水能力有关。

当室外给水管网能保证室外消防用水量时，消防水池的有效容量应满足在火灾延续时间内室内消防用水量的要求。当室外给水管网不能保证室外消防用水量时，消防水池的有效容量应满足在火灾延续期间内室内消防用水量与室外消防用水量不足部分之和的要求。

当室外给水管网供水充足且在火灾情况下能保证连续补水时，消防水池的容量可减去火灾延续时间内补充的水量。当室内外消防给水系统的火灾延续时间相同时，消防水池的有效容量可按式（3-6）计算：

$$V_f = 3.6(Q_n + Q_w - Q_b)T_b \tag{3-6}$$

式中　V_f ——消防水池的有效容积，m^3；

　　　Q_n ——室内消防用水量，L/s；

　　　Q_w ——室外消防用水量，L/s；

　　　Q_b ——在火灾延续时间内室外给水管网可连续补给消防水池的水量，L/s，补水量经计算确定，补水管的设计流速不宜大于 2.5m/s；

　　　T_b ——火灾延续时间，h，详见《消防给水及消火栓系统技术规范》（GB 50974）。

当消防水池贮存多种灭火系统（包括室外消防给水系统）的用水量，且灭火系统的火灾延续时间有所不同时，有效容积应为同时启用的各种灭火系统用水量之和减去火灾延续时间内室外给水管网连续补给消防水池的水量。由于各种火灾系统的火灾延续时间有所不同，消防水池的有效容量可按式（3-7）计算：

$$V_f = 3.6(Q_i T_{bi} - Q_b T_{bmax})\tag{3-7}$$

式中　Q_i——某灭火系统的设计用水量，L/s；

　　　T_{bi}——某灭火系统的火灾延续时间，h；

　　　T_{bmax}——各种灭火系统火灾延续时间中的最大值，h；

其余符号含义同式（3-6），消防水池的补水时间不宜超过 48h，对于缺水地区或独立的石油库区不应超过 96h。总容量超过 500m³ 时，应分成 2 个能独立使用的消防水池。

（3）其他设计要求。

1）供消防车取水的消防水池应设置取水口或取水井，且吸水高度不应大于 6.0m。取水口或取水井与建筑物（水泵房除外）的距离不宜小于 15m；与甲、乙、丙类液体储罐的距离不宜小于 40m；与液化石油气储罐的距离不宜小于 60m，如采取防止热辐射的保护措施时，可减为 40m。

2）高层建筑消防系统，取水口或取水井与被保护高层建筑的外墙距离不宜小于 5m，并不宜大于 100m。

3）消防水池的保护半径不应大于 150.0m。

4）同一时间内只考虑 1 次火灾的高层建筑群、工厂及居住区等，可共用消防水池、消防泵房、高位消防水箱。消防水池、高位消防水箱的容量应按消防用水量最大的一幢高层建筑计算。高位消防水箱应满足相关规定，且应设置在高层建筑群内最高的一幢高层建筑的屋顶最高处。

5）严寒和寒冷地区的消防水池应采取防冻保护设施。消防水池须有盖板，盖板上须覆土保温；人孔和取水口设双层保温井盖。

6）消防用水与生产、生活用水合并的水池，应采取确保消防用水不作他用的技术措施，如图 3-8 所示。

7）消防水池应设水位显示装置和溢流管。其溢流水位宜高出设计最高水位 0.05m 左右，溢水管喇叭口应与溢流水位在同一水位线上，溢水管管径比进水管大一级，溢流管上不应装阀门。溢水管不应与排水管直接连通。

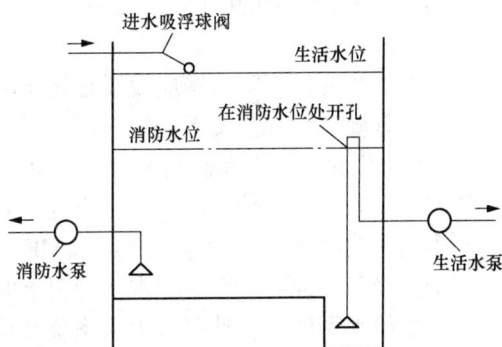

图 3-8　消防用水量不作他用的技术措施

8）消防水泵宜设置单独从水池吸水的吸水管。吸水管内的流速宜采用 1.0～1.2m/s；吸水管应设置喇叭口。喇叭口宜向下，低于消防水池最低水位不宜小于 0.3m，当达不到此要求时，应采取防止空气被吸入的措施，具体要求如图 3-9 所示，H 应大于等于 0.8 倍吸水管管径，且不应小于 0.1m。

9）补水量应经计算确定，且补水管的设计流速不宜大于 2.5m/s。

10）应有泄空、通气等措施，泄水管不应与排水管直接连通。

2. 消防水箱

（1）设置条件。设置常高压给水系统并能保证最不利点消火栓和自动喷水灭火系统等的水量和水压的建筑物，或设置干式消防竖管的建筑物，可不设置消防水箱。设置临时高压给水系统的建筑物应设置消防水箱（包括气压水罐、水塔、分区给水系统的分区水箱）。

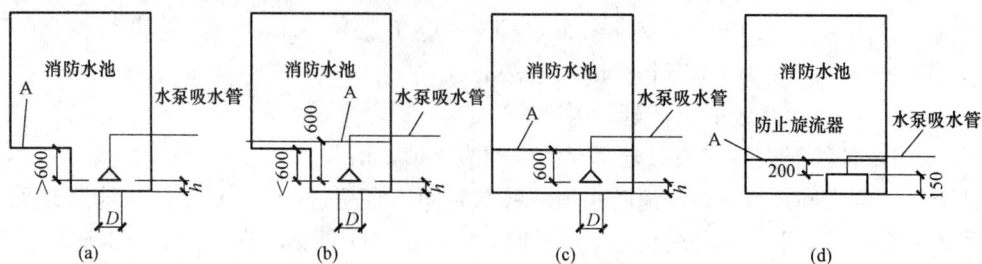

图 3-9　消防水池最低水位与吸水口安装尺寸关系图
A—消防水池最低水位线；D—吸水管喇叭口直径；h—喇叭口底到吸水井的距离

（2）有效容积。工业建筑和多层民用建筑，消防水箱应储存 10min 的消防用水量。当室内消防用水量小于等于 25L/s，经计算消防水箱所需消防储水量大于 12m³ 时，仍可采用 12m³；当室内消防用水量大于 25L/s，经计算消防水箱所需消防储水量大于 18m³ 时，仍可采用 18m³。

高层民用建筑，一类公共建筑不应小于 18m³；二类公共建筑和一类居住建筑不应小于 12m³；二类居住建筑不应小于 6m³。并联给水方式的分区消防水箱容量应与高位消防水箱相同。

消防水箱储存 10min 消防用水量可按公式（3-8）计算：

$$V_x = 0.6Q_x \tag{3-8}$$

式中　V_x——消防水箱内储存的消防用水量，m³；

　　　　Q_x——室内消防用水量，L/s；

　　　　0.6——单位换算系数。

（3）设置高度。消防水箱应设置在建筑的最高部位，依靠重力自流供水，其设置高度应按各种灭火系统设计规范要求确定。

1）高层民用建筑消火栓给水系统消防水箱的设置高度：当建筑高度不超过 100m 时，高层建筑最不利点消火栓静水压力不应低于 0.07MPa；当建筑高度超过 100m 时，高层建筑最不利点消火栓静水压力不应低于 0.15MPa。

当消防水箱不能满足上述静水压力要求时，应设置增压设施。

消火栓给水系统与自动喷水灭火系统共用消防水箱时，其设置高度还应保证最不利点喷头处的最小工作压力，最不利点喷头处最小工作压力可按式（3-9）计算：

$$H_{xs} = H_{xh} + \Delta H_{xg} \tag{3-9}$$

式中　H_{xs}——消防水箱最低水位与最不利点喷头之间的高差产生的静水压力，kPa；

　　　　H_{xh}——最不利点处所需水压，kPa；

　　　　ΔH_{xg}——消防水箱至最不利点处喷头之间管路的总水头损失，kPa。

2）工业建筑和多层民用建筑的消防水箱，应设置在建筑物的最高部位，保证重力自流出水。

（4）其他设计要求。消防用水与其他用水合用的水箱应采取消防用水不作他用的技术措施。

除串联消防给水系统外，发生火灾时由消防水泵供给的消防用水不应进入高位消防水箱。

3．增压设施

（1）高层民用建筑临时高压消防给水系统中的消防水箱，如设置高度不能满足规定的静水压力要求时应设置增压设施，以保证火灾初期消防主泵未开启时室内消火栓或自动喷水灭火系统的压力要求。增压设施一般由增压泵、气压水罐等组成，如图3-10所示。

对增压泵，其出水量应满足1支水枪用水量或自动喷水灭火系统1个喷头的用水量。对气压给水设备中的气压水罐，其调节容积应为2支水枪和5个喷头30s的用水量，即：

$$30 \times (2 \times 5 + 5 \times 1)L = 450L$$

（2）高压消防给水系统中的高位水池。

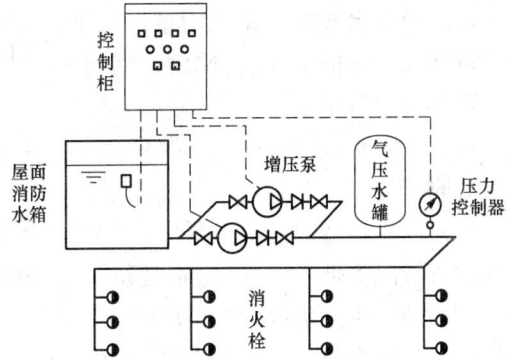
图3-10　增压设施

设置在高压消防给水系统中的高位水池，是消防给水系统的一个水源，其有效容积应满足火灾延续时间内的设计消防用水量要求，设置高度应满足系统的设计压力。

九、消防水泵及泵房

1. 消防水泵设计流量

独立消火栓给水系统，消防水泵的设计流量不应小于该消火栓给水系统的设计灭火用水量。

供给两栋及以上的建筑时，消防水泵流量应取其中消防用水量最大一栋建筑的消防流量。

多种灭火设备联合供水的消防给水系统，消防水泵的设计流量应取消防时同时作用的各系统组合流量的最大者。

当消防给水管网与生产、生活给水管网合用时，消防水泵设计流量应保证生产、生活用水达到最大时用水量时（淋浴用水量可按15%计算，浇洒和洗涮用水量可不计算在内）仍能满足全部消防设计用水量。

2. 消防水泵扬程

消防水泵扬程应满足各系统最不利点灭火设备所需水压，由式（3-10）确定：

$$H_p = H_1 + H_2 + H_{xh0} \tag{3-10}$$

式中　　H_p——消防水泵扬程，kPa；

　　　　H_1——最不利点消火栓与消防水池最低水位或系统入口管水平中心线的高差产生的静水压力，kPa；

　　　　H_2——计算管路延程和局部水头损失之和，kPa；

　　　　H_{xh0}——最不利点消火栓口处所需的水压，kPa。

当市政给水环形干管允许直接吸水时，消防水泵应直接从室外给水管网吸水。直接吸水时，水泵扬程计算应考虑室外给水管网的最低水压，消防水泵的扬程应按市政给水管网的最低压力计算，并以市政给水管网的最高水压校核该水泵的工作情况，以防管网内压力过高造成渗漏、水泵效率下降等情况。

3. 消防水泵的设置要求

（1）一组消防水泵的吸水管不应少于2条。当其中一条关闭时，其余的吸水管应仍能通过全部用水量。消防水泵应采用自灌式吸水，并应在吸水管上设置检修阀门。

（2）消防水泵应设置备用泵，其工作能力不应小于最大一台消防工作泵。当工厂、仓库、堆场和储罐的室外消防用水量小于等于 25L/s 或建筑的室内消防用水量小于等于 10L/s 时，可不设置备用泵。

（3）消防水泵应保证在火警后 30s 内启动。消防水泵与动力机械应直接连接。

4. 消防泵房

（1）独立建造的消防水泵房，其耐火等级不应低于二级。附设在建筑中的消防水泵房应采用耐火极限不低于 2.0h 的隔墙和 1.5h 的楼板与其他部位隔开。

（2）消防水泵房设置在首层时，其疏散门宜直通室外；设置在地下层或楼层上时，其疏散门应靠近安全出口。消防水泵房的门应采用甲级防火门。

（3）消防水泵房应有不少于两条的出水管直接与消防给水管网连接。当其中一条出水管关闭时，其余的出水管应仍能通过全部用水量。出水管上应设置试验和检查用的压力表和 DN65 的放水阀门。当存在超压可能时，出水管上应设置防超压设施。

十、室内消火栓给水系统设计训练

高压消防给水系统设计计算的主要任务是：确定管径，并校核压力。

临时高压消防给水系统设计计算的主要任务是：确定管径，计算水头损失，确定消防水泵的流量和扬程，确定消防水池和消防水箱的有效容积。校核消防水箱的设置高度及增压设施选型。

1. 室内消火栓口处所需的最低水压

$$H_{xh0} = H_q + h_d + H_k = 10 \times \frac{q_{xh}^2}{B} + 10 A_d L_d q_{xh}^2 + H_k \tag{3-11}$$

式中　H_{xh0}——消火栓口处所需最低水压，kPa；

　　　H_q——水枪喷嘴处的压力，kPa，$H_q = 10 \times \frac{q_{xh}^2}{B}$；

　　　q_{xh}——水枪的射流量，L/s；

　　　h_d——水带的水头损失，kPa，$h_d = 10 A_d L_d q_{xh}^2$；

　　　A_d——水带的阻力系数；

　　　L_d——水带的长度，m；

　　　H_k——消火栓栓口局部水头损失，kPa，一般取 20kPa；

　　　B——水枪的水流特性系数，与水枪喷嘴口径有关，见表 3-10。

表 3-10　　　　　　　　水枪水流特性系数 B 与水枪喷嘴口径的关系

水枪喷嘴/mm	13	16	19	22	25
B	0.346	0.793	1.577	2.836	4.727

（1）水枪喷嘴处压力。水枪喷嘴处压力与喷嘴口径和充实水柱长度有关，而水枪的射流量与喷嘴口径、喷嘴形状和水枪喷嘴处压力有关、水枪喷嘴处压力可用式（3-12）计算：

$$H_q = 10 \times \frac{\alpha_f S_k}{1 - \varphi \alpha_f S_k} \tag{3-12}$$

式中　H_q——水枪喷嘴处压力，kPa；

S_k——水枪的充实水柱长度，m；

α_f——与充实水柱长度有关的系数，$\alpha_f = 1.19 + 80(0.01S_k)^4$，也可按表 3-11 选用；

φ——与水枪喷嘴口径有关的阻力系数，见表 3-12。

表 3-11　　　　　　　　　　　　　α_f 值与充实水柱的关系

S_k/m	6	8	10	12	16
α_f	1.19	1.19	1.20	1.21	1.24

表 3-12　　　　　　　　　　　　　φ 值与充实水柱的关系

水枪喷嘴口径/mm	13	16	19
φ	0.0165	0.0124	0.0097

水枪的射流量可由水枪喷嘴处压力确定：

$$q_{xh} = \sqrt{\frac{BH_q}{10}} \tag{3-13}$$

式中　q_{xh}——水枪的射流量，L/s。

水枪充实水柱 S_k、喷嘴处压力 H_q 与流量 q_{xh} 之间的关系，见表 3-13。

表 3-13　　　　　　　　　　　直流水枪 $S_k - H_q - q_{xh}$ 的关系

充实水柱长度 S_k/m	不同喷嘴口径的压力和流量					
	13mm		16mm		19mm	
	H_q/kPa	$q_{xh}/(L/s)$	H_q/kPa	$q_{xh}/(L/s)$	H_q/kPa	$q_{xh}/(L/s)$
7	96	1.8	92	2.7	90	3.8
8	112	2.0	105	2.9	105	4.1
9	130	2.1	125	3.1	120	4.3
10	150	2.3	141	3.3	136	4.6
11	170	2.4	159	3.5	152	4.9
12	191	2.6	177	3.7	169	5.2
13	215	2.9	197	4.0	187	5.4

（2）水带水头损失（h_d）按式（3-14）计算：

$$h_d = 10 \times A_d L_d q_{xh}^2 \tag{3-14}$$

式中　h_d——水带水头损失，kPa；

A_d——水带的阻力系数，见表 3-14；

L_d——水带长度，m。

表 3-14　　　　　　　　　　　　　水带的阻力系数 A_d

水带材质	水带直径		
	50	65	80
麻织	0.015 01	0.004 30	0.001 50
衬胶	0.006 77	0.001 72	0.000 75

2. 计算层的水枪实际射流量

（1）如果消防水泵由下（例如从地下室）向上管网供水时，计算层消火栓口处的压力为：

$$H_{xhs} = H_{xho} + \Delta h + h_z \tag{3-15}$$

式中　H_{xhs}——计算层消火栓口处的压力，kPa；

　　　H_{xho}——最不利点消火栓口处的压力，kPa；

　　　Δh——最不利点消火栓到计算层消火栓之间管路的沿程和局部水头损失之和，kPa；

　　　h_z——计算层消火栓与最不利点消火栓之间的高差引起的静水压力，kPa。

（2）如果消防水箱由上向下供水时，计算层消火栓口处的压力为：

$$H_{xhs} = h_z - \Delta h \tag{3-16}$$

式中　Δh——消防水箱到计算层消火栓之间管路的沿程和局部水头损失之和，kPa；

　　　h_z——消防水箱最低水位与计算消火栓口之间的高差引起的静水压力，kPa。

（3）计算层水枪的实际射流量为：

$$q_{xhs} = \sqrt{\dfrac{H_{xhs}}{\dfrac{10}{B} + 10 A_d L_d}} \tag{3-17}$$

3. 消火栓栓口的减压计算

消火栓口处剩余压力过大时会造成水枪反作用力过大，导致使用者难以操控，同时出水量大于设计流量，导致消防用水很快用尽，不利于初期火灾的扑救。因此，室内消火栓口处的出水压力超过 0.50MPa 时，应在消火栓口处设置不锈钢减压孔板或采用减压稳压消火栓以消除消火栓口处的剩余水头。为使消火栓保护距离具有可延展性，减压型（减压孔板或减压稳压）消火栓口处的动压力不宜小于 0.45MPa，并用屋顶消防水箱供水工况进行压力复合。

减压孔板应设置在消防支管上，其水头损失可参考表 3-15。

表 3-15　　　　　　　　　　　消火栓与孔板组合水头损失　　　　　　　　　　（MPa）

消火栓型号		SN50	SN65
流量 q_x /（L/s）		2.5	5.0
孔板孔径 d /mm	12	0.657 6	—
	14	0.345 8	—
	16	0.196 6	0.836 1
	18	0.118 5	0.511 3
	20	0.076	0.327 6
	22	0.048 7	0.218 0
	24	0.032 6	0.149 5
	26	—	0.105 0
	28	—	0.075 3
	30	—	0.054 9
	32	—	0.040 6

4. 管网水头损失

在确定了管网中各管段的设计流量后，在一定范围内选定某一流速即可计算出管径和单

70

位长度的沿程水头损失，局部水头损失按沿程水头损失的 20% 计，则可计算出管网系统的总水头损失。当资料充足时局部水头损失可按管（配）件当量长度法计算。

消防管道内流速一般控制在 1.4～1.8m/s，最大不宜大于 2.5m/s。

5. 室内消火栓给水系统的设计计算方法和步骤

（1）根据室内消火栓给水系统平面图绘制出系统图。

（2）确定系统最不利点消火栓和计算管路。对计算管路上的节点进行编号。宜根据阀门位置把消火栓管网简化为支状管网。

（3）室内消火栓给水系统的竖管流量分配，应根据最不利立管、次不利立管……依次分配消火栓用水量，每根竖管的流量不应小于规范中有关竖管最小流量的规定。

（4）计算最不利点处消火栓栓口所需水压。

（5）室内消火栓给水系统横干管的流量应为消火栓设计用水量。

（6）对计算管路进行水力计算。根据管段流量和控制流速可查相应的水力计算表确定管径和单位长度管长沿程水头损失，即可计算管路的沿程和局部水头损失。

（7）分别按消防水泵和屋顶消防水箱供水工况的支状管网进行水力计算。

（8）确定系统所需压力和流量，选择消防水泵、确定消防水池（箱）容积；临时高压给水系统还应校核水箱安装高度、确定是否需设增压稳压设备。

（9）确定消火栓减压孔板或减压稳压消火栓，减压计算还应满足消防水泵、消防水泵接合器或屋顶消防水箱三种供水工况的要求。

【综合设计训练】 某工程为某校一栋综合楼，平面图形状为条形，长为 60.4m，宽为 16.8m，共十一个教室，每层的建筑面积大于 1000m²。建筑高度 18.6m，层数为 6，层高为 3.1m，耐火等级为二级。试进行建筑消防给水系统的设计。

解：根据建筑物的性质，该建筑应设置室内消火栓灭火系统。

1. 消火栓的布置间距

（1）确定消火栓充实水柱长度。消火栓充实水柱按下面三种方法计算，取其中最大值：

1）α 取 45°，层高为 3.1m，根据式（3-2）有：

$$S_k = \frac{H_1 - H_2}{\sin\alpha} = \frac{3.1 - 1}{\sin 45°} \text{ m} \approx 3\text{m}$$

2）水枪充实水柱应经过水力计算确定，根据该建筑物的性质，应属于其他建筑，查表 3-4，充实水柱不应小于 7m。

3）根据水枪出水流量确定。根据该建筑物的性质，查表 3-7，该建筑物室内消火栓用水量为 15L/s，同时使用水枪数量为 3 支，竖管的流量为 10L/s。因此消防水枪的最小出流量为 5L/s。

将 $q_{xh} = 5$L/s，水枪喷嘴口径为 19mm 时，$B = 1.577$ 代入下式：

$$H_q = 10 \times \frac{q_{xh}^2}{B} = 10 \times 25/1.577\text{kPa} = 158.5\text{kPa}$$

根据水枪喷口处水压计算 $S_k = \dfrac{H_q}{\alpha_f(10 + \varphi H_q)}$

$$= \frac{158.5}{1.19 \times (10 + 0.009\,7 \times 158.5)} \text{ m} = 11.54\text{m}$$

综合上述三种方法的计算：充实水柱取 11.54m。

（2）消火栓保护半径。水龙带折减系数取 0.8，水枪倾斜角度取 45°，则

$$R = kL_d + L_s = 0.8 \times 25\text{m} + 11.54\text{m} \times \cos 45° = 28.1\text{m}$$

（3）消火栓布置间距：根据建筑物的性质，室内按 1 排消火栓布置，且应保证有 2 支消防水枪的充实水柱同时达到任何部位，则有：

$$S = \sqrt{R^2 - b^2} = \sqrt{28.1^2 - 8.4^2}\,\text{m} = 26.8\text{m}$$

立管数量计算： $n = L/S + 1 = (60.4/26.8 + 1)$根 $= 3.25$ 根 ≈ 4 根

2. 消火栓口所需水压

消火栓水龙带水头损失：

$$h_d = 10 \times A_d L_d q_{xh}^2$$
$$= 10 \times 0.001\ 72 \times 25 \times 5^2\,\text{kPa} = 10.75\text{kPa}$$

则消火栓栓口所需水压：

$$H_{xh0} = H_q + h_d + H_k = (158.5 + 10.75 + 20)\text{kPa} = 189.25\text{kPa}$$

消火栓局部水头损失取 $H_k = 20\text{kPa}$

3. 室内消火栓给水管网的水力计算

绘制室内消火栓灭火系统给水管网系统图，其计算如图 3-11 所示。

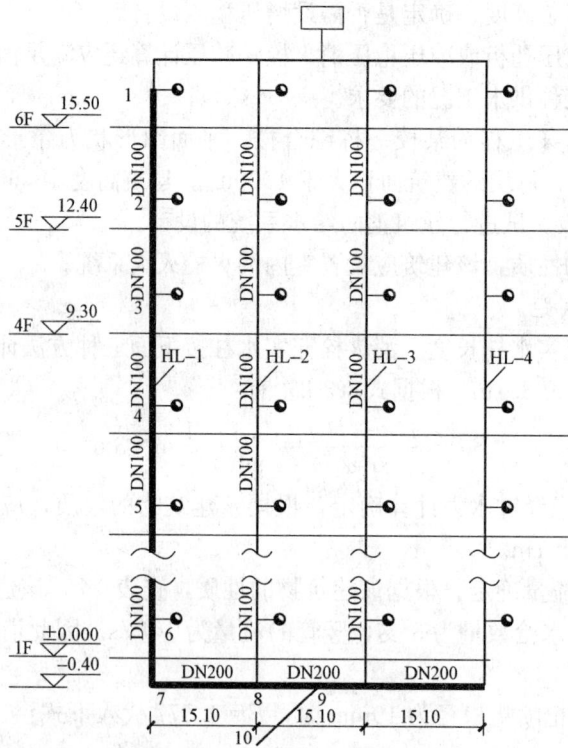

图 3-11　消火栓灭火系统计算图

（1）首先计算管段 1-2 段的管径和水头损失。该管段只供给 1 个消火栓，管段流量为 5L/s，考虑到竖管采用同样口径的管道，所以取 1-2 段管径为 100mm，采用镀锌钢管，查水力计算表得相应的流速和阻力系数 i，填入下表，并计算出管段水头损失为 0.232kPa，填入表 3-15。

（2）计算 2-3 管段，计算层节点 2 压力下消火栓 2 点的出流量

$$q_{xhs} = \sqrt{\frac{H_{xhs}}{\frac{10}{B} + 10A_d L_d}} = \sqrt{\frac{189.25 + 0.232 + 31 - 20}{\frac{10}{1.577} + 10 \times 0.001\ 72 \times 25}}\ \text{L/s} \approx 5.44\text{L/s}$$

因此，2-3 管段的流量为：

$$(5+5.44)\text{L/s} = 10.44\text{L/s}$$

查水力计算表得相应的流速和阻力系数 i，填入下表，并计算出管段水头损失为 0.911kPa，填入表 3-16。

同理可以计算出管段 3-4 管段的流量为：

$$(5+5.44+5.85)\text{L/s} = 16.29\text{L/s}$$

由于同时使用水枪数量为 3 支，因此 4-5、5-6 各管段均为 16.29L/s。

管径与各管段水头损失计算见表 3-16。

表 3-16　消防管网水力计算表

管段编号	管长 /m	管段流量 /(L/s)	管径 /mm	流速 m/s	阻力系数 i /(kPa/m)	管段水头损失 /kPa
1-2	3.1	5	100	0.58	0.0749	0.232
2-3	3.1	10.44	100	1.20	0.294	0.911
3-4	3.1	16.29	100	1.91	0.729	2.26
4-5	3.1	16.29	100	1.91	0.729	2.26
5-6	3.1	16.29	100	1.91	0.729	2.26
6-7	1.4	16.29	100	1.91	0.729	1.02
7-8	15.1	32.58	200	1.05	0.009 98	0.151
8-9	22.65	48.87	200	1.59	0.023 3	0.528
9-10	15	48.87	200	1.59	0.022 3	0.349

沿程总水头损失为 9.971kPa。

（3）局部水头损失。局部水头损失按沿程水头损失的 20% 计算，则局部水头损失为 1.99kPa

计算管路沿程和局部水头损失之和为：

$$9.97\text{kPa} + 1.99\text{kPa} = 11.96\text{kPa}$$

4. 水箱设置高度

工业建筑和多层民用建筑的消防水箱，应设置在建筑物的最高部位，保证重力自流出水，即保证最不利点所需静水压力 70kPa，如图 3-11 所示。

5. 水箱的体积

$$V_x = 0.6Q_x = 0.6 \times 30\text{m}^3 = 18\text{m}^3$$

工业建筑和多层民用建筑，消防水箱应储存 10min 的消防用水量。当室内消防用水量大于 25L/s，经计算消防水箱所需消防储水量大于 18m³ 时，仍可采用 18m³。

6. 消防水泵的扬程的计算

消防水泵的扬程可按下式计算：

$$H_p = H_1 + H_2 + H_{xh0} = (16.6 \times 10 + 11.96 + 182.5)\text{kPa} = 360.46\text{kPa}$$

消防水泵扬程：360kPa

消防水泵流量：48.87L/s

7. 水泵接合器的设置

水泵结合器数量：

$$N = Q/(10 \sim 15) = 15/(10 \sim 15) = 1 \sim 1.5 \text{ 个}$$

由计算可知，应为室内消火栓系统设置 2 个水泵接合器（水泵接合器的数量不宜少于 2 个），每个水泵接合器用 DN175mm 的镀锌钢管接至室内消火栓管网上。

课题 3　自动喷水灭火系统

一、设置场所

在人员密集、不易疏散、外部增援灭火与救生较困难、性质重要或火灾危害性较大的场所，应采用自动喷水灭火系统，自动喷水灭火系统设置场所见《建筑设计防火规范》(GB 50016)、《汽车库、修车库、停车场设计防火规范》(GB 50067)。

以下场所不能设置自动喷水灭火系统：当灭火现场存在遇水发生爆炸或加速燃烧的物品；遇水发生剧烈化学反应或产生有毒有害物质的物品；洒水将发生喷溅或沸溢的液体的场所。

二、系统种类及其适用条件、特点

根据所使用喷头的形式不同，自动喷水灭火系统分为两大类。第一类是闭式系统，有湿式灭火系统、干式灭火系统、预作用系统、重复启闭预作用系统等四种，它们均采用的是闭式洒水喷头；第二类是开式系统，有雨淋系统和水幕系统，它们采用的是开式洒水喷头。

(1) 湿式灭火系统。该系统适用于环境温度在 4～70℃ 之间的场所。为提高系统的可靠性及保证维修时系统关闭部分不致过大，一个报警阀控制的喷头数不宜超过 800 只。湿式系统局部应用，适用于室内最大净空高度不超过 8m、总建筑面积不超过 1000m² 的民用建筑中的轻危险级或中危险级 I 级需要局部保护的区域。

湿式灭火系统具有管理方便，投资较小。喷水灭火速度快的特点。

(2) 干式灭火系统。该系统适用于环境温度低于 4℃ 和高于 70℃ 的建筑物和场所。

干式喷水灭火系统的主要特点是在报警阀后管路内无水，不怕冻结，不怕环境温度高。干式喷水灭火系统与湿式喷水灭火系统相比，因增加一套充气设备，且要求管网内的气压要经常保持在一定范围内，因此，管理比较复杂，投资较大。在喷水灭火速度上不如湿式系统快。

早期抑制快速响应喷头（ESFR）和快速响应喷头不能用于干式系统。空压机的供气能力应在 30min 内使管道内的气压达到设计要求。

(3) 预作用系统。

1) 适用场所：系统处于准工作状态时严禁漏水；严禁系统误喷；替代干式系统。目前多用于保护档案、计算机房、贵重物品、电器设备间和票证，以及小于 140m² 的计算机房等怕水渍造成损失影响使用的场所。

预作用系统一个报警阀后控制的喷头数不宜超过 800 只，配水管道的充水时间不宜大于 2min，管道容积宜在 1500L 以内。当在正常的气压下，打开末端试水装置能在 60s 内出水时，最大容积不宜超过 3000L。

2）基本要求。在同一保护区域内应设置专用的火灾探测装置。

在预作用阀门之后的管道内充有压气体，其压力宜为 0.03～0.05MPa；空压机供气量应在 30min 内使管道内的气压达到设计要求。

系统应同时具备自动控制、消防控制室（盘）手动控制和水泵房现场紧急操作三种启动供水水泵和开启雨淋阀的控制方式。

（4）重复启闭预作用系统。适用于灭火后必须及时停止喷水以减少不必要水渍损失的场所，如计算机房、棉花仓库以及烟草仓库等，应采用重复启闭预作用系统。

目前这种系统有两种形式，一种是喷头具有自动重复启闭的功能；另一种是系统通过烟、温感传感器控制系统的控制阀来实现系统的重复启闭的功能。

（5）雨淋式灭火系统。雨淋系统一个报警阀后控制的喷头数不宜超过 500 只，配水管道充水时间不宜大于 2min。雨淋式灭火系统的设置场所参见《建筑设计防火规范》（GB 50016）。

该系统的特点是：动作速度快、淋水强度大，雨淋报警阀后保护区范围内的所有喷头都喷水。适用于扑救面积大、燃烧猛烈、蔓延速度快的火灾以及扑救高度较高空间的地面火灾。

（6）水幕系统。适用条件：防水分割幕不宜用于尺寸超过 15m（宽）×8m（高）的开口。防护冷却水幕仅用于防火卷帘的冷却，可参考湿式系统或雨淋系统来确定系统大小。水幕系统的设置场所参见《建筑设计防火规范》（GB 50016）。

特点：该系统不具备直接灭火能力，其线状布置喷头在喷水时形成的"水帘"，主要起阻火、冷却、隔离作用。而配合防火卷帘等分割物的水幕，是利用直接喷向分割物水的冷却作用，保持分割物在火灾中的完整性和隔热性。

报警阀可以采用雨淋报警阀组或湿式报警阀组，也可采用常规的手动操作启闭的阀门。采用雨淋报警阀组的水幕系统，需设配套的火灾自动报警系统或传动管系统联动，由报警系统或传动管系统监测火灾并启动雨淋阀与供水泵。

防火分隔水幕应采用开式洒水喷头或水幕喷头，防护冷却水幕应采用水幕喷头。

（7）自动喷水—泡沫联用系统。自动喷水—泡沫联用系统是比自动喷水灭火系统更有效的系统，可应用于 A 类固体火灾、B 类易燃液体火灾、C 类气体火灾的扑火。我国《汽车库、修车库、停车场设计防火规范》（GB 50067）中规定大型汽车库宜采用自动喷水—泡沫联用系统。

当保护场所中含有可燃液体时，宜采用自动喷水—泡沫联用系统，如地下汽车库、含有少量易燃液体的燃油锅炉和柴油发电机房等。

三、系统主要组件

1. 喷头

（1）闭式喷头。在喷头的喷口处设有定温封闭装置，当环境温度达到其动作温度时，该装置可自动开启，一般定温装置有玻璃球形和易熔合金两种形式，为防误动作选择喷头时，要求喷头的公称动作温度比使用环境的最高温度要高30℃。喷头在动作喷水后需要更换定温装置。

现已有双金属围片式和活塞式自动启闭喷头产品。喷头在火灾后可自行关闭，其动作灵敏、抗外界干扰，但结构复杂。

可用于湿式系统、干式系统、预作用系统、重复启闭预作用系统。

（2）开式喷头。开式洒水喷头是不安装感温元件的喷头，用于雨淋系统或水幕系统。

水幕喷头可喷出一定形状的幕帘起阻隔火焰穿透、吸热和隔烟等作用，不直接用于灭火，用于水幕系统。

水喷雾喷头：可使一定压力的水经过喷头后，形成雾状水滴并按一定的雾化角度喷向设定的保护对象以达到冷却、抑制和灭火目的，用于水喷雾系统，自动喷水—泡沫联用系统。

（3）特殊喷头。快速响应洒水喷头：响应时间指数 RTI≤50(m·s)$^{0.5}$ 的闭式洒水喷头。

早期抑制快速响应喷头：响应时间指数 RTI≤28(m·s)$^{0.5}$±8(m·s)$^{0.5}$，是大流量的特种洒水喷头。

扩大覆盖面洒水喷头：单个喷头的保护面积可达 30～36m^2，可降低系统造价。

自动喷水—泡沫联用系统的喷头有三种形式，水泡沫喷头、水喷雾喷头和自动喷水喷头。开式系统喷头有吸气型和非吸气型两类：吸气型喷头是专用的泡沫喷头，其额定压力一般为 0.3MPa；非吸气型喷头可以采用开式洒水喷头或水雾喷头代替。

2. 报警装置

（1）报警阀。自动喷水灭火系统应设报警阀组。保护室内钢屋架等建筑构件的闭式系统，应设独立的报警阀组。水幕系统应设独立的报警阀组或感温雨淋阀。串联接入湿式系统配水干管的其他自动喷水灭火系统，应分别设置独立的报警阀组，其控制的喷头数计入湿式阀组控制的喷头总数。

报警阀的作用是开启和关断管网的水流，传递控制信号至控制系统并启动水力警铃直接报警。有湿式、干式、干-湿式和雨淋式四种类型。

湿式报警阀：用于湿式自动喷水灭火系统。干式报警阀：用于干式自动喷水灭火系统。干-湿式报警阀：用于干式和湿式交替应用的自动喷水灭火系统。雨淋式报警阀：用于雨淋式、预作用式、水幕式、水喷雾式自动喷水灭火系统。

（2）水流报警装置。水流报警装置有水力警铃、水流指示器和压力开关。

水流指示器：是用于自动喷水灭火系统中将水流信号转换成电信号的一种报警装置。水流指示器的最大工作压力为 1.2MPa。一般由 20～30s 的延迟时间才会报警。

压力开关：是一种压力型水流探测开关，安装在延迟器和水力警铃之间的报警管路上，报警阀开启后，压力开关在水压的作用下接通电触点，发出电信号。

（3）延迟器。延迟器为罐式容器，安装于报警阀与水力警铃（或压力开关）之间，其作用是防止水源压力波动引起误报警，延迟时间在 15～90s 可调。

3. 管道

配水管道应采用内外壁热镀锌钢管或符合现行国家或行业标准、并经国家固定灭火系统质量监督检验测试中心检测合格的涂覆其他防腐材料的钢管，以及铜管、不锈钢管。当报警阀入口前管道采用不防腐的钢管时，应在该管段管道的末端设过滤器。当自动喷水灭火系统中设有 2 个及以上报警阀组时，报警阀组前宜设成环状供水管道。环状供水管道上设置的控制阀宜采用信号阀，当不采用信号阀时，宜设锁定阀位的锁具。

4. 供水设备和设施

包括水泵、气压供水设备、贮水池和高位水箱、水泵接合器。

（1）消防水泵（喷淋系统）。采用临时高压给水系统的自动喷水灭火系统，宜设置独立的消防水泵（喷淋系统），并应按一用一备或两用一备设置备用泵。当与消火栓系统合用消防水泵时，系统管道应在报警阀前分开。

每组消防水泵的吸水管不应少于 2 根。报警阀入口前设置环状管道的系统，每组消防水泵的出水管不应少于 2 根。供水泵的吸水管应设置流量压力检测装置或预留可供连接流量、压力检测装置的接口。必要时应有控制水泵出口压力的措施。

（2）高位水箱。采用临时高压给水系统的自动喷水灭火系统，应设高位消防水箱，其储水量应计算确定并符合现行有关国家标准的规定。消防水箱应满足系统最不利点处喷头的最低工作压力和喷水强度。消防水箱的设置高度如不能满足系统最不利点处喷头的最低工作压力时，系统应设置增压稳压设施。

消防水箱的出水管，应符合下列规定：

1）应设止回阀，并应与报警阀入口前管道连接。

2）轻危险级、中危险级场所的系统，管径不应小于 80mm，严重危险级和仓库危险级管径不应小于 100mm。

采用临时高压给水系统的自动喷水灭火系统，无法设置高位消防水箱时，系统应设气压供水设备。气压供水设备的有效容积，应按系统最不利处 4 只喷头在最低工作压力下的 10min 用水量确定。

干式系统、预作用系统设置的气压供水设备，应同时满足配水管道的充水要求。

（3）水泵接合器。自动喷水灭火系统应设水泵接合器，其数量应按系统的设计流量确定，每个水泵接合器的流量宜按 10～15L/s 计算。设置要求同消火栓给水系统。

（4）火灾探测器。火灾探测器是自动喷水灭火系统的重要组成部分，火灾探测器接到火灾信号后，通过电气自控装置进行报警或启动消防设备。有感烟型（如离子感烟式、光电感烟式）、感温型（定温式、差温式、差定温式）、感光型（紫外火焰探测器、红外火焰探测器）、可燃气体探测器等多种形式，火灾探测器系统由电气自控专业负责设计。

（5）其他组件。自动喷水灭火系统中还应根据需要设置如安全阀、信号阀、减压设施、阀门、末端试水装置等。

1）安全阀：阻止系统超压。

2）信号阀：供水控制阀关闭时输出电信号。

3）减压设施：当配水干管、配水管入口处压力超过规定值时，应设置减压阀、减压孔板或节流管等减压设施减压，减压阀应设在报警阀组入口前，减压孔板或节流管一般设在配水管水流指示器前。

4）末端试水装置：由试水阀和压力表组成，设置在每个报警阀组供水的最不利处。作用是检测系统的可靠性，对于干式和预作用系统还可以测试系统的充水时间。试水口的流量系数应等同于同楼层或防火分区喷头的流量系数。

四、设计计算

1. 设计基本参数

设计基本参数主要包括喷水强度、作用面积、喷头工作压力；喷头最大保护面积、喷头间距等。喷水强度是自动喷水灭火系统最重要的控制参数之一，要达到控火、灭火效果必须保证足够的喷水强度；作用面积是自动喷水灭火系统在实施一次灭火过程中按设计喷水强度保护的最大喷水面积在作用面积内喷水强度、喷水的均匀性应能保障。喷水强度和作用面积的大小主要与建筑物或建筑物内储存的可燃物、可燃物多少、燃烧时间等因素有关。喷头的动作数与作用面积有关，确定了作用面积、选定了喷头，即可得到喷头最大动作数。

（1）民用建筑和工业厂房的自动喷水灭火系统设计基本参数应不低于表 3-17 的规定。建筑物的火灾危险等级划分参见表 3-4。

表 3-17   民用建筑和工业厂房的系统设计参数

火灾危险等级		净空高度/m	喷水强度/[L/(min·m²)]	作用面积/m²	喷头工作压力/MPa
轻危险级			4		
中危险级	Ⅰ	≤8	6	160	0.10
中危险级	Ⅱ		8		
严重危险级	Ⅰ		12	260	
严重危险级	Ⅱ		16		

注 系统最不利点处喷头的工作压力不应低于 0.05MPa。

（2）非仓库类高大净空场所设置湿式自动喷水灭火系统时，其设计参数应不低于表 3-18 的规定。

表 3-18   非仓库类高大净空场所设置湿式自动喷水灭火系统设计参数

适用场所	净空高度/m	喷水强度/[L/(min·m²)]	作用面积/m²	喷头选型	喷头最大间距/m
中庭、影剧院、音乐厅、单一功能体育馆等	8～12	6	260	$K=80$	3
会展中心、多功能体育馆、自选商场等	8～12	12	300	$K=115$	

注 1. 喷头溅水盘与顶板的距离应符合规范的规定。

　　2. 最大储物高度超过 3.5m 的自选商场应按 16L/(min·m²) 确定喷水强度。

　　3. 表中"～"两侧的数据，左侧为"大于"、右侧为"不大于"。

（3）干式系统的作用面积应取表 3-18 规定值的 1.3 倍。

（4）雨淋系统中每个雨淋阀控制的喷水面积不宜大于表 3-17 规定的作用面积。

（5）仅在走道设置单排喷头的闭式系统，其作用面积应按最大疏散距离所对应的走道面积确定。

（6）装设网格、栅板类通透性吊顶的场所，系统的喷水强度应按表 2-35 规定的值 1.3

倍确定。当网格、栅板的投影面积小于地面面积 15％时，其喷头应安装在网格、栅板内，当投影面积为 15％～70％时，应在该吊顶的上下均设置喷头，当投影面积大于 70％时，可安装在网格、栅板类吊顶的下面。

（7）设置自动喷水灭火系统的仓库和货架储物仓库的设计参数参加《自动喷水灭火系统设计规范》（GB 50084）中的相关规定。

（8）水幕系统的设计基本参数应符合表 3-19 的规定。

表 3-19　　　　　　　　　　　　水幕系统的设计基本参数

水幕类别	喷水点高度/m	喷水强度/$[L/(min \cdot m^2)]$	喷水工作压力/MPa
防水分割水幕	≤12	2.0	0.1
防护冷却水幕	≤4	0.5	

2. 喷头布置形式

（1）正方形布置。喷头正方形布置如图 3-12 所示，其间距按下式计算：

$$S = 2R\cos45°$$ （3-18）

式中　R——喷头有效保护计算半径，m；

　　　S——喷头间距，m。

（2）矩形布置。喷头矩形布置如图 3-12 所示，每个长方形对角线长度不应超过 $2R$，喷头与边墙的距离不应超过喷头间距的 1/2。喷头间距按式（3-19）计算：

$$\sqrt{A^2 + B^2} \leqslant 2R$$ （3-19）

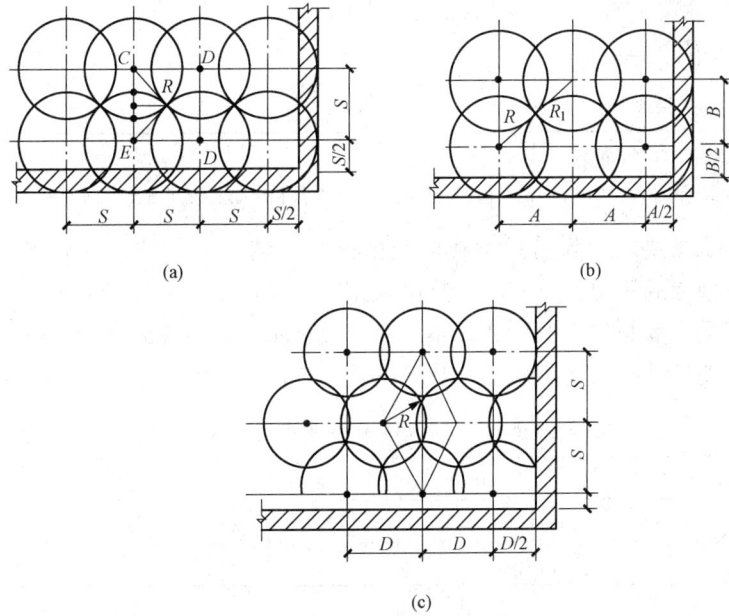

(a)　　　　　　　　　　　　　　(b)

(c)

图 3-12　喷头布置的几种形式
（a）正方形布置；（b）矩形布置；（c）菱形布置

（3）菱形布置。喷头菱形布置如图 3-12 所示，喷头间距按式（3-20）计算。

$$S = \sqrt{3}R \ ; \ D = 1.5R \qquad\qquad (3\text{-}20)$$

3. 喷头布置要求

喷头布置应满足其水力特性和布水特性、最大和最小间距要求，并且不超出其规定的最大保护面积；喷头应布置在屋顶或吊顶下，易于接触到火灾热气流且有利于均匀喷水的位置，并避免障碍物阻挡热气流与喷头的接触。

（1）保护面积及间距。直立型、下垂型喷头间距与布置形式、喷水强度保护面积的规定见表 3-20。边墙型标准喷头的保护跨度与间距见表 3-21。

表 3-20　　　　　　　同一根配水支管上喷头间距与相邻配水支管的间距

喷水强度 /[L/(min·m²)]	正方形布置的 边长/m	矩形或菱形布置 的长边边长/m	一只喷头的最大 保护面积/m²	喷头与端墙的 最大距离/m
4	4.4	4.5	20.0	2.2
6	3.6	4.0	12.5	1.8
8	3.4	3.6	11.5	1.7
≥12	3.0	3.6	9.0	1.5

注 1. 仅在走道设置单排喷头的闭式系统，其喷头间距应按走道地面不留漏喷空白点确定。

2. 喷水强度大于 8L/(min·m²) 时，宜采用流量系数 $K>80$ 的喷头。

3. 货架内置喷头的间距均不应小于 2m，并不应大于 3m。

表 3-21　　　　　　　边墙型标准喷头的最大保护跨度与间距　　　　　　　（m）

设置场所火灾危险等级	轻危险级	中危险级（Ⅰ级）
配水支管上喷头的最大间距	3.6	3.0
单排喷头的最大保护跨度	3.6	3.0
两排相对喷头的最大保护跨度	7.2	6.0

注 1. 两排相对喷头应交错布置。

2. 室内跨度大于两排相对喷头的最大保护跨度时，应在两排相对喷头中间增设一排喷头。

（2）喷头溅水盘要求。除吊顶型喷头及吊顶下安装的喷头外，直立型、下垂型标准喷头，其溅水盘与顶板的距离，不应小于除吊顶型喷头及吊顶下安装的喷头外，直立型、下垂型标准喷头，其溅水盘与顶板的距离，不应小于 75mm，且不应大于 150mm。

快速响应早期抑制喷头的溅水盘与顶板的距离，应符合表 3-22 的规定。

表 3-22　　　　　　快速响应早期抑制喷头的溅水盘与顶板的距离　　　　　　（mm）

喷头安装方式	直 立 型		下 垂 型	
溅水盘与顶板的距离	不应小于	不应大于	不应小于	不应大于
	100	150	150	360

图书馆、档案馆、商场、仓库中的通道上方宜设有喷头。喷头与被保护对象的水平距离，不应小于图书馆、档案馆、商场、仓库中的通道上方宜设有喷头。喷头与被保护对象的水平距离，不应小于 0.3m；喷头溅水盘与保护对象的最小垂直距离不应小于表 3-23 的规定。

表 3-23 　　　　　　　　　　　喷头溅水盘与保护对象的最小垂直距离

喷 头 类 型	最小垂直距离/m
标准喷头	0.45
其他喷头	0.90

（3）喷头与障碍物的距离关系。

1）直立型、下垂型喷头与梁、通风管道的距离有关规定宜符合表 3-24 的规定，如图 3-13 所示。

表 3-24 　　　　　　　　　　　喷头与梁、通风管道的距离 　　　　　　　　　　　（m）

喷头溅水盘与梁或通风管道的底面的最大垂直距离 b		喷头与梁、通风管道的水平距离 a
标准喷头	其他喷头	
0	0	$a<0.3$
0.06	0.04	$0.3 \leqslant a<0.6$
0.14	0.14	$0.6 \leqslant a<0.9$
0.24	0.25	$0.9 \leqslant a<1.2$
0.35	0.38	$1.2 \leqslant a<1.5$
0.45	0.55	$1.5 \leqslant a<1.8$
>0.45	>0.55	$A=1.8$

2）直立型、下垂型标准喷头的溅水盘以下 0.45m、其他直立型、下垂型喷头的溅水盘以下 0.9m 范围内，如有屋架等间断障碍物或管道时，喷头与邻近障碍物的最小水平距离宜符合表 3-25 的规定（图 3-14）。

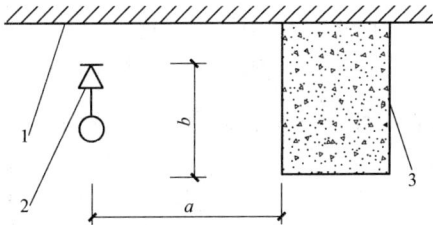

图 3-13　喷头与邻近障碍物的最小水平距离
1—顶板；2—直立型喷头；3—屋架等间断障碍物

表 3-25 　　喷头与邻近随碍物的最小
水平距离 　　（m）

喷头与邻近障碍物的最小水平距离 a	
c、e 或 $d \leqslant 0.2$	c、e 或 $d>0.2$
$3c$ 或 $3e$（c 与 e 取大值）或 $3d$	0.6

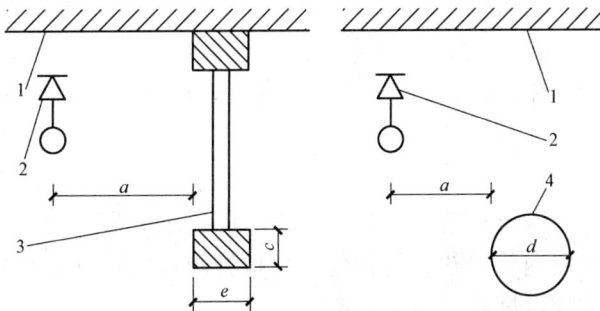

图 3-14　喷头与邻近障碍物的最小水平距离
1—顶板；2—直立型喷头；3—屋架等间断障碍物；4—管道

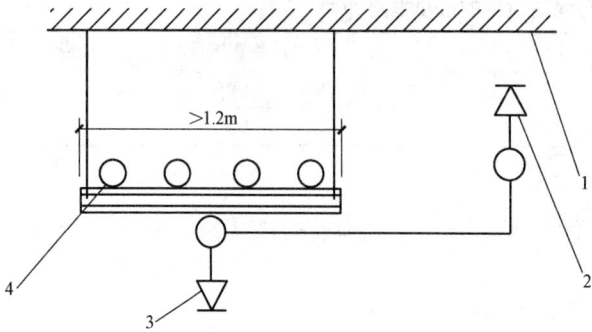

图 3-15 障碍物下方增设喷头

1—顶板；2—直立型喷头；3—下垂型喷头；
4—排管（或梁、通风管道、桥梁等）

3）当梁、通风管道、排管、桥架等障碍物的宽度大于 1.2m 时，其下方应增设喷头（图 3-15）。

4）直立型、下垂型喷头与不到顶隔墙的水平距离，不得大于喷头溅水盘与不到顶隔墙顶面垂直距离的 2 倍（图 3-16）。

5）直立型、下垂型喷头与靠墙障碍物的距离，应符合下列规定（图 3-17）。

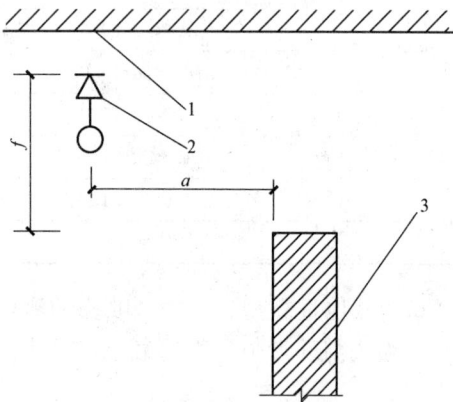

图 3-16 喷头与不到顶隔墙的水平距离

1—顶板；2—直立型喷头；3—不到顶隔墙

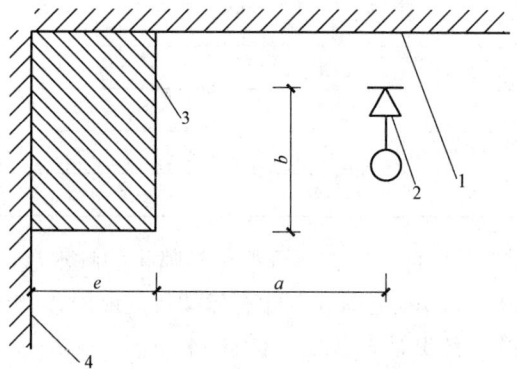

图 3-17 喷头与靠墙障碍物的距离

1—顶板；2—直立型喷头；3—靠墙障碍物；4—墙面

障碍物横截面边长小于 750mm 时，喷头与障碍物的距离，应按式（3-21）确定

$$a \geqslant (e-200)+b \quad (7.2.5) \tag{3-21}$$

式中 a——喷头与障碍物的水平距离，mm；

b——喷头溅水盘与障碍物底面的垂直距离，mm；

e——障碍物横截面的边长，mm，$e < 750$。

障碍物横截面边长等于或大于 750mm 或 a 的计算值大于《建筑设计防火规范》（GB 50016）表 7.1.2 中喷头与端墙距离的规定时，应在靠墙障碍物下增设喷头。

6）边墙型喷头的两侧 1m 及正前方 2m 范围内，顶板或吊顶下不应有阻挡喷水的障碍物。

4. 管道设置要求

（1）配水管道的工作压力不应大于 1.20MPa，并不应设置其他用水设施。

（2）配水管道应采用内外壁热镀锌钢管。当报警阀入口前管道采用内壁不防腐的钢管时，应在该段管道的末端设过滤器。

（3）系统管道的连接，应采用沟槽式连接件（卡箍），或丝扣、法兰连接。报警阀前采用内壁不防腐钢管时，可焊接连接。

（4）系统中直径等于或大于 100mm 的管道，应分段采用法兰或沟槽式连接件（卡箍）连接。水平管道上法兰间的管道长度不宜大于 20m；立管上法兰间的距离，不应跨越 3 个及以上楼层。净空高度大于 8m 的场所内，立管上应有法兰。

（5）管道的直径应经水力计算确定。配水管道的布置，应使配水管入口的压力均衡。轻危险级、中危险级场所中各配水管入口的压力均不宜大于 0.40MPa。

（6）配水管两侧每根配水支管控制的标准喷头数，轻危险级、中危险级场所不应超过 8 只，同时在吊顶上下安装喷头的配水支管，上下侧均不应超过 8 只。严重危险级及仓库危险级场所均不应超过 6 只。

（7）轻危险级、中危险级场所中配水支管、配水管控制的标准喷头数，不应超过表 3-26 的规定。

表 3-26　　　轻危险级、中危险级场所中配水支管、配水管控制的标准喷头数

公称管径/mm	控制的标准喷头数/只	
	轻危险级	中危险级
25	1	1
32	3	3
40	5	4
50	10	8
70	18	12
80	48	32
100	—	64

（8）短立管及末端试水装置的连接管，其管径不应小于 25mm。

（9）干式系统的配水管道充水时间，不宜大于 1min；预作用系统与雨淋系统的配水管道充水时间，不宜大于 2min。

（10）干式系统、预作用系统的供气管道，采用钢管时，管径不宜小于 15mm；采用铜管时，管径不宜小于 10mm。

（11）水平安装的管道宜有坡度，并应坡向泄水阀。充水管道的坡度不宜小于 0.2%，准工作状态不充水管道的坡度不宜小于 0.4%。

5. 系统水力计算

（1）系统的设计流量。

喷头的最小出流量应按式（3-22）计算：

$$q = K \sqrt{10p} \tag{3-22}$$

式中　q——喷头流量，L/min；

　　　p——喷头工作压力，MPa；

　　　K——喷头流量系数。（注：如果喷头到支管有局部水头损失或势能差，如图 3-18 所示，K 值应采用折算后流量系数 K_s）。K_s 按式（3-23）计算：

$$K_s = \frac{q_1}{\sqrt{10 \times (P_z + h_s + Z_s)}} \tag{3-23}$$

式中　K_s——喷头流量折算系数；

q_1——作用面积内最不利点处喷头的出流量，L/min，计算方法见式（3-21）；

P_z——作用面积内最不利点处喷头的工作压力，MPa；

h_s——喷头短立管的水头损失，MPa；

Z_s——喷头短立管的几何高差产生的水压，喷头在支管上方时为正值，喷头在支管下方时为负值。

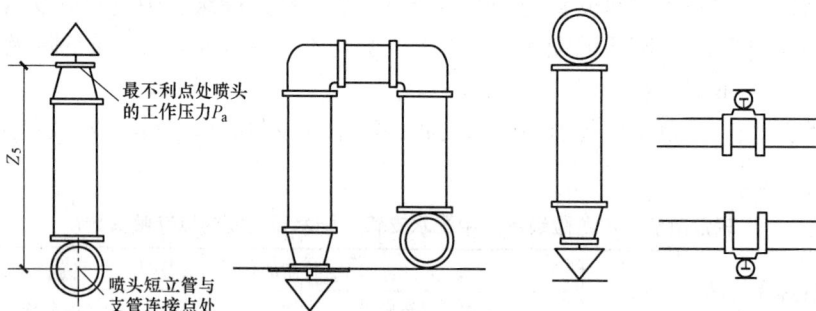

图 3-18 喷头安装方式

水力计算选定的最不利点处作用面积宜为矩形，其长边应平行于配水支管，其长度不宜小于作用面积平方根的 1.2 倍。

系统的设计流量，应按最不利点处作用面积内喷头同时喷水的总流量确定：

$$Q_s = \frac{1}{60} \sum_{i=1}^{n} q_i \tag{3-24}$$

式中　Q_s——系统设计流量，L/s；

q_i——最不利点处作用面积内各喷头节点的流量，L/min；

n——最不利点处作用面积内的喷头数。

系统设计流量的计算，应保证任意作用面积内的平均喷水强度不低于本教材表 3-18 和表 3-19 的规定。最不利点处作用面积内任意 4 只喷头围合范围内的平均喷水强度，轻危险级、中危险级不应低于本规范表 3-16 规定值的 85％；严重危险级不应低于本教材表 3-16 的规定值。

设置货架内喷头的仓库，顶板下喷头与货架内喷头应分别计算设计流量，并应按其设计流量之和确定系统的设计流量。

建筑内设有不同类型的系统或有不同危险等级的场所时，系统的设计流量，应按其设计流量的最大值确定。

当建筑物内同时设有自动喷水灭火系统和水幕系统时，系统的设计流量，应按同时启用的自动喷水灭火系统和水幕系统的用水量计算，并取二者之和中的最大值确定。

雨淋系统和水幕系统的设计流量，应按雨淋阀控制的喷头的流量之和确定。多个雨淋阀并联的雨淋系统，其系统设计流量，应按同时启用雨淋阀的流量之和的最大值确定。

当原有系统延伸管道、扩展保护范围时，应对增设喷头后的系统重新进行水力计算。

（2）管道水力计算。管道内的水流速度宜采用经济流速，必要时可超过 5m/s，但不应大于 10m/s。为了计算方便，管内流速可采用表 3-28 查出的流速系数值 K_c 直接乘以设计流量 Q 求出，即按式（3-25）计算，沿程阻力系数 i 按式（3-26）计算。

$$v = K_cQ \tag{3-25}$$

式中　K_c——流速系数，m/L，见表 3-27；

　　　　v——管道内水的平均流速，m/s；

　　　　Q——管段设计流量，L/s。

表 3-27　　　　　　　　　　　　　　　　　流速系数 K_c 值

钢管管径/mm	15	20	25	32	40	50
K_c /(m/L)	5.85	3.105	1.883	1.05	0.8	0.47
钢管管径/mm	70	80	100	125	150	
K_c /(m/L)	0.283	0.204	0.115	0.075	0.053	

$$i = 0.000\,010\,7\,\frac{v^2}{d_j^{1.3}} \tag{3-26}$$

式中　i——每米管道的水头损失，MPa/m；

　　　　v——管道内水的平均流速，m/s；

　　　　d_j——管道的计算内径，m，取值应按管道的内径减 1mm 确定。

　　管道的局部水头损失，宜采用当量长度法计算。当量长度表见表 3-28。

表 3-28　　　　　　　　　　　　　　　　　当量长度表

管件名称	管件直径/mm								
	25	32	40	50	70	80	100	125	150
45°弯头	0.3	0.3	0.6	0.6	0.9	0.9	1.2	1.5	2.1
90°弯头	0.6	0.9	1.2	1.5	1.8	2.1	3.1	3.7	4.3
三通或四通	1.5	1.8	2.4	3.1	3.7	4.6	6.1	7.6	9.2
蝶阀				1.8	2.1	3.1	3.7	2.7	3.1
闸阀				0.3	0.3	0.3	0.6	0.6	0.9
止回阀	1.5	2.1	2.7	3.4	4.3	4.9	6.7	8.3	9.8
异径接头	32/25	40/32	50/40	70/50	80/70	100/80	125/100	150/125	200/150
	0.2	0.2	0.2	0.5	0.6	0.8	1.1	1.3	1.6

注　1. 过滤器当量长度的取值，由生产厂提供。

　　2. 当异径接头的出口直径不变而入口直径提高 1 级时，其当量长度应增大 0.5 倍；提高 2 级或 2 级以上时，其当量长度应增 1.0 倍。

　　3. 表中三通或四通的当量长度是水流按侧向流动时的数值，水流直通流动时其当量长度可按表中数值的 1/5 取值。

　　4. 当采用新材料和新阀门等能产生局部水头损失部件，应根据产品的要求确定管件的当量长度。

　　水泵扬程或系统入口的供水压力应按式（3-27）计算：

$$H = \sum h + P_0 + Z \tag{3-27}$$

式中　H——水泵扬程或系统入口的供水压力，MPa；

　　　　$\sum h$——管道沿程和局部的水头损失的累计值，MPa，湿式报警阀、水流指示器取值 0.02MPa，雨淋阀取值 0.07MPa；

注：蝶阀型报警阀及马鞍型水流指示器的取值由生产厂提供。

P_0——最不利点处喷头的工作压力，MPa；

Z——最不利点处喷头与消防水池的最低水位或系统入口管水平中心线之间的高程差，当系统入口管或消防水池最低水位高于最不利点处喷头时，Z应取负值，MPa。

（3）减压设施。

1）减压孔板应符合下列规定：应设在直径不小于 50mm 的水平直管段上，前后管段的长度均不宜小于该管段直径的 5 倍；孔口直径不应小于设置管段直径的 30%，且不应小于 20mm；应采用不锈钢板材制作。

2）节流管应符合下列规定：直径宜按上游管段直径的 1/2 确定；长度不宜小于 1m；节流管内水的平均流速不应大于 20m/s。

3）减压孔板的水头损失，应按式（3-28）计算：

$$H_k = \xi \frac{V_k^2}{2g} \tag{3-28}$$

式中　H_k——减压孔板的水头损失，MPa；

V_k——减压孔板后管道内水的平均流速，m/s；

ξ——减压孔板的局部阻力系数，取值应按本规范附录 D 确定。

4）节流管的水头损失，应按式（3-29）计算：

$$H_g = \xi \frac{V_g^2}{2g} + 0.001\,07L \frac{V_g^2}{d_g^{1.3}} \tag{3-29}$$

式中　H_g——节流管的水头损失，MPa；

ξ——节流管中渐缩管与渐扩管的局部阻力系数之和，取值 0.7；

V_g——节流管内水的平均流速，m/s；

d_g——节流管的计算内径，m，取值应按节流管内径减 1mm 确定；

L——节流管的长度，m。

5）减压阀应符合下列规定：应设在报警阀组入口前；入口前应设过滤器；当连接两个及以上报警阀组时，应设置备用减压阀；垂直安装的减压阀，水流方向宜向下。

（4）系统设计计算内容与步骤。

1）根据被保护对象的性质划分危险等级，选择系统形式。

2）确定系统的作用面积 A、喷水强度 D 等基本设计参数。

3）确定喷头形式和单个喷头的保护面积 A_s。

4）确定作用面积内的喷头数 N，见式（3-30）：

$$N = A/A_s \tag{3-30}$$

式中　N——作用面积内的喷头数，只；

A——相应危险等级的作用面积，m^2；

A_s——一个喷头的保护面积，m^2。

5）根据喷头布置形式、喷头间距要求及建筑平面等要求布置喷头。

6）确定最不利点处作用面积的位置及形状。最不利点处作用面积通常选在水力条件最不利处，即供水最远端、最高处。最不利点作用面积宜为矩形，其长边应平行于配水支管，其长度不宜小于作用面积平方根的 1.2 倍。因此，作用面积的长边 L 的最小值为 $1.2\sqrt{A}$，作用面积的短边 B 为 A/L。

7）选择计算管路，绘制管道系统图，对各节点进行编号。

8）最不利点处喷头（第一个喷头）的出流量应根据不同危险场所相应的设计喷水强度和喷头布置的实际保护面积按式（3-31）计算：

$$q_1 = DA_s \tag{3-31}$$

式中　q_1——喷头的最小出流量，L/min；

　　　D——相应危险等级的设计喷水强度，L/(min·m²)；

　　　A_s——喷头的保护面积，m²。

最不利点喷头的最小工作压力按式（3-32）计算。式中各符号意义如前所述：

$$p_s = \frac{q_1^2}{10K^2} = \frac{(DA_s)^2}{10K^2} \tag{3-32}$$

9）计算第一根配水支管上各喷头的出流量及压力（不包括最不利点处喷头）；根据各计算管段中的喷头数按表 2-27 初步确定各管段管径。

10）计算出第一根配水支管上各喷头的流量后，即可得到该支管起端的设计流量 q_z；经水力计算可知支管起端（支管与配水干管连接点）处的压力 p_s。把支管作为一个复合喷头，可按式（3-33）确定支管的流量系数 K_z，当其他支管上的喷头类型、布置形式、间距等特性都与该支管相同时，可用该支管流量系数 K_z 计算其他支管的流量：

$$K_z = \frac{q_z}{\sqrt{10p_z}} \tag{3-33}$$

式中　K_z——支管流量系数；

　　　q_z——支管流量，L/min；

　　　p_s——支管与配水干管连接处的压力，MPa。

11）对最不利点处作用面积内的喷头逐个计算出流量后，按式（3-23）可计算出系统的设计流量 Q_s。把最高层的最不利点处作用面积作为 1 各复合喷头，按式（3-34）计算出作用面积流量系数：

$$K_A = \frac{Q_s}{\sqrt{10p_A}} \tag{3-34}$$

式中　K_A——作用面积流量系数；

　　　Q_z——支管流量，L/min；

　　　p_A——支管与配水干管连接处的压力，MPa。

12）计算系统的供水压力或水泵扬程。

13）高位水箱和消防水池的计算方法同室内消火栓灭火系统，火灾延续时间按自动喷水灭火系统的要求确定。

五、自动喷水灭火系统设计训练

【综合设计训练】　某建筑物内设置湿式自动喷水灭火系统，按中危险级Ⅱ级设计，共三层，层高 4m，各层建筑功能和布局均相同。根据柱网布局布置喷头如图 3-18 所示。喷头流量系数 $K=80$。试确定：（1）最不利点处作用面积的位置和形状；（2）系统设计流量；（3）

立管起点（湿式报警阀后）的压力（注：为简化例题计算过程，水力计算时异径接头及支管上的局部损失忽略不计，不考虑喷头短立管的高差和水头损失产生的影响）。

解：（1）校核喷头的保护面积，查表 2-18 可知：危险级Ⅱ级的设计喷水强度不应低于 $8L/(min \cdot m^2)$，保护面积不应低于 $160m^2$，系统最不利点处喷头的工作压力不应低于 0.05MPa。从表 3-21 可知，在 $D = 8L/(min \cdot m^2)$ 时，单个喷头的最大保护面积为 $11.5m^2$。

当喷头压力采用 0.05MPa 时，喷头的出流量：

$$q_{min} = K\sqrt{10 p_{min}} = 80 \times \sqrt{10 \times 0.05}\text{L/min} = 56.57\text{L/min}$$

则相应的喷头保护面积为 $A_s = q_{min}/D = (56.57/8)m^2 = 7.07m^2$

根据图 3-18 可知，每个喷头的实际保护面积：

$$A_s = 3.3 \times 3.3 m^2 = 10.89 m^2$$

介于 $11.5 \sim 7.07 m^2$ 之间，满足要求。

（2）初步确定计算面积内的喷头数 N，按公式 $N = A/A_s = 160/10.89 = 14.7$ 个，取 15 个。

（3）确定作用面积，喷头按正方形布置，间距为 3.3m。作用面积长边的最小长度：

$$L_{min} = 1.2\sqrt{A} = 1.2\sqrt{160}\text{m} = 15.18\text{m}$$

则与作用面积长边平行的支管上的喷头数应为：$n = L_{min}/3.3 = (15.18/3.3)$ 个 $= 4.6$ 个，取 5 个。

则作用面积的实际长边可取：$L = 5 \times 3.3\text{m} = 16.5\text{m}$，大于 15.18m

作用面积短边 $B = A/L = (160/16.5)\text{m} = 9.7\text{m}$

因此，最不利点处作用面积内喷头数 15 个作用面积为：$15 \times 10.89 = 163.35m^2$ 大于 $160m^2$，满足要求。作用面积形状、尺寸、节点编号如图 3-19 所示。

（4）最不利点处喷头的出流量和压力。根据自动喷水灭火系统图可知，该系统的最不利点为 1 点。

根据式（3-31） $\quad q_1 = DA_s = 3.3 \times 3.38\text{L/min} = 87.12\text{L/min}$

根据式（3-32） $\quad P_s = \dfrac{q_1^2}{10K^2} = \dfrac{(DA_s)^2}{10K^2} = \dfrac{87.12^2}{10 \times 80^2}\text{MPa} = 0.12\text{MPa}$（大于 0.05MPa）

（5）系统水力计算。

1）管段 1-2：

$q_{1-2} = q_1 = 87.12\text{L/min} = 1.452\text{L/s} \approx 1.5\text{L/s}$，根据经济流速，1-2 段管径为 25mm，查表 2-28，该管段流速系数 $K_c = 1.883$，则该管段的流速 $v = 1.883 \times 1.452 = 2.73\text{m/s}$。查钢管水力计算表得：钢管 DN25 的内径为 27mm，计算每米管道水头损头 $i = 0.000\,010\,7\dfrac{v^2}{d_j^{1.3}} = 0.000\,010\,7 \times \dfrac{2.73^2}{(0.027 - 0.001)^{1.3}} = 0.009\,17\text{MPa/m}$，$i_{1-2} = i$，则管段 1-2 的沿程水头损失为 $h_{1-2} = i_{1-2} \times L_{1-2} = 0.197 \times 3.3 = 30.26\text{kPa} = 0.030\,3\text{MPa}$。

2）节点 2 处的压力：

$$p_2 = p_1 + h_{1-2} = 0.12\text{MPa} + 0.030\,3\text{MPa} = 0.151\,503\text{MPa}$$

节点 2 处的喷头出流量：

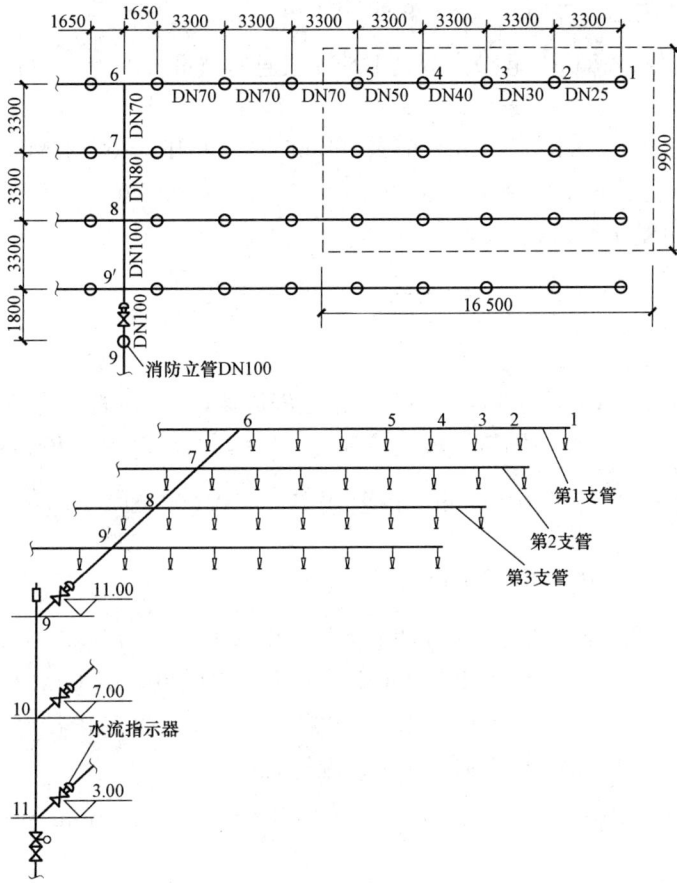

图3-19 自动喷水系统计算草图

$$q_2 = K \sqrt{10 p_2} = 80 \times \sqrt{10 \times 0.150\ 3} = 98.06\text{L/min} = 1.63\text{L/s}$$

3) 管段2-3。

$q_{2\text{-}3} = q_1 + q_2 = (1.452 + 1.63)\text{L/s} = 3.09\text{L/s}$，根据经济流速，2-3段管径为32mm，查表2-28，该管段流速系数 $K_c = 1.05$，则该管段的流速 $v = 1.05 \times 3.09 = 3.24\text{m/s}$。查钢管水力计算表得：钢管DN32的内径为35.8mm，按公式 $i = 0.000\ 010\ 7\ \dfrac{v^2}{d_j^{1.3}} = 0.000\ 010\ 7 \times$

$\dfrac{3.24^2}{(0.035\ 8 - 0.001)^{1.3}}\text{MPa} = 0.008\ 84\text{MPa/m}$，则管段2-3的沿程水头损失为

$$h_{2\text{-}3} = i_{2\text{-}3} \times L_{2\text{-}3} = 0.884 \times 3.3 = 29.176\text{kPa} = 0.029\ 17\text{MPa}$$

4) 管段3-4、4-5的计算过程和方法同上，计算结果填入表2-30中。

5) 计算至节点5时，支管设计流量不再增加，即：

$q_{6\text{支管}} = q_1 + q_2 + q_3 + q_4 + q_5 = 530.74\text{L/min} = 8.85\text{L/s}$，根据经济流速5-6段管径为50mm，查表2-28，该管段流速系数 $K_c = 0.47$，则该管段的流速 $v = 0.47 \times 8.85 = 4.16\text{m/s}$。查钢管水力计算表得：钢管DN50的内径为53mm，按公式 $i_{5\text{-}6} = 0.0000107\ \dfrac{v^2}{d_j^{1.3}} =$

89

$$0.000\ 010\ 7 \times \frac{4.16^2}{(0.053-0.001)^{1.3}} = 0.008\ 65\text{MPa/m}$$

管段 5-6 长度为 11.55m，且节点 6 处 DN50 三通的当量长度为 3.1m，则管段 5-6 的沿程水头损失为：

$$h_{5\text{-}6} = i_{5\text{-}6} \times L_{5\text{-}6} = 0.008\ 65 \times (11.55+3.1)\text{MPa} = 0.127\text{MPa}$$

则 6 点的压力 $p_6 = p_5 + h_{5\text{-}6} = (0.231+0.127)\text{MPa} = 0.358\text{MPa}$

6）计算支管流量折算系数：

$$K_z = \frac{q_z}{\sqrt{10 \times P_z}} = \frac{q_{5\text{-}6}}{\sqrt{10 \times P_6}} = \frac{530.74}{\sqrt{10 \times 0.358}} = 280.52$$

7）管段 6-7。

$q_{6\text{-}7} = q_{5\text{-}6} = 530.74\text{L/min} = 8.85\text{L/s}$，根据经济流速，6-7 段管径为 70mm，查表 2-28，该管段流速系数 $K_c = 0.283$，则该管段的流速 $v = 0.283 \times 8.85 = 2.50\text{m/s}$。查钢管水力计算表得：钢管 DN50 的内径为 68mm，按公式 $i_{6\text{-}7} = 0.000\ 010\ 7\frac{v^2}{d_j^{1.3}} = 0.000\ 010\ 7 \times$

$$\frac{2.50^2}{(0.068-0.001)^{1.3}} = 0.002\ 25\text{MPa/m}。$$

管段 6-7 长度为 3.3m，且节点 7 处四通当量长度取 $1/5 \times 3.7 = 0.74$m，则管段 6-7 的沿程水头损失为 $h_{6\text{-}7} = i_{6\text{-}7} \times L_{6\text{-}7} = 0.002\ 25 \times (3.3+0.74)\text{MPa} = 0.009\ 09\text{MPa}$。

则 7 点的压力 $p_7 = p_6 + h_{6\text{-}7} = (0.358+0.009\ 09)\text{MPa} = 0.367\text{MPa}$

由 7 点流入次不利支管（第 2 根支管）的流量为：

$$q_{7支管} = K_z\sqrt{10P_7} = 280.52 \times \sqrt{10 \times 0.367} = 537.39\text{L/min} = 8.96\text{L/s}$$

8）管段 7-8。

$$q_{7\text{-}8} = q_{6支管} + q_{7支管} = 530.74+537.96 = 1068.70\text{L/min} = 17.81\text{L/s}$$

根据经济流速，7-8 段管径取 80mm，查表 3-28，该管段流速系数 $K_c = 0.204$，则该管段的流速 $v_{7\text{-}8} = 0.204 \times 17.81 = 3.63\text{m/s}$。查钢管水力计算表得：钢管 DN80 的内径为 80.5mm，按公式：

$$i_{7=8} = 0.000\ 010\ 7\frac{v^2}{d_j^{1.3}} = 0.000\ 010\ 7 \times \frac{3.63^2}{(0.080\ 5-0.001)^{1.3}}\text{MPa/m} = 0.003\ 81\text{MPa/m}$$

管段 7-8 长度为 3.3m，且节点 8 处 DN70 四通当量长度取 $1/5 \times 4.6 = 0.92$m，则管段 7-8 的沿程水头损失为：

$$h_{7\text{-}8} = i_{7\text{-}8} \times L_{7\text{-}8} = 0.003\ 81 \times (3.3+0.92)\text{MPa} = 0.016\ 08\text{MPa}$$

则 8 点的压力 $p_8 = p_7 + h_{7\text{-}8} = 0.367\text{MPa} + 0.016\ 08\text{MPa} = 0.383\text{MPa}$

$$q_{8支管} = K_z\sqrt{10P_8} = 280.52 \times \sqrt{10 \times 0.369} = 538.86\text{L/min} = 8.98\text{L/s}$$

9）管段 8-9，有：

$$q_{8\text{-}9} = q_{6支管} + q_{7支管} + q_{8支管} = 530.74+537.96+538.86 = 1607.56\text{L/min} = 26.79\text{L/s}$$

该流量为作用面积内所有喷头出流量之和，即为系统的设计流量。

根据经济流速，8-9 段管径取 100mm，查表 2-28，该管段流速系数 $K_c = 0.115$，则该管段的流速 $v_{8\text{-}9} = 0.115 \times 26.79 = 3.08\text{m/s}$。查钢管水力计算表得：钢管 DN100 的内径为 106mm，得：

$$i_{8-9} = 0.000\ 010\ 7 \frac{v^2}{d_j^{1.3}} = 0.000\ 010\ 7 \times \frac{3.08^2}{(0.106 - 0.001)^{1.3}} \text{MPa/m} = 0.001\ 91\text{MPa/m}$$

管段 8-9 长度为 5.1m，且管段 8-9 之间局部阻力损失由：点 9′处 DN100 四通的当量长度取 1/5×6.1=1.22(m)，节点 9 处 DN100 三通当量长度取 6.1m，DN80 蝶阀的当量长度取 3.7m，水流指示器的局部水头损失取 0.02MPa，则管段 8-9 的沿程水头损失为 $h_{8-9} = i_{8-9} \times L_{8-9} = [0.001\ 91 \times (5.1+1.22+6.1+3.7)+0.02]\text{MPa} = 0.0508\text{MPa}$

则 9 点的压力 $p_9 = p_8 + h_{8-9} = (0.383+0.0508)\text{MPa} = 0.433\text{MPa}$

10）管段 9-10、10-11 的计算过程和方法同上，计算结果填入表 3-29 中。

则系统设计流量为 26.79L/s，11 点的压力为 0.553MPa。

表 3-29   自动喷水灭火系统水力计算表

节点与管段	管径/mm	起点压力/MPa	起点喷头出流量/(L/min)	管段流量/(L/s)	流速/(m/s)	水力坡度/0.01MPa/m	管长/m	管段当量长度/m	总水头损失/0.01MPa/m
1-2	25	0.120	87.12	87.12	2.73	0.917	3.3	0	3.026
2-3	32	0.150	98.06	185.18	3.24	0.884	3.3	0	2.917
3-4	40	0.177	107.16	292.34	3.90	1.035	3.3	0	3.416
4-5	50	0.214	116.92	409.26	3.21	0.515	3.3	0	1.700
5-6	50	0.231	121.48	530.74	4.16	0.865	11.55	3.1	12.7
6-7	70	0.358		530.74	2.50	0.225	3.3		0.909
7-8	80	0.367		1068.70	3.63	0.381	3.3	0.92	0.160 8
8-9	100	0.383		1607.56	3.08	0.191	5.1	11.02	5.08
9-10	100	0.433		1607.56	3.08	0.191	4	6.1	1.929
10-11	100	0.453		1607.56	3.08	0.191	4	1.22	0.997
11		0553							

课题 4　水喷雾和细水雾灭火系统

一、水喷雾灭火系统

水喷雾灭火系统是在自动喷水灭火系统基础上发展起来的，该系统是采用特殊专用水雾喷头，将水流分散为细小的水雾滴来灭火（喷出粒径在 0.3～0.8mm），是雨淋系统的一种形式。其特点是水的利用率极大提高，细小的水雾滴几乎可完全气化，冷却效果好，产生膨胀约 1680 倍的水蒸气可形成窒息的环境条件。其灭火机理主要是表面冷却、蒸汽窒息、乳化和稀释作用等。

1. 设置场所和作用

水喷雾系统可用于扑救固体火灾、闪点高于 60℃ 的液体火灾和电器火灾。并可用于可燃气体和甲、乙、丙类液体的生产、储存装置或装卸设施的防护冷却。某些危险固体如火药和烟花爆竹引起的火灾。

可燃油油浸式电力变压器、充可燃油的高压电容器和多油开关宜设水喷雾灭火系统。

水喷雾灭火系统不得用于扑救遇水发生化学反应造成燃烧、爆炸的火灾，以及水雾对保护对象造成严重破坏的火灾。

2. 设计参数

（1）基本参数。水喷雾灭火系统基本设计参数见表 3-30。

表 3-30 水喷雾系统基本设计参数

防护目的	保护对象		设计喷雾强度 /[L/(min·m³)]	持续喷雾时间/h	响应时间/s
灭火	固体灭火		15	1	45
	液体灭火	闪点 60～120℃	20	0.5	
		闪点高于 120℃	13		
	电器灭火	油浸式电力变压器、油开关	20	0.4	
		油浸式电力变压器的集油坑	6		
		电缆	13		
防护冷却	甲乙丙类液体生产、储存、装卸设施		6	4	45
	甲、乙、丙类液体储罐	直径 20m 以下	6	4	300
		直径 20m 以上		6	
	可燃气体生产、储存、装卸设施和罐瓶间、瓶库		9	6	60

（2）喷头基本要求。水雾喷头的工作压力，当用于灭火时不应小于 0.35MPa；用于防护冷却时应不小于 0.2MPa。

1）水雾喷头、管道与电气设备带电（裸露）部分的安全净距应符合有关标准的规定。

水雾喷头与保护对象之间的距离不得大于水雾喷头的有效射程。

水雾喷头的平面布置方式可为矩形或菱形。当按矩形布置时，水雾喷头之间的距离不应大于 1.4 倍水雾喷头的水雾锥底圆半径；当按菱形布置时，水雾喷头之间的距离不应大于 1.7 倍水雾喷头的水雾锥底圆半径。喷头的水雾锥底圆半径，应按式（3-35）计算：

$$R = B\tan\frac{\vartheta}{2}$$

(3-35)

式中 　R——水雾锥底圆半径，m；

　　　　B——水雾喷头的喷口与保护对象之间的距离，m；

　　　　ϑ——水雾喷头的雾化角，θ 的取值范围为 30、45、60、90、120。

2）当保护对象为油浸式电力变压器时，水雾喷头布置应符合下列规定：

水雾喷头应布置在变压器的周围，不宜布置在变压器顶部；保护变压器顶部的水雾不应直接喷向高压套管；水雾喷头之间的水平距离与垂直距离应满足水雾锥相交的要求；油枕、冷却器、集油坑应设水雾喷头保护。

当保护对象为可燃气体和甲、乙、丙类液体储罐时，水雾喷头与储罐外壁之间的距离不应大于 0.7m。

当保护对象为球罐时，水雾喷头布置尚应符合下列规定：水雾喷头的喷口应面向球心；水雾锥沿纬线方向应相交，沿经线方向应相接。

当球罐的容积等于或大于 1000m³ 时，水雾锥沿纬线方向应相交，沿经线方向宜相接，但赤道以上环管之间的距离不应大于 3.6m。

无防护层的球罐钢支柱和罐体液位计、阀门等处应设水雾喷头保护。

当保护对象为电缆时，喷雾应完全包围电缆。

当保护对象为输送机传送带时，喷雾应完全包围输送机的机头、机尾和上、下行传送带。

3）系统的计算流量应按式（3-36）计算：

$$Q_j = \cfrac{1}{60 \sum\limits_{i=1-n} q_i} \tag{3-36}$$

式中　Q_j——系统的计算流量，L/s；

　　　n——系统启动后同时喷雾的水雾喷头数量；

　　　q_i——水雾喷头的实际流量，L/min，应按水雾喷头的实际工作压力 p_i（MPa）计算。

当采用雨淋阀控制同时喷雾的水雾喷头数量时，水喷雾灭火系统的计算流量应按系统中同时喷雾的水雾喷头的最大用水量确定。系统的设计流量应按式（3-37）计算：

$$Q = KQ_j \tag{3-37}$$

式中　Q——系统的设计流量，L/s；

　　　K——安全系数，应取 1.05～1.10。

4）管径和水头损失的计算详见自动喷水灭火系统。

二、细水雾灭火系统

细水雾灭火系统，由一个或多个细水雾喷头、供水管网、加压供水设备及相关控制装置等组成，能在发生火灾时向保护对象或空间喷放细水雾并产生扑灭、抑制或控制火灾效果的自动系统。在有些场所可代替气体灭火系统和水喷雾灭火系统，并可扑灭 A、B、C 类火灾。

细水雾灭火机理：在冷却、窒息和隔绝热辐射的三重作用下达到控制火灾、抑制火灾和扑灭火灾的目的，细水雾灭火系统具有水喷淋和气体灭火的双重作用和优点，既有水喷淋系统的冷却作用，又有气体灭火系统的窒息作用。

1. 适用范围

细水雾灭火系统适用于扑救下列火灾：

书库、档案资料库、文物库等场所的可燃固体火灾；液压站、油浸电力变压器室、润滑油仓库、透平油仓库、柴油发电机房、燃油锅炉房、燃油直燃机房、油开关柜室等场所的可燃液体火灾；燃气轮机房、燃气直燃机房等场所的可燃气体喷射火灾；配电室、计算机房、数据处理机房、通信机房、中央控制室、大型电缆室、电缆隧（廊）道、电缆竖井等场所的电气设备火灾；引擎测试间、交通隧道等适用细水雾灭火的其他场所的火灾。

细水雾灭火系统不得用于扑救下列火灾：存在遇水能发生反应并导致燃烧、爆炸或产生大量有害物质的火灾；存在遇水能产生剧烈沸溢性可燃液体的火灾；存在遇水能产生可燃性气体的火灾。

2. 主要设计参数

（1）喷头布置。

1）全淹没系统喷头宜按矩形、正方形或菱形均衡布置在保护区顶部，对于高度超过 4m 的防护区空间宜分层布置。

2）局部应用系统喷头宜均衡布置在被保护物体周围，对于高度超过 4m 的较高物体应分层布置。

3）区域系统采用细水雾喷头把保护区域与其他区域分开，保护区域内的喷头按全淹没系统设置。

4）喷头间距不应大于 3.0m，并不应小于 1.6m，一般为 2m 左右。喷头的出流量通常为 4~10L/min。

（2）开式系统一个防护区的面积不宜大于 500m²，容积不宜大于 2000m³，当防护区面积或容积比较大时应经过专门认证；闭式系统小空间作用面积为房间的面积和体积，大空间应认证确定。

（3）应以系统或喷头认证设计参数或设备商提供的试验数据为设计依据。当无数据时可以参考下列参数设计，面积喷水强度为 1~3L/(min·m²)，体积喷水强度为 0.05~0.1L/(min·m²)。

（4）设计火灾延续时间为 30min，系统的响应时间不宜大于 45s。

（5）B 类火灾宜连续喷雾；A 类火灾为增加水雾的蒸发量，在试验数据确认的情况下，可采用间歇喷雾方式灭火。

（6）容器（瓶组）式供水系统的水源水应采用纯水，泵组式供水系统可采用纯水或自来水。

（7）一套系统保护的防护区的数量不应超过 8 个，当超过 8 个防护区时应增设备用量，备用量不应小于设计用水量。

（8）喷头的最低工作压力应能保证喷头的雾化效果，一般不宜小于系统设计压力的 50%~80%，且应符合产品认证的技术参数。

（9）泵组式细水雾灭火系统水泵的吸水管或出水管应设置过滤器；容器（瓶组）式供水系统宜在控制阀前设置过滤器。

（10）全淹没灭火系统水泵的保护区灭火时宜关闭所有的洞口。确有特殊原因不能关闭的洞口应符合下列条件：

1）防护区运行开口总面积与四周侧壁的面积比不应大于 0.2%。

2）单个最大开口面积不应大于 1.0m²。

3）开口设置的高度不应大于防护区总高度的 50%，并不应小于防护区总高度的 10%。

（11）喷雾灭火前，防护区用的通风机、排烟机、送风机及其管道中的防火阀、排烟防火阀应自动关闭。人员确认火灭后才可启动排烟机排烟。

（12）系统应具有自动控制、手动控制和应急操作三种控制方式。当响应时间大于 60s 时，可采用手动控制和应急操作两种控制方式。

（13）火灾自动报警系统及控制系统在自动控制下，应在接收到两个独立的火灾信号后才能启动系统或循环控制系统。

课题 5　其他灭火系统

建筑因使用功能不同，其内的可燃物性质各异，传统的灭火剂——水对于一些火灾，已不能达到扑救的目的，甚至会带来更大的损失。因此，对不同性质的火灾，要采用不同的灭火方法和手段。

一、气体灭火系统

气体灭火系统一般包括二氧化碳灭火系统、水蒸气灭火系统、卤代烷灭火系统、氮气灭火系统等。气体灭火系统采用的是冷却、窒息、隔离和化学抑制方法中的一种或几种，一般适用于扑灭可燃气体、可燃液体和电气火灾，也可用于扑灭计算机机房、重要文件档案库、通信广播机房、微波机房等忌水场所或设备的火灾。

1. 二氧化碳灭火系统

二氧化碳灭火系统是一种物理的、没有化学变化的气体灭火系统，其主要作用在于窒息，其次为冷却。其优点是不污染保护物、灭火快、空间淹没效果好。二氧化碳灭火系统按灭火方式分为全淹没系统、半固定系统、局部应用系统和移动系统。全淹没系统应用于扑救封闭空间内的火灾；局部应用系统适用于在经常有人的较大防护区内扑救个别已燃设备或室外设备火灾；半固定系统常用于增援固定二氧化碳灭火系统。

2. 水蒸气灭火系统

水蒸气是含热量高的惰性气体。水蒸气灭火系统具有良好的灭火作用，其工作原理是在火场燃烧区内，向其施放一定量的水蒸气，冲淡燃烧区的可燃气体，降低空气中氧的含量，使燃烧窒息，有良好的灭火作用。水蒸气灭火系统有固定式和半固定式两种。固定式水蒸气灭火系统为全淹没式灭火系统，用于扑灭整个房间、舱室的火灾，在空间的容积不大于 $500m^3$ 时效果较好。半固定式水蒸气灭火系统用于扑救局部火灾，利用水蒸气的机械冲击力量吹散可燃气体，并瞬间在火焰周围形成蒸汽层扑灭火灾。水蒸气用来扑灭高温设备和煤气管道火灾时，不致因设备热胀冷缩的应力作用而破坏设备。

3. 氮气灭火系统

氮气灭火的原理是减缓油转化为可燃气体，并终止可燃气体的产生而使火熄灭。氮气灭火系统主要用于电力变压器的油箱灭火。变压器爆裂漏油起火是最常见的事故，在变压器油箱内，顶层热油温度高达 160℃，下层油温度较低。如搅拌所有的油，能降低其液体表面的温度，也就可消除热区域，防止碳氢气体的产生。

二、泡沫灭火系统

泡沫灭火系统是以泡沫为灭火剂。其主要灭火机理是泡沫液的遮断作用，即通过隔绝氧气和抑制燃料蒸发、冷却和稀释等，达到扑灭火灾的目的。

泡沫灭火剂有普通型泡沫、蛋白泡沫、氟蛋白泡沫、水成膜泡沫、成膜氟蛋白泡沫等。

泡沫灭火系统主要由消防泵、泡沫比例混合装置、泡沫产生装置及管道等组成。

泡沫灭火系统按发泡倍数分为低倍数、中倍数和高倍数灭火系统，按使用方式可分为全淹没式、局部应用式和移动式灭火系统；按泡沫的喷射方式分为液上喷射、液下喷射和喷淋喷射三种形式。

泡沫灭火系统广泛应用于油田、炼油厂、油库、发电厂、汽车库、飞机库、矿井坑道等场所。选用和应用泡沫灭火系统时，首先应根据可燃物性质选用泡沫液。其次是泡沫罐应置于通风、干燥的场所，温度应在 $0\sim40℃$ 范围内。此外，还应保证泡沫灭火系统所需的足够的消防用水量、一定的水温（$t=0\sim35℃$）和必需的水质。

能力拓展训练

一、单选题

1. 根据现行《建筑设计防火规范》，下列建筑中属于一类高层建筑的是（　　）。

    A. 十八层普通住宅　　　　　　　　　B. 建筑高度为 40m 的教学楼

    C. 具有空气调节系统的五星级宾馆　　D. 县级广播电视楼

2. 消火栓给水管道的设计流速不宜超过（　　）。

    A. 2.0m/s　　　　　　B. 2.5m/s　　　　　　C. 5.0m/s　　　　　　D. 1.5m/s

3. 室外地下室消火栓应有直径为（　　）的栓口各一个，并有明显的标志。

    A. 150mm，100mm　　　　　　　　　B. 150mm，65mm

    C. 100mm，65mm　　　　　　　　　D. 100mm，50mm

4. 室内消火栓超过（　　）且室内消防用水量大于（　　）时，室内消防给水管道至少应有两条进水管与室外环状管网连接，并应将室内管道连接成环状或将进水管与室外管道连成环状。

    A. 6 个，15L/s　　　B. 6 个，20L/s　　　C. 10 个，15L/s　　D. 10 个，20L/s

5. 室内消防给水管道应用阀门分成若干独立段，当某段损坏时，停止使用的消火栓在一层中不应超过（　　）。

    A. 3 个　　　　　　　B. 4 个　　　　　　　C. 5 个　　　　　　　D. 6 个

6. 室内消火栓口处的静水压力大于（　　）时，应采用分区给水系统。

    A. 0.35MPa　　　　　B. 0.5MPa　　　　　　C. 0.8MPa　　　　　　D. 1.0MPa

7. 高层建筑供消防车取水的消防水池应设取水口或取水井，取水口或取水井与被保护高层建筑的外墙距离不宜小于（　　），并不宜大于（　　）。

    A. 2m　　　　　　　　B. 0.5MPa　　　　　　C. 0.8MPa　　　　　　D. 1.0MPa

8. （　　）层及以下，每层不超过 8 户、建筑面积不超过 $650m^2$ 的塔式住宅，当设两根消防竖管有困难时，可设一根竖管，但必须采用双阀双出口型消火栓。

    A. 9　　　　　　　　　B. 14　　　　　　　　C. 18　　　　　　　　D. 22

二、计算题

1. 某建筑选消火栓泵，消防水池最低水位与最不利消火栓的高差为 56.0m，管路系统沿程水头损失为 49.6MPa，局部水头损失取沿程损失的 20%，消火栓口需要的压力为 172MPa。则消火栓泵的扬程应为多少？

2. 某建筑内的消火栓箱内配 SN65 的消火栓，水龙带长度为 25m，若水带弯曲折减系数为 0.90，水枪充实水柱长度为 10m，则消火栓的保护半径为多少？

3. 某 5 层商业楼建筑高度 28.0m，每层建筑面积 3500m²，自动喷水灭火系统的设计流量为 30L/s，消防水池储存室内外消防用水。请问消防水池的有效容积是多少？

4. 一地下车库设有自动喷水灭火系统，选用标准喷头，车库高 7.5m，柱网为 8.4m×8.4m，每个柱网均匀布置 9 个喷头，在不考虑短立管的水流阻力的情况下，最不利作用面积内满足喷水强度要求的第一个喷头的工作压力为多少？

单元四

建筑内部热水及饮水供应系统设计

【学习目标】了解热水供应系统的组成；热水供应系统管道的布置原则及敷设要求；熟悉热水配水系统的热水供应方式；掌握热水供应系统管道的布置原则及敷设要求。

【学习要求】

知 识 要 点	能 力 要 求	相 关 知 识
热水供应系统及布置	1. 能够区分热水系统分类 2. 能说出热水供应系统组成及供水方式 3. 了解加热设备的选择计算方法。熟悉加热设备的种类 4. 能进行增压和贮水设备的选择能够正确选用热水供应系统的管材、附件、水表 5. 能进行管道布置和敷设	1.《建筑给水排水设计手册》 2.《建筑给水排水工程》 3.《建筑给水排水新技术》 4.《建筑给水排水设计规范》 （GB 50015—2003）
热水供应系统水质与水质处理	1. 能说热水供应系统水质要求 2. 能选用合理水质处理方式	1.《生活饮用水卫生标准》（GB 5749—2006） 2.《饮用净水水质标准》（CJ 94—2005） 3.《城市污水再生利用　城市杂用水水质标准》（GB/T 18920—2002）
热水供应系统设计	1. 了解热水供应系统的耗热量的计算，热水量和供热量的计算，设备的选择计算 2. 能说出室内热水供应系统水力计算与室内给水系统管网的水力计算方法有何异同	《建筑给排水设计规范》（GB 50015—2003）
饮水供应	了解饮水供应的类型及标准、饮水的供应方式，饮水制备，饮水供应系统的水力计算	1.《饮用水净水水质标准》（CJ 94—2005） 2.《管道直饮水系统技术规程》（CJJIIO—2006）

【推荐阅读资料】

1. 中华人民共和国住房和城乡建设部 . GB 50015—2003，2009 年版　建筑给水排水设计规范 [S]. 北京：中国计划出版社，2009.

2. 中国建筑设计研究院 . 建筑给水排水设计手册 [M]. 北京：中国建筑工业出版社，2008.

课题 1　热水供应系统及布置

一、热水供应系统的供水方式

热水供水方式：管网压力工况不同可分为：开式、闭式供水方式；加热冷水的方式不同，可分为直接加热、间接加热；管网设置循环管道的不同，可分为全循环、半循环、不循环；系统中循环动力不同，可分为机械循环、自然循环；水平干管位置不同，可分为上行下给式、下行上给式。各自适用情况如下：

（1）全循环热水供应方式是指热水供应系统中热水配水管网的水平干管、立管、甚至配水支管都设有循环管道、热水干管、立管及支管均能保持热水的循环，各配水龙头随时打开都能提供符合设计水温要求的热水。该系统设循环水泵，用水时不存在使用前放水和等待时间，适用于高级宾馆、饭店、高级住宅等高标准建筑中，如图4-1所示。

（2）半循环热水供应方式又分为立管和干管循环供水方式。前者是指热水干管和立管均能保持热水的循环；后者是指仅保持热水干管的热水循环。干管循环用于全日供应热水的建筑和设有定时供水的高层建筑中；后者多用于定时供应热水的建筑中，如图4-2所示。

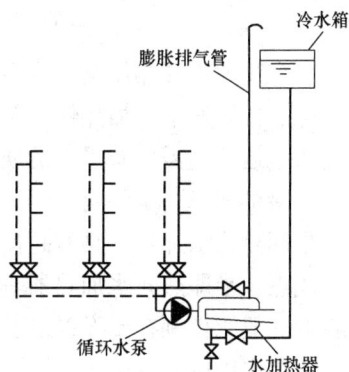

图 4-1　全循环热水供应系统

（3）不循环热水供应方式是指热水供应系统中热水配水管网的水平干管、立管、配水支管都不设任何循环管道。适用于小型热水供应系统和使用要求不高的定时热水供应系统或连续用水系统如公共浴室、洗衣房等，如图4-3所示。

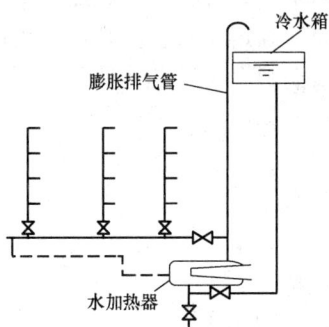

图 4-2　半循环热水供应系统

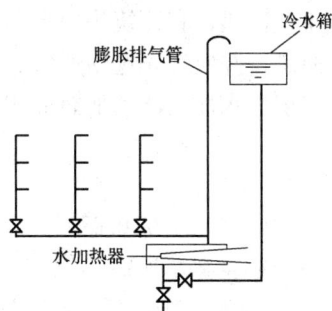

图 4-3　不循环热水供应系统

二、加（贮）热设备的选择原则

加热设备有小型锅炉、水加热器；小型锅炉根据燃料分为燃煤锅炉、燃油锅炉、燃气锅炉；根据外形分为立式、卧式；立式锅炉分为横水管、横火管（考克兰）、直水管、弯水管；卧式锅炉分为外燃回水管、内燃回水管（蓝开夏）、快装卧式内燃水加热器的分类，主要有容积式、快速式、半容积式、半即热式几种。

1. 容积式加热器

优点：具有较大的储存和调节能力，被加热水通过时压力损失较小，用水点压力变化平稳，出水水温稳定。缺点：被加热水流速缓慢，传热系数小，体积庞大。

2. 快速式水加热器

针对容积式水加热器中的"层流加热"的弊端，通过提高热媒和被加热水的流动速度，以改善传热效果。优点：它具有效率高、体积小、安装搬运方便的优点。缺点：不能储存热水，水头损失大，在热媒和被加热水压力不稳定时，出水温度波动较大，仅适用于用水量大，而且比较均匀的热水供应系统或建筑物热水采暖系统。

3. 半容积式水加热器

半容积式水加热器是带有适量贮存和调节容积的内藏式容积式水加热器。

优点：体积小、加热快、热交换充分、供水温度稳定、节水节能。缺点：由于内循环泵不间断地运行，需要有极高的质量保证。

4. 半即热式水加热器

半即热式水加热器具有超前控制，具有少量储存容积的快速式水加热器。

优点：半即热式水加热器具有快速加热被加热水，浮动盘管自动除垢的优点，其热水出水温度一般能控制在±2.2℃内，且体积小，节约占地面积，适用于各种不同负荷需求的机械循环热水供应系统。

5. 加热水箱和热水贮水箱

加热水箱是一种简单的热交换设备。在水箱中安装蒸汽多孔管或蒸汽喷射器，可构成直接加热水箱；在水箱中安装排管或盘管即构成间接加热水箱。热水贮水箱（罐）是一种专门调节热水量的容器。可在用水不均匀的热水供应系统中设置，以调节水量，稳定出水温度。

6. 加热设备的选型计算

水加热器的选择。水加热器的选择应根据现有的热源条件、燃料种类、建筑物功能及热水用水规律、耗热量和建筑物内部布局等因素经综合比较后确定。基本原则：一次换热效率高于二次换热，并应优先选用燃气、油、煤为燃料的热水锅炉。

（1）容积式水加热器的加热面积按式（4-1）计算：

$$F_{jr} = \frac{C_r Q_z}{\varepsilon K \Delta t_j} \tag{4-1}$$

式中　F_{jr}——表面式水加热器的加热面积，m^2；

　　　Q_z——制备热水所需热量，W，可按设计小时耗热量计算；

　　　K——传热系数，$W/(m^2 \cdot ℃)$，按表 4-14、表 4-2 查用；

　　　ε——由于水垢和热媒分布不均匀影响传热效率的系数，一般采用 0.6~0.8；

　　　C_r——热水供应系统的热损失系数，$C_r = 1.1 \sim 1.15$；

　　　Δt_j——热媒和被加热水的计算温差，℃。

容积式水加热器的热媒与被加热水的计算温差 Δt_j 采用算术平均温度差，按式（4-2）计算：

$$\Delta t_j = \frac{t_{mc} + t_{mz}}{2} - \frac{t_c + t_z}{2} \tag{4-2}$$

式中 Δt_j——计算温度差,℃;

t_{mc}、t_{mz}——容积式水加热器的初温和终温,℃;

t_c、t_z——被加热水的初温和终温,℃。

表 4-1　　　　　　　　容积式水加热器中盘管的传热系数 K 值

热媒种类	传热系数 $K/[W/(m^2 \cdot ℃)]$		热媒种类	传热系数 $K/[W/(m^2 \cdot ℃)]$	
	铜盘管	钢盘管		铜盘管	钢盘管
蒸汽	3140	2721	80～115℃的高温水	1465	1256

表 4-2　　　　　　　　快速热交换器的传热系数 K 值

被加热水流速 /(m/s)	传 热 系 数 $K/[W/(m^2 \cdot ℃)]$							
	热媒为水		热水流速/(m/s)				热媒为蒸汽、蒸汽压力/Pa	
	0.5	0.75	1.0	1.5	2.0	2.5	$\leq 0.98 \times 105$	$> 0.98 \times 105$
0.5	3977	4605	5024	5443	5862	6071	9839/7746	9211/7327
0.75	4480	5233	5652	6280	6908	7118	12351/9630	11514/9002
1.00	4815	5652	6280	7118	7955	8374	14235/11095	13188/10467
1.50	5443	6489	7327	8374	9211	9839	16328/13398	15072/12560
2.00	5861	7118	7955	9211	10258	10886	—/15700	—/14863
2.50	6280	7536	10488	10258	11514	12560	—	—

半即热式水加热器、快速式水加热器热媒与被加热水的温差采用平均对数温度差按式(4-3)计算:

$$\Delta t = \frac{\Delta t_{max} - \Delta t_{min}}{\ln \dfrac{\Delta t_{max}}{\Delta t_{min}}} \qquad (4-3)$$

式中 Δt_{max}——热媒和被加热水在水加热器一端的最大温差,℃;

Δt_{min}——热媒和被加热水在水加热器另一端的最小温差,℃。

(2)热水器贮水容积的确定。由于供热量和耗热量之间存在差异,需要一定的贮热容积加以调节,而在实际工程中,有些理论资料又难以收集,可用经验法确定贮水器的容积,可按式(4-4)计算:

$$V = \frac{TQ_h}{60(t_r - t_1)c_B} \qquad (4-4)$$

式中 V——贮水器的贮水容积,L;

T——贮热时间,min,见表 4-3;

Q_h——热水供应系统设计小时耗热量,W;

c_B——水的比热容,kJ/(kg・℃),一般取 $c_B = 4.19$kJ/(kg・℃)。

表 4-3　　　　　　　　水加热器的贮热量

加热设备	以蒸汽和 95℃以上的高温软化水为热媒时		以<95℃低温软化水为热媒时	
	工业企业淋浴室	其他建筑物	工业企业淋浴室	其他建筑物
容积式水加热器或加热水箱	$\geq 30\min Q_h$	$\geq 45\min Q_h$	$\geq 60\min Q_h$	$\geq 90\min Q_h$
导流式容积式水加热器	$\geq 20\min Q_h$	$\geq 30\min Q_h$	$\geq 40\min Q_h$	$\geq 45\min Q_h$
半容积式水加热器	$\geq 15\min Q_h$	$\geq 15\min Q_h$	$\geq 25\min Q_h$	$\geq 30\min Q_h$

按式（4-4）确定容积式水加热器或水箱容积后，有导流装置时，计算容积应附加 10%～15%；当冷水下进上出时，容积宜附加 20%～25%。

对小型建筑热水系统可直接查产品样本，样本中查出的加热设备发热量值应大于小时供热量，而小时供热量要比设计小时耗热量大 10%～20%，主要考虑热水供应系统自身的热损失。

三、加（贮）热设备的布置

在设有高位热水箱的连续加热的热水供应系统中，应设置冷水补给水箱。

注：当有冷水箱可补给热水供应系统冷水时，可不另设冷水补给水箱。

冷水补给水箱的设置高度（以水箱底计算），应保证最不利处的配水点所需水压。冷水补给水管的设置，应符合下列要求：

（1）冷水补给水管的管径，应保证能补给热水供应系统的设计秒流量。

（2）冷水补给水管除供热水贮水器或水加热器外，不宜再供其他用水。

（3）有第一循环的热水供应系统，冷水补给水管应接入热水贮水器，不得接入第一循环管的回水管或锅炉。

热水箱应加盖，并设溢流管、泄水管和引出室外的通气管。热水箱溢流水位超出冷水补给水箱的水位高度，应按热水膨胀量确定。泄水管、溢流管不得与排水管道直接连接。

加热设备和贮热设备宜根据水质情况采用耐腐蚀材料或衬里。热水锅炉、水加热器、贮水器、热水配水干管、机械循环回水干管和有结冻可能的自然循环回水管，应保温。保温层的厚度应经计算确定。

水加热器的布置，应符合下列要求：

（1）水加热器的一侧应有净宽不小于 0.7m 的通道，前端应留有抽出加热盘管。

（2）水加热器上部附件的最高点至建筑结构最低点的净距，应满足检修的要求，但不得小于 0.2m，房间净高不得低于 2.2m。

（3）每个水加热器、贮水罐和冷热水混合器上，应装设温度计，必要时，热水回水干管上也可装温度计。锅炉、容积式水加热器，应装设温度计、压力表和安全阀（蒸汽锅炉开式热水箱还应装设水位计）。安全阀的直径，应按计算确定，并应符合锅炉安全等有关规定。

注：开式热水供应系统的热水锅炉和容积式水加热器，可不设安全阀。

（4）在开式热水供应系统中，应设膨胀管。

（5）在闭式热水供应系统中，应采取消除水加热时热水膨胀引起的超压措施。膨胀管的设置要求和管径的选择，应符合下列要求：

1）膨胀管上严禁装设阀门。

2）膨胀管如有冻结可能时，应采取保温措施。

3）膨胀管的最小管径，宜按表 4-4 确定。

表 4-4 膨胀管的最小管径

锅炉或水加热器的传热面积/m²	<10	≥10 且<15	≥15 且<20	≥20
膨胀管最小管径/mm	25	32	40	50

（6）设置锅炉、水加热器或贮水器的房间，应便于泄水，防止污水倒灌，并应设置良好的通风和照明。

四、管道布置敷设

1. 热水管网的布置

热水管网的布置可采用下行上给式或上行下给式，图 4-4 所示为同程式全循环下行上给式系统管道布置示意图。图 4-5 所示为异程式自然循环上行下给式系统管道布置示意图。

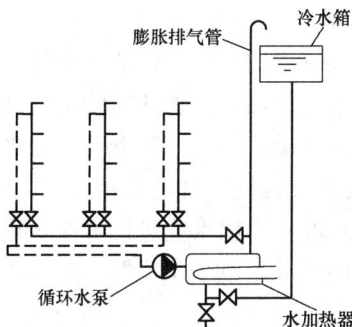

图 4-4 同程式全循环下行上给式系统

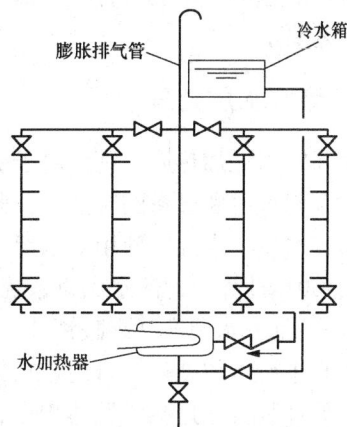

图 4-5 异程式自然全循环上行下给式系统

（1）下行上给式。水平干管可布置在地沟内或地下室内，但不允许直接埋地。水平干管要设补偿器，尤其对线性膨胀系数大的管材，并在最高配水点处排气，方法是循环立管应在配水立管最高点下至少 0.5m 处连接。为便于排气和泄水，热水横管均应有与水流方向相反的坡度，坡度应大于或等于 0.003，并在管网最低处设泄水阀门，以便检修。

（2）上行下给式。水平干管可布置在顶层吊顶内或顶层下，并与水流方向相反的大于或等于 0.003 的坡度，最高点设排气阀。冷、热水管水平布置时，热水管道在上，冷水管道在下；冷、热水管垂直布置时，热水管道在左，冷水管道在右。

2. 热水管网的敷设

热水管网的敷设分明装和暗装两种形式。明装就是管道沿墙、梁、柱、天棚、地面等暴露敷设。暗装就是将管道在管道竖井或预留沟槽内隐蔽敷设。热水立管与横管连接处，为避免管道伸缩破坏管道，立管与横管相连处用乙字弯，如图 4-6 所示。

热水管在穿楼板、墙和建筑物基础处应设套管，穿墙套管两端与墙体装饰面平齐，卫生间、厨房的立管套管应高出装饰地面 50mm，其他房间高于装饰地面 20mm。为调节流量和检修的需要，在配水、回水干管的端点处均应设阀门。为防止加热器内水倒流被泄空而造成安全事故和防止冷水进入热水系统影响配水点的供水温度，应在加热器的冷水进水管和机械循环第二循环回水管上装设逆止阀，如图 4-6 所示。

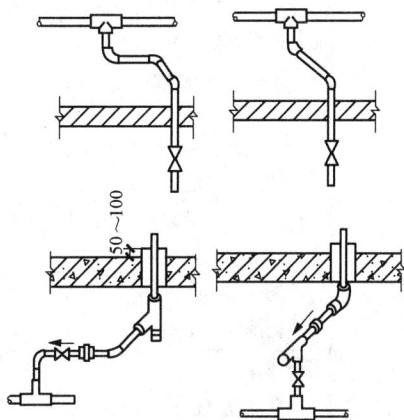

图 4-6 热水立管和水平干管的连接方式

课题 2　热水供应系统水质与水质处理

一、热水水质要求

生活用热水的水质应符合《生活饮用水卫生标准》（GB 5749）。生产用热水的水质应满足生产工艺要求。

二、热水水质处理

硬度高的水经加热后，钙镁离子受热析出，在设备和管道内结垢，会减弱传热，同时也加速了对金属管材和设备的腐蚀。因此，集中热水供应系统的热水在加热前的水质处理，应根据水质、水量、水温、使用要求等因素经技术经济比较确定：一般情况下，日用水量小于 $10m^3$（按 60℃计算）的热水供应系统，其原水可不进行水质处理。日用水量大于 $10m^3$（按 60℃计算），且原水硬度（碳酸钙计）大于 357mg/L 时，洗衣房用水应进行水质处理，其他建筑用水宜进行水质处理。目前，在集中热水供应系统中常采用电子除垢器、磁水器、静电除垢器等处理装置。这些装置体积小、性能可靠、使用方便。

课题 3　热水供应系统设计

一、热水供应系统水温

1. 热水的使用温度

生活用热水水温应满足生活使用的需要，卫生器具一次或一小时热水用量及使用水温见表 4-5。热水锅炉或水加热器出口的最高水温和配水点的最低水温，冷水温度见表 4-6。

表 4-5　　　　　　　　　　　卫生器具的 1 次和 1h 热水用水定额及水温

序号	卫生器具名称		一次用水量/L	小时用水量/L	水温/℃
1	住宅、旅馆、别墅、宾馆				
		带有淋浴器的浴盆	150	300	40
		无淋浴器的浴盆	125	250	40
		淋浴器	70~100	140~200	37~40
		洗脸盆、盥洗槽水龙头	3	300	30
		洗脸盆（池）	—	180	50
2	集体宿舍、招待所、培训中心淋浴器				
		有淋浴小间	70~100	210~300	37~40
		无淋浴小间	—	450	37~40
		盥洗槽水龙头	3~5	50~80	30
3	餐饮业				
		洗涤盆（池）	—	250	50
		洗脸盆：工作人员用	3	60	30
		顾客用	—	120	30
		淋浴器	40	400	37~40

序号	卫生器具名称	一次用水量/L	小时用水量/L	水温/℃
4	幼儿园、托儿所 　浴盆：幼儿园 　　　　托儿所 　淋浴器：幼儿园 　　　　　托儿所 　盥洗槽水龙头 　洗涤盆（池）	100 30 30 15 15 —	400 120 180 90 25 180	35 35 35 35 30 50
5	医院、疗养院、休养所 　洗手盆 　洗涤盆（池） 　浴盆	— — 125～150	15～25 300 250～300	35 50 40
6	公共浴室 　浴盆 　淋浴器：有淋浴小间 　　　　　无淋浴小间 　洗脸盆	125 100～150 — 5	250 200～300 450～540 50～80	40 37～40 37～40 35
7	办公楼　洗手盆	—	50～100	35
8	理发室、美容院 　洗脸盆	—	35	35
9	实验室 　洗脸盆 　洗手盆	— —	60 15～25	50 30
10	剧院 　淋浴器 　演员用洗脸盆	60 5	200～400 80	37～40 35
11	体育场 　淋浴器	30	300	35
12	工业企业生活间 　淋浴器：一般车间 　　　　脏车间 　洗脸盆或盥洗槽水龙头：一般车间 　脏车间	40 60 3 5	360～540 180～480 90～120 100～150	37～40 40 30 35
13	净身器	10～15	120～180	30

注　一般车间指《工业企业设计卫生标准》（GBZ 1）中规定的3、4级卫生特征的车间、脏车间指该标准中规定的1、2级卫生特征的车间。

表 4-6 冷水温度

分　区	地面水水温/℃	地下水水温/℃
第 1 分区	4	6～10
第 2 分区	4	10～15
第 3 分区	5	15～20
第 4 分区	10～15	20
第 5 分区	7	15～20

2. 热水的供应温度

锅炉或水加热器出口水温与系统最不利点的水温差一般为 5~15℃，水温差的大小应根据系统、保温材料等作经济技术比较后确定。

3. 冷水计算温度

在计算热水系统的耗热量时，冷水温度应以当地最冷月平均水温资料确定。无水温资料时，可按表 4-6 确定。

生活用热水用量标准有两种：一种是根据建筑物的性质、卫生设备完善程度、热水供应时间、气候条件、生活习惯等确定，其水温按 60℃ 计算，见表 4-5；二是根据建筑物内部的单位用水量来确定，即卫生器具 1 次和 1h 的热水用水定额，卫生器具的用途不同，水温要求也不同，见表 4-5。

二、热水用水定额

热水用水定额见表 4-7。

表 4-7　　　　　　　　　热水用水定额表

序号	建筑物名称	单位	最高日用水定额/L	使用时间/h
1	住宅			24
	有自备热水供应和淋浴设备	每人每日	40~80	
	有集中热水供应和淋浴设备	每人每日	60~100	
2	别墅	每人每日	70~110	24
3	单身职工宿舍、学生宿舍、招待所、培训中心、普通旅馆			24 或定时供应
	设公共盥洗室	每人每日	25~40	
	设公共盥洗室、淋浴室	每人每日	40~60	
	设公共盥洗室、淋浴室、洗衣室	每人每日	50~80	
	设单独卫生间、公共洗衣室	每人每日	60~100	
4	宾馆客房			24
	旅客	每床位每日	120~160	
	员工	每人每日	40~50	
5	医院住院部			
	设公共盥洗室	每床位每日	60~100	24
	设公共盥洗室、淋浴室	每床位每日	70~130	
	设单独卫生间	每床位每日	110~200	
	医务人员	每人每班	70~130	8
	门诊部、诊疗所	每病人每次	7~13	
	疗养院、休养所住房部	每床位每日	100~160	24
6	养老院	每病床每日	50~70	24
7	幼儿园、托儿所			
	有住宿	每儿童每日	20~40	24
	无住宿	每儿童每日	10~15	10
8	公共浴室			
	淋浴	每顾客每次	40~60	12
	淋浴、浴盆	每顾客每次	60~80	
	桑拿浴（淋浴、按摩池）	每顾客每次	70~100	

序号	建筑物名称	单位	最高日用水定额/L	使用时间/h
9	理发室、美容院	每顾客每次	10~15	12
10	洗衣房	每公斤干衣	15~30	8
11	餐饮厅 营业餐厅 快餐厅、职工及学生食堂 酒吧、咖啡厅、茶座、卡拉OK房	 每顾客每次 每顾客每次 每顾客每次	 15~20 7~10 3~8	 10~12 11 18
12	办公楼	每人每班	5~10	8
13	健身中心	每人每次	15~25	12
14	体育场（馆） 运动员淋浴	 每人每次	 25~35	 4
15	会议厅	每座位每次	2~3	4

注 1. 热水温度按60℃计。
2. 本表以60℃热水水温为计算温度，卫生器具的使用水温见表4-5。

三、设计小时热水量及耗热量

（1）全日供应热水的住宅、旅馆、医院、招待所、别墅、培训中心等建筑的集中热水供应系统的设计小时耗热量应按式（4-5）计算：

$$Q_h = K_h \frac{mq_r c(t_r - t_1)\rho_r}{86\ 400} \tag{4-5}$$

式中　Q_h——设计小时热水量，W；

　　　m——用水计算单位数，人数或床位数；

　　　q_r——热水用水量定额，L/（人·d）或 L/（床·d）等，按表4-7确定；

　　　K_h——热水小时变化系数，按表4-8~表4-10采用；

　　　c——水的比热容，$c=4187$J/（kg·℃）；

　　　t_r——热水温度，℃，$t_r=60$℃；

　　　t_1——冷水计算温度，℃，按表4-6确定；

　　　ρ_r——热水密度，kg/L。

表4-8 　　　　　　　　　　　　　　**住宅的热水小时变化系数 K_h 值**

居住人数 m	100	150	200	250	300	500	1000	3000	6000
K_h	5.12	4.49	4.13	3.18	3.70	3.28	2.86	2.48	2.34

表4-9 　　　　　　　　　　　　　　**旅馆的热水小时变化系数 K_h 值**

居住人数 m	150	300	450	600	900	1200
K_h	6.48	5.61	4.97	4.58	4.19	3.90

表 4-10 　　　　　　　　　　　医院的热水小时变化系数 K_h 值

床位数 m	50	75	100	200	300	500	1000
K_h	4.55	3.78	3.55	2.93	2.6	2.23	1.95

（2）定时供应热水的住宅、旅馆、医院、工业企业生活间、学校等建筑的集中热水供应系统的设计小时耗热量应按式（4-6）计算：

$$Q_h = \sum \frac{q_h(t_r - t_1)\rho_r N_0 bc}{3600} \tag{4-6}$$

式中　q_h——卫生器具的小时热水用水定额 L/h，按表（4-7）确定；

　　　t_r——热水温度,℃， $t_r = 60℃$；

　　　t_1——冷水计算温度,℃，按表 4-8 确定；

　　　ρ_r——热水密度，kg/L；

　　　N_0——同类型卫生器具数；

　　　b——卫生器具的同时使用百分数：公共浴室和工业企业生活间、学校、剧院及体育馆（场）等浴室内的淋浴器和洗脸盆均按 100% 计；住宅、旅馆、医院、疗养院病房，卫生间内浴盆或淋浴器可按 70%～100% 计，其他器具不计，但定时连续供水时间应不小于 2h。医院、疗养院的病房内卫生间的浴盆按 25%～50% 计，其他器具不计。住宅一户有多个卫生间时，只按一个卫生间计算。

四、设计小时供热量、热媒耗量及水源取水量

1. 设计小时热水量

设计小时热水量可按式（4-7）计算：

$$q_{rh} = \frac{Q_h}{1.163(t_r - t_1)\rho_r} \tag{4-7}$$

式中　q_{rh}——设计小时热水量，L/h；

　　　t_r——设计热水温度,℃；

　　　t_1——设计冷水温度,℃。

2. 设计小时供热量

当无小时热水用量变化曲线时，锅炉、水加热设备的设计小时供热量可按下列原则确定。

（1）容积式水加热器或贮热容积与其相当的水加热器、热水机组，按式（4-8）计算：

$$Q_g = Q_h - 1.163\frac{\eta V_r}{T}(t_r - t_1)\rho_r \tag{4-8}$$

式中　Q_g——容积式水加热器的设计小时供热量，W；

　　　η——有效贮热容积系数。容积式水加器 $\eta = 0.75$，导流型容积式水加热器 $\eta = 0.85$；

　　　V_r——总贮热容积，L；

　　　T——设计小时耗热量持续时间，h， $T = 2～4h$；

　　　t_r——热水温度,℃，按设计水加热器出水温度计算；

　　　t_1——冷水温度,℃。

（2）半容积式水加热器或贮热容积与其相当的水加热器、热水机组的供热量按设计小时

耗热量计算。

（3）半即热式、快速式水加热器及其他无贮热容积的水加热设备的供热量按设计秒流量计算。

3. 热媒耗量计算

（1）以蒸汽为热媒的水加热设备，蒸汽耗量按式（4-9）计算：

$$G = 3.6k\frac{Q_h}{h'' - h'}$$ （4-9）

式中 G——蒸汽耗量，kg/h；

　　Q_h——设计小时耗热量，W；

　　k——热媒管道热损失附加系数，$k=1.05\sim1.10$；

　　h''——饱和蒸汽的热焓，kJ/kg，见表 4-11；

　　h'——凝结水的焓，kJ/kg，按式（4-10）计算：

$$h' = 4.187t_{mz}$$ （4-10）

式中 t_{mz}——热媒终温，℃，应由产品样本提供，参考值见表 4-11 和表 4-12。

表 4-11　　　　　　　　　　　　　　饱和水蒸气的性质

绝对压力 /MPa	饱和水蒸气温度 /℃	热焓/(kJ/kg)		水蒸气的气化热 /(kJ/kg)
		液体	蒸汽	
0.1	100	419	2679	2260
0.2	119.6	502	2707	2205
0.3	132.9	559	2726	2167
0.4	142.9	601	2738	2137
0.5	151.1	637	2749	2112
0.6	158.1	667	2757	2090
0.7	164.2	694	2767	2073
0.8	169.6	718	2713	2055

（2）以热水为热媒的水加热设备，热媒耗量按式（4-11）计算：

$$G = \frac{kQ_h\rho_r}{1.163(t_{mc} - t_{mz})}$$ （4-11）

式中 G——热媒耗量，kg/h；

　　Q_h——设计小时耗热量，W；

　　k——热媒管道热损失附加系数，$k=1.05\sim1.10$；

t_{mc}、t_{mz}——热媒的初温与终温，℃，参考值见表 4-12 和表 4-13；

　　1.163——单位换算系数；

　　r——热水密度，kg/L。

表 4-12　　　　　　　　　　　导流型容积式水加热器主要热力性能参数

参数\热媒	传热系数 K/[W/(m²·℃)]		热媒出水温度 t_{mz}/℃	热媒阻力损失 Δh_1/MPa	被加热水水头损失 Δh_2/MPa	被加热水温升 Δt/℃
	钢盘管	铜盘管				
0.1~0.4MPa 的饱和蒸汽	791~1093	872~1204	40~70	0.1~0.2	≤0.005	≥40
		2100~2550			≤0.01	
		2550~3400			≤0.01	

参数 / 热媒	传热系数 K/[W/(m²·℃)]		热媒出水温度 t_{mz}/℃	热媒阻力损失 Δh_1/MPa	被加热水水头损失 Δh_2/MPa	被加热水温升 Δt/℃
	钢盘管	铜盘管				
70~150℃的高温水	616~945	680~1047 1150~1450 1800~2200	50~90	0.01~0.03 0.05~0.1 ≤0.1	≤0.005 ≤0.01 ≤0.01	≥35

表4-13　　　　　　容积式水加热器主要热力性能参数

参数 / 热媒	传热系数 K/[W/(m²·℃)]		热媒出水温度 T_{mz}/℃	热媒阻力损失 Δh_1 /MPa	被加热水水头损失 Δh_2/MPa	被加热水温升 Δt/℃	容器内冷水区容积（%）
	钢盘管	铜盘管					
0.1~0.4MPa的饱和蒸汽	689~1756	814~872	≤100	≤0.1	≤0.005	≥40	25
70~150℃的高温水	926~349	348~407	60~120	≤0.03	≤0.005	≥23	25

【单项设计训练1】 某宾馆内有260张床位，130套客房，客房内均设专用卫生间，内有浴盆、脸盆各1件。全日制集中供应热水，加热器出口温度为70℃，当地冷水温度为10℃。采用容积式加热器，以蒸汽为热媒，蒸汽压力0.2MPa（表压），蒸汽的汽化潜热 $\gamma_n = 2167$ kJ/kg，用水量标准 $q_r = 150$ L/(人·d)（60℃），小时变化系数 $K_h = 5.61$，热水温度 $t_r = 60$℃时，水的密度 $\rho_r = 0.983$ kg/L，求设计小时耗热量 Q_h，设计小时热水量 Q_r，热媒耗量 G。

解：（1）设计小时耗热量。

$$Q_h = K_h \frac{mq_r c(t_r - t_1)\rho_r}{86\,400} = 5.61 \times \frac{260 \times 150 \times 4187(60-10) \times 0.983}{86\,400} \text{W} = 521\,123\text{W}$$

（2）加热器出口温度为70℃，查表，密度为0.978kg/L。

$$Q_r = \frac{Q_h}{1.163(t_r - t_1)\rho_r} = \frac{521\,123}{1.163(70-10)0.978} \text{L/h} = 7636\text{L/h}$$

（3）$G = 3.6k \dfrac{Q_h}{(h'' - h')} = 3.6 \times 1.1 \dfrac{521\,123}{2167} \text{kg/h} = 952.3\text{kg/h}$

【单项设计训练2】 某住宅楼共80户，每户按3.5人计，采用定时集中热水供应系统，热水用水定额按80L/(人·d)计（60℃），$\rho = 0.98$kg/L，冷水温度按10℃计，$\rho = 1.00$kg/L。每户设有两个卫生间，一个厨房，每个卫生间内设浴盆（带淋浴器）一个，小时用水量为300L/h，水温为40℃，同时使用的百分数为70%，密度为0.99kg/L；洗手盆一个，小时用水量为30L/h，水温为30℃，同时使用的百分数为50%，密度为1.00kg/L；大便器一个；厨房设洗涤盆一个，小时用水量为180L/h，水温为50℃，同时使用的百分数为70%，密度为0.99kg/L。计算该住宅楼的最大小时耗热量。

解：（1）设计规定。计算方法：定时供应热水按同时给水百分数法；计算范围：住宅只计卫生间；住宅厨房不计；每户2个卫生间只计1个；卫生间内只计浴盆，洗脸盆不计。

（2）最大小时耗热量：

$$Q_h = \sum \frac{q_h(t_r - t_1)\rho_r N_0 b C}{3600} = \frac{80 \times 300 \times (40-10) \times 0.7 \times 4187 \times 0.98}{3600} W = 574\,456W$$

五、第一循环管网水力计算

热水管网的水力计算包括第一循环管网即热媒管网和第二循环管网即热水配水管网的水利计算。

1. 热水配水管网计算

热水配水管网计算的目的是确定管径和水头损失。计算的方法与室内给水系统管网的计算方法相同，但也有一些区别，主要为水温高，管内易结垢，粗糙系数增大，因而水头损失的计算公式不同，应查热水管水力计算表，见表4-14。管内的允许流速为 $0.6 \sim 0.8 m/s$（DN $\leqslant 25mm$ 时）和 $0.8 \sim 1.5 m/s$（DN $> 25mm$ 时），对噪声要求严格的建筑物可取下限。最小管径不宜小于20mm。

表4-14 热水管水力计算表（$t = 60℃$ $\delta = 1.0mm$）

流量		DN15		DN20		DN25		DN32		DN40		DN50		DN70		DN80		DN100	
L/h	L/s	R	v	R	v	R	v	R	v	R	v	R	v	R	v	R	v	R	v
360	0.10	169	0.75	22.4	0.35	5.18	0.2	1.18	0.12	0.484	0.084	1.129	0.051	0.032	0.03	0.011	0.02	0.003	0.012
540	0.15	381	1.13	50.4	0.53	11.7	0.31	2.65	0.17	1.09	0.125	0.29	0.076	0.072	0.045	0.025	0.031	0.006	0.018
720	0.20	678	1.51	89.7	0.7	20.7	0.41	4.72	0.23	1.94	0.17	0.515	0.1	0.127	0.06	0.045	0.041	0.011	0.024
1080	0.30	1526	2.26	202	1.06	46.6	0.61	10.6	0.35	4.26	0.25	1.16	0.15	0.287	0.09	0.101	0.061	0.025	0.036
1440	0.40	2713	3.01	359	1.41	82.9	0.81	18.9	0.47	7.74	0.33	2.06	0.2	0.51	0.12	0.179	0.082	0.045	0.048
1800	0.50	4239	3.77	560	1.76	129	1.02	29.5	0.53	12.1	0.42	3.22	0.25	0.796	0.15	0.28	0.1	0.058	0.06
2160	0.60	—	—	807	2.21	186	1.22	42.5	0.7	17.4	0.5	4.64	0.31	1.15	0.18	0.403	0.12	0.098	0.072
2520	0.70	—	—	1099	2.47	254	1.43	57.8	0.82	23.7	0.59	6.31	0.36	1.56	0.21	0.549	0.14	0.133	0.084
2880	0.80	—	—	1435	2.82	332	1.63	75.5	0.93	31	0.67	8.24	0.41	2.04	0.24	0.717	0.16	0.174	0.096
3600	1.0	—	—	2242	2.53	518	2.04	118	1.17	48.4	0.84	12.9	0.51	3.18	0.3	1.12	0.2	0.272	0.12
4320	1.2	—	—	—	—	746	2.44	170	1.4	69.7	1.00	18.5	0.61	4.59	0.36	1.61	0.24	0.393	0.14
5040	1.4	—	—	—	—	1016	2.85	231	1.61	94.9	1.17	25.2	0.71	6.24	0.42	2.19	0.29	0.534	0.17
5760	1.6	—	—	—	—	1326	3.26	302	1.87	124	1.34	32.9	0.81	8.15	0.48	2.87	0.33	0.698	0.19
6480	1.8	—	—	—	—	—	—	382	2.1	157	1.51	41.7	0.92	10.3	0.54	6.63	0.37	0.883	0.22
7200	2.0	—	—	—	—	—	—	472	2.34	194	1.67	51.5	1.02	12.7	0.6	4.48	0.41	1.09	0.24
7920	2.2	—	—	—	—	—	—	520	2.45	213	1.71	56.8	1.07	14	0.63	4.94	0.43	1.2	0.25
8280	2.4	—	—	—	—	—	—	680	2.81	279	2.01	74.2	1.22	18.3	0.72	6045	0.49	1.57	0.29
9360	2.6	—	—	—	—	—	—	798	3.04	327	2.18	87	1.32	21.5	0.87	7.57	0.53	1.84	0.31
10 080	2.8	—	—	—	—	—	—	925	3.27	379	2.34	101	1.43	25	0.84	8.78	0.57	2.14	0.34
10 800	3.0	—	—	—	—	—	—	—	—	436	2.15	116	1.53	28.7	0.9	10.1	0.61	2.45	0.36
11 520	3.2	—	—	—	—	—	—	—	—	496	2.68	132	1.63	32.6	0.96	11.5	0.65	2.79	0.38
12 240	3.4	—	—	—	—	—	—	—	—	559	2.85	149	1.73	36.8	1.02	13	0.69	3.15	0.41
12 960	3.6	—	—	—	—	—	—	—	—	627	3.01	167	1.83	41.3	1.08	14.5	0.73	3.53	0.43

流量		DN15		DN20		DN25		DN32		DN40		DN50		DN70		DN80		DN100	
L/h	L/s	R	v	R	v	R	v	R	v	R	v	R	v	R	v	R	v	R	v
13 680	3.8	—	—	—	—	—	—	—	—	736	3.26	196	1.99	48.4	1.17	17	0.8	4.15	0.47
14 400	4.0	—	—	—	—	—	—	—	—	774	3.35	206	2.04	50.9	1.2	17.9	0.82	4.36	0.48
15 120	4.2	—	—	—	—	—	—	—	—	—	—	227	2.14	56.2	1.26	19.8	0.81	4.81	0.5
15 840	4.4	—	—	—	—	—	—	—	—	—	—	250	2.24	61.7	1.33	21.7	0.9	5.28	0.53
16 560	4.6	—	—	—	—	—	—	—	—	—	—	273	2.34	67.4	1.38	23.7	0.94	5.97	0.55
17 280	4.8	—	—	—	—	—	—	—	—	—	—	297	2.44	73.4	1.44	25.8	0.98	6.28	0.58
18 000	5.0	—	—	—	—	—	—	—	—	—	—	322	2.55	79.6	1.51	28	1.02	6.81	0.6
18 720	5.2	—	—	—	—	—	—	—	—	—	—	348	2.65	86.1	1.57	30.3	1.06	7.37	0.62
19 440	5.4	—	—	—	—	—	—	—	—	—	—	376	2.75	92.9	1.63	32.7	1.1	7.95	0.65
20 160	5.6	—	—	—	—	—	—	—	—	—	—	404	2.85	99.9	1.69	35.1	1.14	8.55	0.67
20 880	5.8	—	—	—	—	—	—	—	—	—	—	434	2.95	107	1.75	37.7	1.18	9.17	0.7
21 600	6.0	—	—	—	—	—	—	—	—	—	—	464	3.06	115	1.81	40.3	1.22	9.81	0.72
22 320	6.2	—	—	—	—	—	—	—	—	—	—	495	3.16	122	1.87	43	1.26	10.5	0.74
23 040	6.4	—	—	—	—	—	—	—	—	—	—	528	3.26	130	1.93	45.9	1.3	11.2	0.77
24 480	6.8	—	—	—	—	—	—	—	—	—	—	596	3.46	147	2.05	51.8	1.39	12.6	0.82
25 200	7.0	—	—	—	—	—	—	—	—	—	—	632	3.56	156	2.11	54.9	1.43	13.4	0.84
25 920	7.2	—	—	—	—	—	—	—	—	—	—	—	—	165	2.17	58.1	1.47	14.1	0.86
26 640	7.4	—	—	—	—	—	—	—	—	—	—	—	—	174	2.23	61.3	1.51	14.9	0.89
27 360	7.6	—	—	—	—	—	—	—	—	—	—	—	—	184	2.29	64.7	1.55	15.7	0.91
28 080	7.8	—	—	—	—	—	—	—	—	—	—	—	—	194	2.35	68.1	1.59	16.6	0.94
28 800	8.0	—	—	—	—	—	—	—	—	—	—	—	—	204	2.41	71.7	1.63	17.5	0.96
29 520	8.2	—	—	—	—	—	—	—	—	—	—	214	2.47	75.3	1.67	18.3	0.98

（1）自然循环回水管网的计算。

1）热水配水管网各管段的热损失按式（4-12）计算：

$$q_s = 1.163 \pi DLK(1-\eta)\left(\frac{t_c + t_z}{2} - t_j\right) \tag{4-12}$$

式中　q_s——计算管段热损失，W；

D——管道外径，m；

L——管段长度，m；

K——无保温层管道的传热系数，W/(m²·℃)，一般取 2.8W/(m²·℃)；

η——保温系数，一般采用 0.6～0.8，无保温层时 $\eta=0$；

t_c——管段起点热水温度，℃；

t_z——管段终点热水温度，℃；

t_j——管段外壁周围空气的平均温度，可按表 4-15 确定。

表 4-15 管段周围空气温度

管道敷设情况	t_k 值/℃	管道敷设情况	t_k 值/℃
采暖房间内，明管敷设	18～20	不采暖房间的地下室内	5～10
采暖房间内，暗管敷设	30	室内地下管沟内	35
不采暖房间的顶棚内	可采用一月份的平均气温		

t_z 可按式（4-13）计算：

$$t_z = t_c - \Delta t \sum f \tag{4-13}$$

式中　　t_c——计算管段起点水温，℃；

　　　　t_z——计算管段终点水温，℃。

　　　　Δt——配水管网中的面积比温降，℃/m^2，按式（4-14）计算；

　　　　$\sum f$——计算管段的散热面积，m^2，可查表 4-16。

表 4-16 钢管外表面积

管径 DN/mm	20	25	32	40	50	70	80	100	125
外径/mm	26.75	33.5	42.25	48	60	75.5	88.5	114	140
外表面积/m^2	0.084	0.105 2	0.132 7	0.150 8	0.188 5	0.237 2	0.278 0	0.358 1	0.439 6

$$\Delta t = \frac{\Delta T}{F} \tag{4-14}$$

式中　　ΔT——配水管网起点和终点水温差，℃，一般 $\Delta T = 5～15$℃；

　　　　F——计算管路配水管网的总外表面积，m^2。

2）全天供应热水系统的循环流量，按式（4-15）计算。

$$q_x = \frac{Q_s}{1.163 \Delta T} \tag{4-15}$$

式中　　q_x——循环流量，L/h；

　　　　Q_s——配水管道系统的热损失，W，经计算确定，一般采用设计小时耗热量的 3%～5%；

　　　　Δt——配水管道的热水温差，℃，根据系统大小确定，一般可采用 5～10℃。

3）上行下给式管网的压力值按式（4-16）计算：

$$H_{zr} = \Delta h(\gamma_1 - \gamma_2) \tag{4-16}$$

式中　　H_{zr}——第二循环管网自然循环产生的压力值，Pa；

　　　　Δh——热水贮水罐的中心与上行横干管管段中心的标高差，m；

　　　　γ_1——最远处立管管段中心点的水的重度，N/m^3；

　　　　γ_2——配水立管管段中点的水的重度，N/m^3。

4）下行上给式管网的压力值按式（4-17）计算：

$$H_{zr} = (\Delta h - \Delta h_1)(\gamma_3 - \gamma_4) + \Delta h_1(\gamma_5 - \gamma_6) \tag{4-17}$$

式中　　Δh——热水贮水罐的中心与上行横干管管段中心的标高差，m；

　　　　Δh_1——锅炉或水加热器的中心至立管底部的标高差，m；

　　　　γ_3、γ_4——最远处回水立管和配水立管管段中点水的重度，N/m^3；

γ_5、γ_6——锅炉或水加热器至立管底部回水管和配水管管段中点水的度重，N/m³。

自然循环的压力值还应满足式（4-18）要求：

$$H_{zr} \geqslant 1.35(H_{hx} + H_j) \tag{4-18}$$

式中 H_{hx}——循环流量通过配水管网和回水管网计算管路的总水头损失，Pa，按式（4-19）计算；

H_{zr}——自然循环的压力水头，mmH₂O；

H_j——水加热器的水头损失，Pa，为沿程水头损失和局部水头损失之和，按式（4-20）计算：

$$H_{hx} = H_p + H_h \tag{4-19}$$

式中 H_p——循环流量通过配水计算管路的沿程和局部水头损失，Pa；

H_h——循环流量通过回水计算管路的沿程和局部水头损失，Pa。

水加热器的水头损失 H_j 应为沿程水头损失和局部水头损失之和，按式（4-20）计算：

$$H_j = 9810\left(\lambda \frac{L}{d_j} + \sum \xi\right)\frac{v^2}{2g} \tag{4-20}$$

式中 λ——管道沿程阻力系数；

L——被加热水的流程长度，m；

d_j——传热管计算管径，m；

ξ——局部阻力系数；

v——被加热水的流速，m/s；

g——重力加速度，m/s²，$g = 9.81$m/s²。

若按式（4-16）、式（4-17）计算出的 H_{zr} 值不能满足式（4-18）的要求时，若相差不大，可用适当放大管径的方法来加以调整；若相差太大，则应加循环泵，采用机械循环方式。

（2）机械循环管网计算。

1）全日机械循环热水系统计算其热损失的计算、管径确定、循环流量的分配及水头损失计算的方法、步骤与自然循环系统完全相同。区别在于为保证配水的安全可靠和循环不被破坏，需增加循环附加流量。附加流量可不再进行详细地水力计算，可按式（4-21）计算出循环水泵的扬程：

$$H_b \geqslant \left(\frac{q_x + q_f}{q_x}\right)H_P + H_h + H_j \tag{4-21}$$

式中 H_b——循环水泵的扬程，kPa；

q_x——配水管网总循环，L/h；

q_f——循环附加流量，L/h，一般取计算小时用水量的 15%；

H_P——循环流量通过配水计算管路的沿程和局部水头损失，Pa；

H_h——循环流量通过回水计算管路的沿程和局部水头损失，Pa；

H_j——水加热器中热水的水头损失，Pa。

水泵的出水量应为总循环流量和附加流量之和，即 $Q \geqslant q_x + q_f$。

2）定时机械循环热水系统计算与全日系统的区别在于热水供应之前加热设备提前工作，循环泵先将管网中的全部冷水进行循环，直到水温满足要求为止，此系统热水供应较集中，可不考虑配水循环问题。

循环泵的出水量可按式（4-22）计算：

$$Q \geqslant \frac{V}{T} \qquad (4-22)$$

式中　Q——循环泵的出水量，L/h；

　　　V——热水系统的水容积，L，但不包括无回水管的管段和加热设备、贮水器、锅炉的容积；

　　　T——热水循环管道系统中全部水循环一次所需时间，h，一般取 0.25～0.5h。

循环泵的扬程按式（4-23）计算：

$$H_b \geqslant H_p + H_h + H_j \qquad (4-23)$$

2. 热媒管网的水力计算

（1）热媒为热水。根据已经算出的热媒耗量、热媒在供水和回水管中的控制流速 $v \leqslant 1.2m/s$、每米管长的沿程水头损失的控制范围 $R = 5\sim10mmH_2O/m$，由热媒管道水力计算表查出供水和回水管管径和单位管长的沿程水头损失，再计算总水头损失。

（2）热媒为高压蒸汽。

1）蒸汽管和凝结水管的水力计算。根据不同加压方式计算出的热媒耗量、蒸汽管道的允许流速（见表 4-17）和相应的比压降，查蒸汽管道管径计算表确定蒸汽管和凝结水管的管径和水头损失。

表 4-17　　　　　　　　　　　　　高压蒸汽管道常用流速

管径/mm	15～20	25～32	40	50～80	100～150	≥200
流速/(m/s)	10～15	15～20	20～25	25～35	30～40	40～60

2）余压凝结水管的水力计算。凝结水利用通过疏水器后的余压输送到凝结水箱，先计算出余压凝结水管段的计算热量，按式（4-24）计算：

$$Q_j = 1.25Q_h \qquad (4-24)$$

式中　Q_j——余压凝结水管段的计算热量，W；

　　　Q_h——设计小时耗热量，W。

在加热器至疏水器之间的管段中为汽水混合的两相流动，其管径按通过的设计小时耗热量查表 4-18 确定。

表 4-18　　　　　　由加热器至疏水器间不同管径通过的小时耗热量　　　　　　（W）

DN/mm	15	20	25	32	40	50	70	80	100	125	150
小时耗热量/W	33 494	108 857	167 472	355 300	460 548	887 602	2 101 774	3 089 232	4 814 820	7 871 184	17 835 768

六、加热设备的加热面积

【单项设计训练 3】 某旅馆集中热水供应系统采用 2 台导流型容积式水加热器制备热水。设计参数为：热损失系数 $C_r = 1.15$，换热量 $Q_z = 1080kW$，热媒为 0.4MPa 饱和蒸汽，初温为 151.1℃，终温为 60℃，热媒与被加热水的算术温度差为 70.6℃，对数温度差为 68.5℃，传热系数为 1500W/(m²·℃)，传热影响系数为 0.8，计算出每台水加热器的换热面积。

解： $$F_{jr} = \frac{C_r Q_Z}{\varepsilon K \Delta t_j} = \frac{1.15 \times 1\,080\,000}{0.8 \times 1500 \times 70.6} m^2 = 14.66 m^2$$

则每台水加热器的面积为： $F_{jr}/2=7.33\text{m}^2$

【单项设计训练4】 某酒店设有集中热水供应系统，采用立式半容积式水加热器，最大小时使用60℃的热水10 600L/h，冷水温度为10℃，水加热器热水出水温度为60℃，密度为0.983kg/L，热媒蒸汽的压力为0.4MPa（表压），饱和蒸汽温度为151.1℃，热媒凝结水温度为75℃，热水供应系统的热损失系数采用1.1，水垢和热媒分布不均匀影响传热效率系数采用0.6，应选用容积为1.0m³，传热系数为1500W/(m²·℃)，盘管传热面积为5.1m²的热交换器几个。

解：1）求设计小时耗热量：

$$Q_h = \frac{q_{rh}c(t_r-t_1)\rho_r}{3600} = \frac{10\ 600 \times 4187 \times (60-10) \times 0.983}{3600}\text{W} = 605\ 911\text{W}$$

2）求计算温差。因半容积式水加热器有贮热容积，按算术平均温差计算：

$$\Delta t_j = \frac{t_{mc}-t_{mz}}{2} - \frac{t_c+t_z}{2} = \left(\frac{151.1+75}{2} - \frac{60+10}{2}\right)\text{℃} = 78.05\text{℃}$$

3）求换热面积：

$$F_{jr} = \frac{C_r Q_z}{\varepsilon K \Delta t_j} = \frac{1.1 \times 605\ 911}{0.6 \times 1500 \times 78.05}\text{m}^2 = 9.49\text{m}^2$$

4）求贮热容积：

$$V = \frac{0.06 Q_h t}{(t_r-t_1)c\rho_r} = \frac{0.06 \times 605\ 911 \times 15}{(60-10) \times 4187 \times 0.983}\text{m}^3 = 2.65\text{m}^3$$

5）确定加热器个数。按换热面积需要的立式半容积式水加热器数量：

$$n = \frac{9.49}{5.1} = 1.86$$

取2个。

按贮热容积，半容积式水加热器的容积附加系数 $\alpha=0$，所以按贮热容积计算需要的立式半容积式水加热器数量：

$$n = \frac{(1+\alpha) \times 2.65}{1.0} = 2.65$$

取3个。

同时考虑换热器面积和贮热容积，需要3个热交换器。

七、加热设备的贮热容积

某建筑定时供应热水，设半容积式加热器，采用上行下给机械全循环供水方式，经计算，配水管网总容积277L，其中管网热水可以循环流动的配水管管道容积为176L，回水管管道容积为84L，半容积式加热器的容积2000L，问循环流量最大为多少？

解：1）具有循环作用的管网水的容积：

$$V=(176+84)L=260L$$

2）因定时热水供应系统的热水循环流量按每小时将管网中的水循环2～4次，则管网最大循环流量为：$Q_h=260\times4\text{L/h}=1040\text{L/h}$。

八、第二循环管网水力计算

第二循环管网自然循环产生的压力值 H_{xr}（Pa）的计算：

1）上行下给式管网：

$$H_{xr} = \Delta h(\gamma_1 - \gamma_2) \tag{4-25}$$

式中　Δh——热水贮水罐的中心与上行横干管管段中心的标高差，m；

γ_1——最远处立管管段中心点的水的重度，N/m^3；

γ_2——配水立管管段中点的水的重度，N/m^3。

2）下行上给式管网：

$$H_{xr} = (\Delta h - \Delta h_1)(\gamma_3 - \gamma_4) + \Delta h_1(\gamma_5 - \gamma_6) \tag{4-26}$$

式中　Δh_1——锅炉或水加热器的中心至立管底部的标高差，m；

γ_3、γ_4——最远处回水立管和配水立管管段中点水的重度，N/m^3；

γ_5、γ_6——锅炉或水加热器至立管底部回水管和配水管管段中点水的重度。

第二循环管网自然循环产生的压力值 H_{zr} 还应满足式（4-27）要求：

$$H_{zr} \geqslant 1.35(H_{px} + H_j) \tag{4-27}$$

式中　H_{px}——循环流量通过配水管网和回水管网计算管路的总水头损失，Pa，按式（4-28）
计算：

$$h_{px} = h_p + h_x \tag{4-28}$$

h_p——循环流量通过配水管网的压力损失，Pa；

h_x——循环流量通过回水管网的压力损失，Pa；

H_j——水加热器的水头损失，Pa，按式（4-20）算：

$$H_j = 9810\left(\lambda \frac{L}{d_j} + \sum \xi\right)\frac{v^2}{2g} \tag{4-29}$$

若按式（4-26）、式（4-27）计算出的 H_{xr} 值不能满足式（4-28）要求时，如相差不大，可用适当放大管径的方法来加以调整；若相差太大，则应加循环泵，采用机械循环方式。

【单项设计训练5】 某酒店设有集中热水供应系统，全天供应热水，有 350 个床位，员工 210 人，冷水温度为 10℃，水加热器出水温度为 60℃，密度为 0.983kg/L，热水供水末端水温为 50℃，用简化方法计算系统循环流量至少是多少 m^3/h。

解： 1）根据题意求设计小时耗热量。

耗热量计算范围：只计客房，不计员工；

热水用水定额查表 3-4，取下限 120L/（床·d）（60℃）；

查表 3-8，用插值法求热水小时变化系数 $K_h = 5.61 - \dfrac{5.64 - 4.97}{450 - 300} \times (350 - 300) = 5.4$

因全天供应热水，则设计小时耗热量为：

$$Q_h = K_h \frac{mq_r c(t_r - t_1)\rho_r}{86\,400} = 5.61 \frac{350 \times 120 \times 4187 \times (60 - 10) \times 0.983}{86\,400}W = 540\,202W$$

2）求配水管的管道热损失。因用简化方法计算系统循环流量，按设计规范给定的设计小时耗热量的 3%～5% 计算，取下限 3%，则

$$Q_s = 3\% Q_h = 540\,202W \times 3\% = 16\,206W$$

3）系统总循环流量　$q_x = \dfrac{Q_s}{1.163\Delta t} = \dfrac{16\,206}{1.163(60 - 50)}L/h = 1393.5L/h$

【单项设计训练6】 某宾馆客房有 300 个床位，热水当量总数 $N=289$，有集中热水供应，全天供应热水，热水用水定额取平均值，设导流型容积式水加热器，热媒冷水温度为 10℃，密度为 1.00kg/L；设计小时耗热量的持续时间取 3h，试计算：①设计小时耗热量；②设计小时热水量（60℃）；③贮热总容积；④设计小时供热量（若将水加热器改为半容积式或半即热式，其余同，试计算以上内容）。

解：（1）按原安装方式时。

1）计算热水用水定额，取客房热水用水定额的平均值：

$$q_r = \frac{120+160}{2} = 140\text{L/（床 • d）}$$

2）计算设计小时耗热量查表 4-9，热水小时变化系数 $K_h=5.61$，根据题意：

$$Q_h = K_h \frac{mq_r c(t_r - t_1)\rho_r}{86\,400} = 5.61 \times \frac{300 \times 140 \times 4187(60-10) \times 0.983}{86\,400}\text{W} = 561\,209\text{W}$$

3）计算设计小时热水量：

$$q_{rh} = \frac{Q_h}{1.163(t_r - t_1)\rho_r} = \frac{561\,209}{1.163(60-10) \times 0.983}\text{L} = 9818\text{L}$$

4）计算贮热容积。根据题意查表 3-15，得贮热时间为≥30min，则：

$$V = \frac{0.06 Q_h t}{(t_r - t_1)c\rho_r} = \frac{0.06 \times 561\,209 \times 30}{(60-10) \times 4187 \times 0.983}\text{m}^3 = 4.91\text{m}^3$$

5）确定贮热总容积。导流型容积式水加热器的容积附加系数 $\alpha=10\%\sim15\%$，取 15%，则贮热总容积：

$$V_Z = （1+15\%） \times 4.91\text{m}^3 = 5.65\text{m}^3$$

6）计算设计小时供热量：

$$Q_g = Q_h - 1.163 \frac{\eta V_r}{T}(t_r - t_1)\rho_r = 561\,209 - 1.163 \frac{0.85 \times 5.65 \times 1000}{3} \times (60-10) \times 0.983\text{W}$$
$$= 469\,703\text{W}$$

（2）若将水加热器改为半容积式：贮热时间为≥15min，不考虑容积附加系数，其余计算相同：

$$V = \frac{0.06 Q_h t}{(t_r - t_1)c\rho_r} = \frac{0.06 \times 561\,209 \times 15}{(60-10) \times 4187 \times 0.983}\text{m}^3 = 2.45\text{m}^3$$

半容积式水加热器的设计小时供热量等于设计小时耗热量，即 $Q_g = Q_h = 561\,209\text{W}$。

（3）若将水加热器改为半即热式，其贮热容积很小可忽略不计，$V=0$，其设计小时供热量按热水设计秒流量计算，方法同生活给水系统，按平方根法计算设计秒流量，取系数 α 为 2.5，则：$q_r = 0.2\alpha\sqrt{289} = 8.5\text{L/s}$，设计小时供热量为：$Q_g = q_g(t_r - t_1)c\rho_r = 8.5 \times (60 - 10) \times 4178 \times 0.983\text{W} = 1\,749\,224\text{W}$。

九、热水供应系统设计训练

【综合设计训练】

1. 设计任务

根据有关部门批准的设计任务书，拟在东北某市建一家 11 层综合宾馆，建筑面积约

3620m², 建筑高度为 40.4m, 地下 1 层为水泵房及储水池、地上 1 层为前台接待、快餐厅和商场; 2 层为餐厅和包间; 3 层为 KTV 包房; 4～8 层为客房, 9 层为客房和会议室, 10～11 层为普通办公室和会议室, 12 层为屋顶水箱间及电梯机房, 如图所示为宾馆建筑断面示意图。要求给排水工程设计人员完成建筑生活热水供应系统。

2. 设计基础资料

(1) 市政给水。建筑物东面有一条 DN400 的市政给水干管, 接管点比该处室外地平面低 1.5m, 常年资用压力为 0.20MPa, 楼南面有一条为 DN300 的市政给水干管, 常年资用压力为 0.18MPa, 城市给水管网不允许直接抽水。该建筑室内外的两条市政给水管道作为水源。

(2) 市政排水。该地区有污水处理厂, 城市排水体制为分流制, 无中水回用规划。室内污水排入市政下水道后进入污水处理厂处理, 屋面雨水排入城市雨水管道。

市政排水管位于建筑物的北侧, 1 根污水排水管, 管径为 DN1000, 该建筑室内外标高差为 0.6m, 该城市的冰冻深度为 1.4m。

(3) 热源条件。该综合宾馆的热源由设在地下室的导流型容积式加热器通过蒸汽换热获得取热量。将冷水加热供给 4～9 层的热水管网使用。建筑物西侧有 1 根 DN300 蒸汽管, 架空敷设, 蒸汽表压 0.80MPa。

(4) 建筑设计资料。建筑物各层平面图、立面图、剖面图以及卫生间大样。客房共有床位 160 张, 每套客房均有卫生间。公共服务用房有快餐厅、KTV、商场、会议室、办公室等。

3. 设计说明

本建筑热水只给 4～9 层客房部分使用热水采用全日制机械立管循环同程式热水供应系统, 管路图式为上行下给, 热水系统图如图 4-8 所示。

供水流程为: 变频调速供水设备→水处理仪→冷水膨胀管→导流式容积式加热器→热水管网→热水回水→热水循环泵→导流式容积式加热器。

原水水质进行除垢处理、热水机组的热水出水水温采用 70℃、配水点的最低水温为 60℃, 冷水计算温度以 8℃计。

热水配水管和回水管管材薄壁铜管, 安装、环压连接、立管、干管要保温, 保温层厚度为 25mm。波形伸缩器为不锈钢材质, 安装、维护方便。

选用 2 台热水循环泵的型号为 BG25-8 ($Q=2.5m^3/s$, $H=8m$), 一用一备。

4. 设计计算

容积式加热器的热水出水温度采用 70℃ (密度为 0.983kg/m³) 配水点的最低水温为 60℃ (由于采用机械立管循环方式、本设计取 "最低水温" 为最不利地支管和立管连接处)、

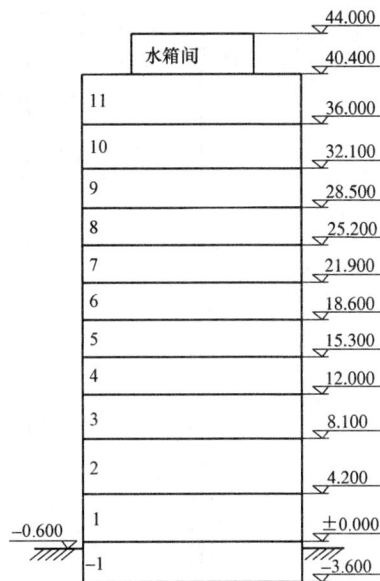

图 4-7 某旅馆建筑剖面图

44.000
40.400 水箱间
11 36.000
10 32.100
9 28.500
8 25.200
7 21.900
6 18.600
5 15.300
4 12.000
3 8.100
2 4.200
1 ±0.000
−0.600
−1 −3.600

119

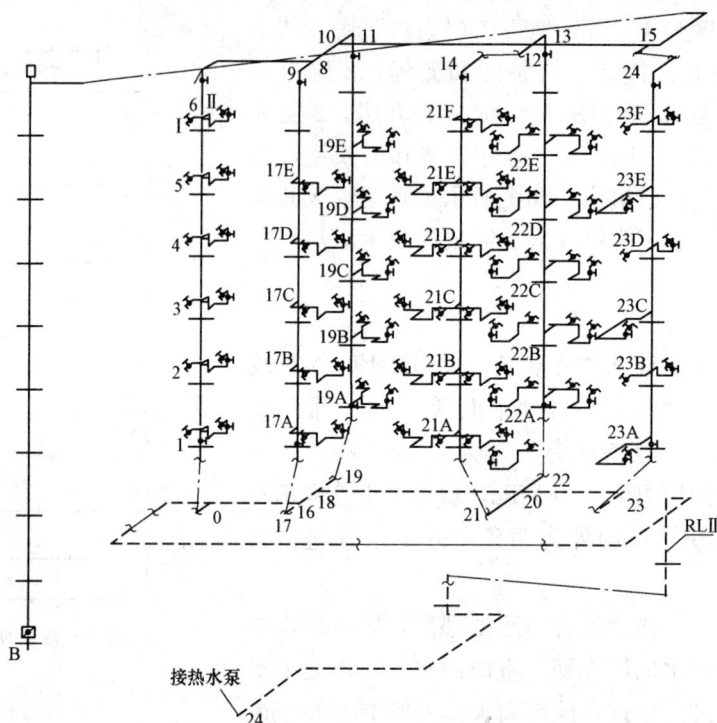

图 4-8　热水供应系统水力计算草图

冷水计算温度以 8℃计，热水供应卫生器具情况如下：每间客房供应洗脸盆（$N=0.50$）、浴盆（$N=0.10$）各一套，四、六八层服务员室仅洗脸盆一套。

（1）设计小时耗热量计算。客房的热水用水定额为 140L/(床·d)，床位数为 160 张、客房工作人员数为 18 人、每日使用时间 24h，员工用水量较少、忽略不计。

热水小时变化系数：

$$K_h = 3.33 - \left(\frac{160-150}{1200-150}\right) \times \left(\frac{140-120}{160-120}\right) \times (3.33-2.60) = 3.33$$

$$Q_h = K_h \frac{mq_r c(t_r - t_1)\rho_r}{86\ 400} = 3.33 \frac{140 \times 160 \times 4187(60-8) \times 0.983}{86\ 400} \text{kJ/h} = 6.65 \times 10^5 \text{kJ/h}$$

（2）设计小时热数量：

$$q_{rh} = \frac{Q_h}{4.187(t_r - t_1)\rho_r} = \frac{6.65 \times 10^5}{4.187(60-8) \times 0.983} \text{L/h} = 3108 \text{L/h}$$

（3）换热设备的选用。本设计采用导流型容积式加热器，查《建筑给排水设计规范》（GB 50015—2003）中 5.4.10，由于热媒为蒸汽，水加热器的贮热量大于 $30\text{min}Q_h$ 得：

$$V = \frac{0.06 Q_h t}{(t_r - t_1)c\rho_r} = \frac{30 \times 6.65 \times 10^5}{(60-8) \times 4.187 \times 1000 \times 60} \text{m}^3 = 1.53 \text{m}^3$$

该计算容积应附加 10%～20%：

$$V = 1.15 \times 1.153 \text{m}^3 = 1.76 \text{m}^3$$

（4）水配水管网计算。

1）热水管网水力计算，设计秒流量公式（$a=2.5$）：

120

$$q_{1g} = 0.2 \times 2.5 \sqrt{N_g} = 0.5 \sqrt{N_g}$$

热水管通的控制流速见表 4-19。末端压力为 0.050MPa，以最不利管线为例，进行热水系统水力计算，如图 4-8 所示为热水系统水力计算草图，计算结果见表 4-20 和表 4-21。

表 4-19   **热水管道的控制流速**

工程直径/mm	15～20	25～40	≥50
流速/(m/s)	≤0.8	≤1.0	≤1.2

表 4-20   **热水配水管路计算**

前编号	后编号	当量/N	流量/(L/s)	管径/mm	流速/(m/s)	坡度/(MPa/m)	管长/m	α值	水损/MPa	前压/MPa	后压/MPa
1	2	1.50	0.30	25	0.56	0.000 20	3.30	2.5	0.000 7	0.050 0	0.050 7
2	3	3.00	0.60	32	0.72	0.000 25	3.30	2.5	0.000 8	0.050 7	0.051 5
3	4	4.50	0.90	40	0.72	0.000 19	3.30	2.5	0.000 6	0.051 5	0.052 1
4	5	6.00	1.20	40	0.95	0.000 33	3.30	2.5	0.001 1	0.052 1	0.053 2
5	6	7.50	1.37	50	0.67	0.000 13	3.30	2.5	0.000 4	0.053 2	0.053 6
6	7	9.00	1.50	50	0.73	0.000 15	1.90	2.5	0.000 3	0.053 6	0.053 9
7	8	9.00	1.50	50	0.73	0.000 15	4.70	2.5	0.000 7	0.053 9	0.054 6
8	10	16.50	2.03	50	0.99	0.000 27	1.30	2.5	0.000 3	0.054 6	0.054 9
10	12	24.00	2.45	50	1.20	0.000 38	7.30	2.5	0.002 7	0.054 9	0.057 7
12	15	55.50	3.72	65	1.12	0.000 25	4.40	2.5	0.001 1	0.057 7	0.058 8
15	B	61.50	3.92	65	1.18	0.000 27	39.20	2.5	0.010 8	0.058 8	0.069 6
17A	17B	1.50	0.30	25	0.56	0.000 20	3.30	2.5	0.000 7	0.050 0	0.050 7
17B	17C	3.00	0.60	32	0.72	0.000 25	3.30	2.5	0.000 8	0.050 7	0.051 5
17C	17D	4.50	0.90	40	0.72	0.000 19	3.30	2.5	0.000 6	0.051 5	0.052 1
17D	17E	6.00	1.20	40	0.95	0.000 33	3.30	2.5	0.001 1	0.052 1	0.053 2
17E	9	7.50	1.37	50	0.67	0.000 13	5.20	2.5	0.000 7	0.053 2	0.053 8
9	8	7.50	1.37	50	0.67	0.000 13	0.80	2.5	0.000 1	0.053 8	0.053 9
19A	19B	1.50	0.30	25	0.56	0.000 20	3.30	2.5	0.000 7	0.050 0	0.050 7
19B	19C	3.00	0.60	32	0.72	0.000 25	3.30	2.5	0.000 8	0.050 7	0.051 5
19C	19D	4.50	0.90	40	0.72	0.000 19	3.30	2.5	0.000 6	0.051 5	0.052 1
19D	19E	6.00	1.20	40	0.95	0.000 33	3.30	2.5	0.001 1	0.052 1	0.053 2
19E	11	7.50	1.37	50	0.67	0.000 13	5.20	2.5	0.000 7	0.053 2	0.053 8
11	10	7.50	1.37	50	0.67	0.000 13	0.70	2.5	0.000 1	0.053 8	0.053 9
21A	21B	3.00	0.60	32	0.72	0.000 25	3.30	2.5	0.000 8	0.050 0	0.050 8
21B	21C	6.00	1.20	40	0.95	0.000 33	3.30	2.5	0.001 1	0.050 8	0.051 9
21C	21D	9.00	1.50	50	0.73	0.000 15	3.30	2.5	0.000 5	0.051 9	0.052 4

前编号	后编号	当量/N	流量/(L/s)	管径/mm	流速/(m/s)	坡度/(MPa/m)	管长/m	α值	水损/MPa	前压/MPa	后压/MPa
21D	21E	12.00	1.73	50	0.85	0.000 20	3.30	2.5	0.000 7	0.052 4	0.053 0
21E	21F	15.00	1.94	50	0.95	0.000 24	3.30	2.5	0.000 8	0.053 0	0.053 8
21F	14	16.50	2.03	50	0.99	0.000 27	1.90	2.5	0.000 5	0.053 8	0.054 3
14	12	16.50	2.03	50	0.99	0.000 27	2.00	2.5	0.000 5	0.054 3	0.054 9
22A	22B	3.00	0.60	32	0.72	0.000 25	3.30	2.5	0.000 8	0.050 0	0.050 8
22B	22C	6.00	1.20	40	0.95	0.000 33	3.30	2.5	0.001 1	0.050 8	0.051 9
22C	22D	9.00	1.50	50	0.73	0.000 15	3.30	2.5	0.000 5	0.051 9	0.052 4
22D	22E	12.00	1.73	50	0.85	0.000 20	3.30	2.5	0.000 7	0.052 4	0.053 0
22E	13	15.00	1.94	50	0.95	0.000 24	5.20	2.5	0.001 3	0.053 0	0.054 3
13	12	15.00	1.94	50	0.95	0.000 24	0.80	2.5	0.000 2	0.054 3	0.054 5
23A	23B	0.50	0.10	20	0.31	0.000 09	3.30	2.5	0.000 3	0.050 0	0.050 3
23B	23C	2.00	0.40	25	0.74	0.000 34	3.30	2.5	0.001 1	0.050 3	0.051 4
23C	23D	2.50	0.50	25	0.93	0.000 51	3.30	2.5	0.001 7	0.051 4	0.053 1
23D	23E	4.00	0.80	32	0.96	0.000 42	3.30	2.5	0.001 4	0.053 1	0.054 5
23E	23F	4.50	0.90	40	0.72	0.000 19	3.30	2.5	0.000 6	0.054 5	0.055 1
23F	24	6.00	1.20	40	0.95	0.000 33	1.90	2.5	0.000 6	0.055 1	0.055 7
24	15	6.00	1.20	40	0.95	0.000 33	2.10	2.5	0.000 7	0.055 7	0.056 4

表 4-21　　　　　　　　　　　　热水配水最不利支管路计算

前编号	后编号	当量/N	流量/(L/s)	管径/mm	流速/(m/s)	坡度/(MPa/m)	管长/m	α值	水损/MPa	前压/MPa	后压/MPa
Ⅰ	Ⅱ	0.50	0.10	15	0.69	0.000 63	1.70	2.5	0.001 1	0.050 0	0.051 1
Ⅱ	1	1.50	0.30	25	0.56	0.000 20	0.30	2.5	0.000 1	0.051 1	0.051 1

2）循环流量的计算。计算结果见表 4-22～表 4-25。系统总循环流量

$$q_x = \frac{Q_s}{1.163\Delta t} = \frac{37\ 438.1}{4.187 \times 10 \times 1} L/h = 774.7 L/h$$

表 4-22　　　　　　　　　　　热水配水管路热损失及循环流量计算

节点	管段编号	管长/m	管径/mm	外径/mm	展开表面积/m²	保温系数	节点水温/℃	平均水温/℃	空气温度/℃	温差/℃	热损失/(kJ/h)	循环流量/(L/h)
1	2	3	4	5	6	7	8	9	10	11	12	13
1							60					
	1～2	3.6	25	33.5	0.379	0		60.04	30	30.04	555.4	146.0
2							60.09					
	2～3	3.6	32	42.25	0.478	0		60.15	30	30.15	700.4	146.0
3							60.20					

节点	管段编号	管长/m	管径/mm	外径/mm	展开表面积/m²	保温系数	节点水温/℃	平均水温/℃	空气温度/℃	温差/℃	热损失/(kJ/h)	循环流量/(L/h)
	3~4	3.6	40	48	0.543	0		60.27	30	30.27	795.7	146.0
4							60.33					
	4~5	3.6	40	48	0.543	0		60.4	30	30.40	795.7	146.0
5							60.46					
	5~6	3.6	50	60	0.679	0		60.54	30	30.54	994.7	146.0
6							60.62					
	6~7	3.3	50	60	0.622	0		60.7	30	30.70	911.8	146.0
7							60.77					
	7~8	4	50	60	1.382	0.7		60.93	30	30.93	331.6	146.0
8							61.10					
	8~10	1.3	50	60	0.449	0.7		61.5	30	31.50	107.8	258.2
10							61.89					
	10~12	7.3	50	60	2.523	0.7		62.53	30	32.53	605.1	368.9
12							63.17					
	12~15	4.5	70	75.5	1.774	0.7		64.29	30	34.29	469.4	644.4
15							65.41					
	15~B	39.2	70	75.5	15.457	0.7		67.71	30	37.71	4088.7	774.7
B							70					

表 4-23　　　　　　　　　侧立管热损失计算表

节点	管段编号	管长/m	管径/mm	外径/mm	展开表面积/m²	保温系数	节点水温/℃	平均水温/℃	空气温度/℃	温差 Δt/℃	热损失/(kJ/h)
1	2	3	4	5	7	8	9	10	11	12	13
17A							60.41				
	17A~17B	3.6	25	33.5	0.379	0		60.46	30	30.46	555.4
17B							60.50				
	17B~17C	3.6	32	42.25	0.478	0		60.56	30	30.56	700.4
17C							60.62				
	17C~17D	3.6	40	48	0.543	0		60.68	30	30.68	795.7
17D							60.74				
	17D~17E	3.6	40	48	0.543	0		60.81	30	30.81	795.7
17E							60.87				
	17E~9	3.6	50	60	0.679	0		60.95	30	30.95	994.7
9							61.03				

节点	管段编号	管长/m	管径/mm	外径/mm	展开表面积/m²	保温系数	节点水温/℃	平均水温/℃	空气温度/℃	温差 Δt/℃	热损失/(kJ/h)
	9~8	0.8	50	60	0.276	0.7		61.07	30	31.07	66.3
8							61.10				
19A							61.21				
	19A~19B	3.6	25	33.5	0.379	0		61.26	30	31.26	555.4
19B							61.30				
	19B~19C	3.6	32	42.25	0.478	0		61.36	30	31.36	700.4
19C							61.41				
	19C~19D	3.6	40	48	0.543	0		61.48	30	31.48	795.7
19D							61.54				
	19D~19E	3.6	40	48	0.543	0		61.61	30	31.61	795.7
19E							61.67				
	19E~11	3.6	50	60	0.679	0		61.75	30	31.75	994.7
11							61.83				
	11~10	0.7	50	60	0.242	0.7		61.86	30	31.86	58.0
10							61.89				
21A							61.98				
	21A~21B	3.6	32	42.25	0.478	0		62.04	30	32.04	700.4
21B							62.10				
	21B~21C	3.6	40	48	0.543	0		62.16	30	32.16	795.7
21C							62.22				
	21C~21D	3.6	50	60	0.679	0		62.39	30	32.39	994.7
21D							62.55				
	21D~21E	3.6	50	60	0.679	0		62.63	30	32.63	994.7
21E							62.71				
	21E~21F	3.6	50	60	0.679	0		62.79	30	32.79	994.7
21F							62.87				
	21F~14	3.6	50	60	0.679	0		62.95	30	32.95	994.7
14							63.03				
	14~12	1.7	50	60	0.588	0.7		63.10	30	33.10	140.9
12							63.17				
22A							62.38				
	22A~22B	3.6	32	42.25	0.478	0		62.44	30	32.44	700.4
22B							62.49				
	22B~22C	3.6	40	48	0.543	0		62.56	30	32.56	795.7
22C							62.62				

节点	管段编号	管长/m	管径/mm	外径/mm	展开表面积/m²	保温系数	节点水温/℃	平均水温/℃	空气温度/℃	温差 Δt/℃	热损失/(kJ/h)
	22C～22D	3.6	50	60	0.679	0		62.7	30	32.70	994.7
22D							62.78				
	22D～22E	3.6	50	60	0.679	0		62.86	30	32.86	994.7
22E							62.94				
	23B～23C	3.6	25	33.5	0.379	0		64.61	30	34.61	555.4
	22E～13	3.6	50	60	0.679	0		63.02	30	33.02	994.7
13							63.10				
	13～12	0.8	50	60	0.276	0.7		63.14	30	33.14	66.3
12							63.17				
23A							64.49				
	23A～23B	3.6	20	26.75	0.302	0		64.53	30	34.53	443.5
23B							64.57				
23C							64.66				
	23C～23D	3.6	25	33.5	0.379	0		64.7	30	34.70	555.4
23D							64.75				
	23D～23E	3.6	32	42.25	0.478	0		64.8	30	34.80	700.4
23E							64.86				
	23E～23F	3.6	40	48	0.543	0		64.92	30	34.92	795.7
23F							64.99				
	23F～24	3.6	40	48	0.543	0		65.05	30	35.05	795.7
24							65.12				
	24～15	4	40	48	1.231	0.7		65.26	30	35.26	265.2
15							65.41				

表 4-24　　　　　　　　　　热水供水管路循环流量计算

前编号	后编号	管长/m	循环流量/(L/h)	循环流量/(L/s)	管径/mm	流速/(m/s)	水力坡度/(Pa/m)	压力损失/Pa
B	15	39.2	774.7	0.215 19	70	0.07	0.023	0.90
15	24	4.0	130.3	0.036 19	40	0.03	0.013	0.05
24	23F	3.6	130.3	0.036 19	40	0.03	0.013	0.05

前编号	后编号	管长/m	循环流量/(L/h)	循环流量/(L/s)	管径/mm	流速/(m/s)	水力坡度/(Pa/m)	压力损失/Pa
23F	23E	3.6	130.3	0.036 19	40	0.03	0.013	0.05
23E	23D	3.6	130.3	0.036 19	32	0.04	0.025	0.09
23D	23C	3.6	130.3	0.036 19	25	0.07	0.107	0.39
23C	23B	3.6	130.3	0.036 19	25	0.07	0.107	0.39
23B	23A	3.6	130.3	0.036 19	20	0.13	0.393	1.41
沿程水头损失总和								3.33

表 4-25　　　　　　　　　热水回水管路循环流量计算

前编号	后编号	管长/m	循环流量/(L/h)	循环流量/(L/s)	管径/mm	流速/(m/s)	水力坡度/(Pa/m)	压力损失/Pa
23A	23	2.5	130.3	0.036 19	25	0.07	0.107	0.39
23	20	3.85	130.3	0.036 19	25	0.07	0.107	0.39
20	18	7.77	405.8	0.112 72	32	0.13	0.183	1.42
18	16	1.55	516.5	0.143 47	32	0.16	0.280	0.43
16	0	3.66	628.7	0.174 64	40	0.15	0.200	0.73
0	24	61.85	774.7	0.215 19	40	0.18	0.288	17.81
沿程压力损失总和								21.17

3）确定回水管的管径表 4-26。

表 4-26　　　　　　　　　热水管网回水管管径选用表

配水管管径/mm	20～25	32	40	50	65	80	100	125	150	200
回水管管径/mm	20	20	25	32	40	40	50	65	80	100

压力损失＝1.3×(3.33+21.17)Pa＝31.85Pa（局部压力损失按沿程损失的30%）

4）循环水泵的选用。水泵流量为循环流量为 774.7L/h＝0.22L/s

水泵扬程相应的压力为 $p_b＝p_b＋p_x＝22.36kPa＋0.031kPa＝22.39kPa$

所以选用两台热水循环水泵的型号为 BG25-8（$Q＝2.5m^3/s$，$H＝8m$）

5）膨胀罐的选用。由于该建筑物日用水量大于 10m³，应设膨胀罐以吸收水加热器及热水管道中升温所产生的膨胀水量。膨胀罐选用隔膜式气压罐，设于水加热器的冷水进水管上。

膨胀罐总容积：

$$V_e ＝ (\rho_f － \rho_r)P_2/(P_2 － P_1)\rho_r V_s$$
$$＝(0.990－0.983)×0.519/(0.519－0.494)×0.983×3.53m^3＝0.522m^3。$$

课题 4 饮 水 供 应

一、管道直饮水系统

随着人民生活水平的不断提高，人们对饮用水的水质提出了更高的要求。越来越多的用户把目光投向管道直饮水。

直接饮水是"管道优质直接饮用水"的简称。即采用分质供水方式，在居住小区内设净水站或小型水厂利用深度水处理技术和设施，将自来水进一步处理，达到直接饮用的水质要求，由独立的供水管道输送到各家各户。

1. 饮水供应的类型

开水供应系统：适合用于办公楼、旅馆、大学生宿舍、军营等场所。

冷水供应系统：适用于大型娱乐场所等公共建筑以及工矿企业生产车间内。

饮用洁净水供应系统：适用于高级住宅。

2. 饮水的标准

（1）饮水水质。

1）各种饮水水质必须《生活饮用水卫生标准》（GB 5749）。

2）饮用净水水质应符合《饮用净水水质标准》（CJ 94）。

3）作为饮用的温水、生水和冷饮水，在接至饮水装置之前应进行必要的过滤或消毒处理，以防在储存和运输过程中的再次污染。

（2）饮水温度。

1）开水：应将水烧至100℃后持续3min，计算温度采用100℃。是目前我国采用较多的饮水方式。

2）温水：计算温度采用50～55℃，目前我国采用较少。

3）生水：一般为10～30℃，国外采用较多，国内一些饭店、宾馆提供此饮水系统。

4）冷饮水：一般为7～10℃，国内除工矿企业夏季劳保供应和高级饭店外，较少采用。目前在一些星级宾馆、饭店中直接为客人提供瓶装矿泉水等饮用水。

（3）饮用水量定额。饮用水量定额及小时变化系数根据建筑物的性质和地区条件，可按表4-27选用。

表中所列数据适用于开水、温水、饮用净水、冷饮水供应。但制备冷饮用水时，其冷凝器的冷却用水量不包括在内。

表4-27　　　　　　　　　　　　饮水定额及小时变化系数

建筑物名称	单位	饮水定额/L	小时变化系数 K
热车间	每人每班	3～5	1.5
一般车间	每人每班	2～4	1.5
工厂生活间	每人每班	1～2	1.5
办公楼	每人每班	1～2	1.5
集体宿舍	每人每日	1～2	1.5
教学楼	每学生每日	1～2	2.0
医院	每病床每日	2～3	1.5
影剧院	每观众每日	0.2	1.0
招待所、旅馆	每客人每日	2～3	1.5
体育馆（场）	每观众每日	0.2	1.0

注　小时变化系数 K 指开水供应时间内的变化系数。

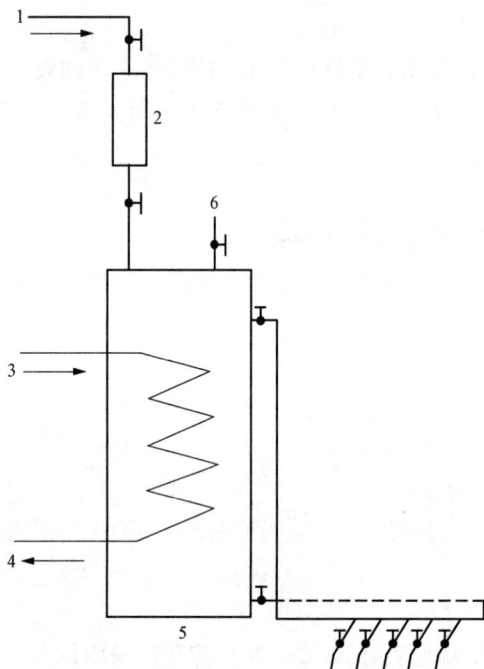

图 4-9　集中制备开水

1—给水；2—过滤器；3—蒸汽；4—冷凝水；
5—水加热器；6—安全阀

二、开水供应系统

1. 开水集中制备集中供应

在开水间集中制备开水，人们用容器取水饮用，如 4-9 图示。

2. 开水集中制备分散供应

在开水间统一制备开水，通过管道输送到开水用水点，如图 4-10 所示。管道材质要求较高，以确保水质不受污染。常用耐腐蚀，符合食品级卫生要求的薄壁不锈钢管、薄壁钢管，配水水嘴宜用旋塞。

这种系统要求加热器出水温度大于或等于 105℃，回水温度为 100℃ 为保证供水点的水循环，系统用机械循环方式，如图 4-10（a）所示；也可设于建筑物顶层用上行下给方式，如图 4-10（b）所示。

3. 开水统一热源分散制备分散供应

在建筑中把热媒送至每层，再在每层设开水间制备开水，如图 4-11 所示。

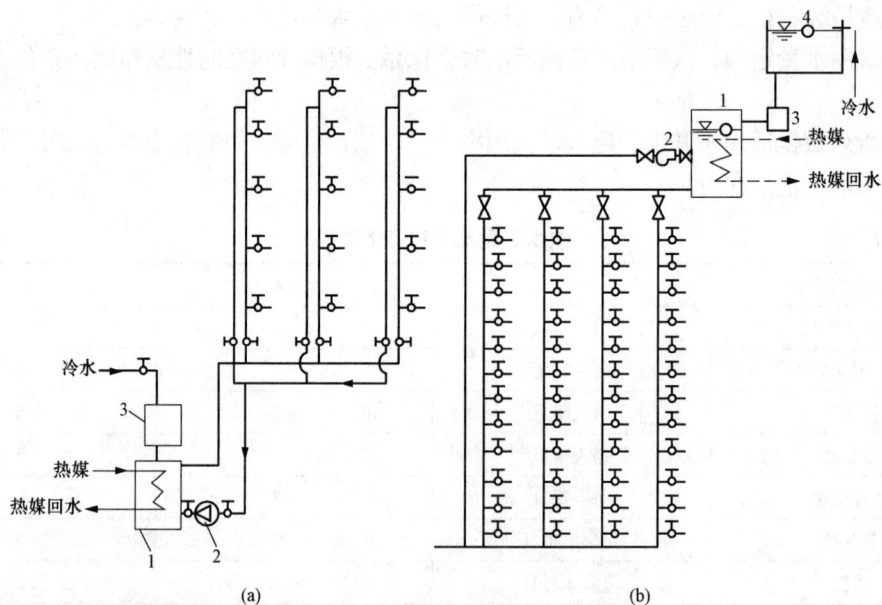

(a)　　　　　　　　　(b)

图 4-10　管道输送开水全循环方式

（a）下行上给的全循环方式；（b）上行下给的全循环方式

1—水加热器（开水器）；2—循环水泵；3—过滤器；4—高位水箱

128

4. 冷饮水集中制备分散供应

对中、小学校、体育场（馆）、车站、码头等人员流动较集中的公共场所，人们可从饮水器中直接喝水，饮水器的构造如图 4-12 所示。

冷饮水在夏季一般不加热，与自来水温度相同；在冬季，冷饮水温度一般为 35～40℃，与人体温度接近，饮用后无不适感觉。

冷饮水供应系统，应避免水流滞留影响水质，需设循环管道，循环回水应进行消毒灭菌处理，如图 4-13 所示。

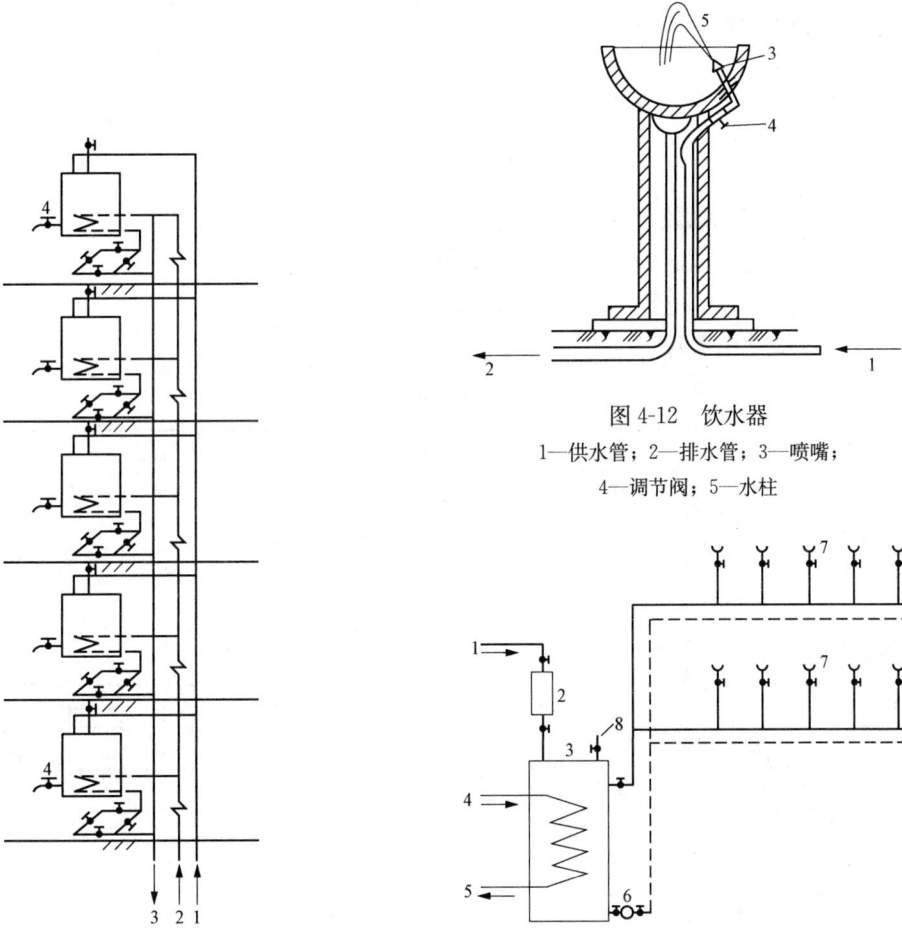

图 4-12　饮水器

1—供水管；2—排水管；3—喷嘴；
4—调节阀；5—水柱

图 4-11　开水统一热源分散制备分散供应

图 4-13　冷饮水供应系统

1—冷水；2—过滤；3—水加热器；4—蒸汽；
5—冷凝水；6—循环水；7—饮水器；8—溢流阀

三、饮水制备

1. 开水制备

集中制备开水：一种是直接加热方式，通过开水炉将生水烧开制得。常用的热源：燃煤、燃油（气）锅炉、电加热器等；另一种是间接加热方式，利用热媒制备开水。

分散制备开水：在办公室、科研楼、实验楼内，常用小型的电开水器，灵活方便，可随时满足要求。还有的设备可制备开水，同时可制备冷饮水，可根据气候变化满足人们要求。

2. 冷饮水制备

冷饮水的品种很多，常用制备方法：自来水烧开后再冷却至饮水温度；自来水经净化处理后再经水加热器加热至饮水温度；自来水经净化后直接供给用户或饮水点。天然矿泉水取自地下深部循环的地下水；自来水通过加热汽化，再冷凝后得到蒸馏水；自来水经深度预处理、主处理、后处理得到饮用洁净水自来水通过过滤、吸附离子交换、电离和灭菌等处理，分离出碱性离子水供饮用，而酸性离子水供美容。

四、饮水供应系统的水力计算

1. 设计最大小时饮用水量 q_{Emax} 计算：

$$q_{Emax} = k_k \frac{m q_E}{t} \qquad (4-30)$$

式中　k_k——小时变化系数，按表 4-28 选用；

　　　q_E——饮水定额，L/(人·d) 或 L/(床·d)；

　　　m——用水计算单位数，人数或床位数；

　　　t——供应饮用水时间，h。

表 4-28　　　　　　　　饮用水定额及小时变化系数

建筑物名称	单位	饮水定额/L	K_k	开水温度/℃
热车间	每人每班	3～5	1.5	100 (105)
一般车间		2～4		
工厂生活间				
办公楼		1～2		
集体宿舍				
教学楼	每学生每日	1～2	2.0	
医院	每病床每日	2～3	1.5	
影剧院	每观众每日	0.2	1.0	
招待所、旅馆	每客人每日	2～3	1.5	
体育场（馆）	每观众每日	0.2	1.0	
高级饭店、冷饮店、咖啡店	每小时每日	0.31～0.38	—	

2. 制备开水所需最大小时耗热量 Q_k 计算：

$$Q_k = (1.05 \sim 1.10)(t_k - t_1) q_{Emax} c \qquad (4-31)$$

式中　t_k——集中开水供应系统按 100℃ 计算，管道输送全循环系统按 105℃ 计算；

　　　t_1——冷水计算温度，按表 4-8 计算。

3. 制备冬季饮用水所需最大小时耗热量 Q_k 计算：

$$Q_k = (1.05 \sim 1.10)(t_E - t_1) q_{Emax} c \qquad (4-32)$$

式中　t_E——冬季冷饮水的温度，一般取 35～40℃。

开水供应系统和冷饮水系统管网的水力计算、设备选择的方法和步骤与热水管网相同。开水供应系统和冷饮水系统管道流速一般不超过 1.0m/s 循环管道的流速不超过 2m/s。

饮用净水系统的水力计算：水嘴额定流量宜为 0.04L/s；最低工作压力为 0.03MPa；管道流速见表 4-29；管道的沿程压力损失和局部压力损失按生活给水系统的公式和方法计算。

表 4-29 饮用净水管道流速

公称直径/mm	15～20	25～40	≥50
流速/(m/s)	≤0.8	≤1.0	≤1.2

饮用净水供应系统应选用内表面光滑、耐腐蚀、符合食品级卫生要求的薄壁不锈钢管、薄壁铜管、优质塑料管；其阀门、水表、管道连接件、密封连接件、密封材料配水水嘴等选用材质应符合食品级卫生要求，与管材匹配；高层建筑饮用净水系统应竖向分区，各分区最低处配水点的静水压不宜大于 0.35MPa，且不得大于 0.45MPa。

能力拓展训练

一、思考题

1. 热水供应系统的水温如何确定？

2. 热水供应系统的水量如何确定？

3. 建筑内部热水供应系统可分为哪几类，各有何特点？

4. 热水配水管网水力计算与给水管网的计算有何异同？

5. 附加流量和循环流量的作用是什么？

6. 如何确定凝结水管管径？

二、填空题

1. 热水供应系统可分为_____、_____和_____三类。

2. 热水配水系统中热水的供应方式有_____、_____和_____。

3. 热水管网的管道布置可分为_____和_____等布置形式。

4. 新疆地区按现行的《室内给水设计规范》规定属于第_____分区，冷水计算温度应为_____℃。

5. 热水加热方式可分为_____和_____两种。

6. 热水供应系统中常用的间接加热设备有_____、_____、_____和_____。

7. 饮水供应系统主要有_____、_____、_____三类。

8 饮用水有_____、_____、_____和_____等供应方式。

9. 饮水（开水）制备有_____和_____两种方式。

三、判断题（正确的打"√"，错误的打"×"）

1. 集中热水供应系统加热前水质是否需要软化处理，应根据水质、水量、水温、使用要求等因素经技术经济比较确定。（   ）

2. 日用水量大于 10m³（按 60℃计算），且原水硬度（CaCO₃计）大于 357mg/L 时，热水供应系统都必须进行水质处理。（   ）

3. 容积式加热器与快速式水加热器所需供给的热量相当。（   ）

4. 热水配水管网的最小管径不宜小于 20mm。（   ）

5. 冷饮水供应系统，需设循环管道，循环回水也应进行消毒灭菌处理。（   ）

6. 开水集中制备分散供应系统要求加热器的出水温度不低于 100℃，为保证供水点的水循环，系统采用机械循环方式。（   ）

四、单项选择题（将正确答案的序号填入括号内）

1. 锅炉或水加热器出口水温与系统最不利点的水温差一般为（   ）。

    A. 5～10℃   B. 5～15℃   C. 10～15℃   D. 10～20℃

2. 下列关于机械循环热水供应系统与自然循环热水供应系统的叙述中，错误的是（   ）。

    A. 两者的循环动力来源不同；

    B. 自然循环热水供应系统利用热动力差进行循环；

    C. 机械循环热水供应系统利用配水管网的给水泵的动力进行循环；

    D. 自然循环热水供应系统中不设循环泵。

3. 一旅馆内设客房、洗衣房、游泳池及健身娱乐设施，设集中热水供应系统，24 小时供应热水，其设计小时耗热量按（   ）计算。

    A. 客房最大小时耗热量加洗衣房、游泳池及健身娱乐设施平均小时耗热量；

    B. 客房、洗衣房最大小时耗热量加游泳池及健身娱乐设施平均小时耗热量；

    C. 客房最大小时耗热量加洗衣房、游泳池及健身娱乐设施最大小时耗热量；

    D. 客房平均小时耗热量加洗衣房、游泳池及健身娱乐设施平均小时耗热量。

4. 某建筑采用半即热式水加热器供应生活热水，热媒为 0.2MPa（表压）的饱和蒸汽，热媒的终温为 70℃，被加热水的初温为 15℃，终温为 60℃，则水加热器热媒与被加热水的计算温度差为（   ）。

    A. 58.3℃   B. 63.8℃   C. 61.5℃   D. 59.3℃

5. 在冬季，冷饮水温度一般宜为（   ）。

    A. 30～35℃   B. 35～45℃   C. 35～40℃   D. 40～45℃

五、多项选择题（将正确答案的序号填入括号内）

1. 集中热水供应系统中常采用的水处理设备有（   ）。

    A. 除垢器   B. 钠离子交换器   C. 磁水器

    D. 静电除垢器   E. 全自动软水器

2. 以下说法中正确的是（   ）。

    A. 下行上给式布置的热水管道，水平干管可布置在地沟内或地下室内；

    B. 上行下给式布置的热水管道，水平干管可布置在顶层吊顶内或顶层下；

    C. 下行上给式布置的热水管道，横干管直线段要设补偿器；

    D. 所有热水横管应设有与水流方向相反的≥0.002 的坡度。

    E. 下行上给式的循环管网，应把每根立管的循环管都接到相应配水立管最高点以下 0.5m 处。

3. 热水供应系统常用的管材为（   ）。

    A. 热浸镀锌钢管   B. 薄壁金属管   C. 塑料管

    D. 复合管   E. 生铁管

4. 当热水系统的直线管线较长，无法利用自然补偿时，可选用（   ）补偿器。

   A. 方形补偿器　　　　B. L 形补偿器　　　　C. 套管式补偿器

   D. Z 形补偿器　　　　E. 波纹管补偿器

5. 以下说法不正确的是（   ）。

   A. 对采用镀锌钢管或无缝钢管的热水管道可不对管道外表面做防腐处理；

   B. 敷设在套管内用于输送热水的塑料给水管应保温；

   C. 嵌墙或直埋的热水管道可不保温；

   D. 集中热水供应系统的主干管和循环回水管道应保温；

   E. 暗设于吊顶、管井或管廊内的管子可不保温。

6. 下列说法正确的是（   ）。

   A. 半容积式水加热器的供热量按设计秒流量计算；

   B. 容积式水加热器的供热量按设计小时耗热量与容积式水加热器的设计小时供热量
      之差计算；

   C. 快速式水加热器的供热量按设计秒流量计算；

   D. 半即热式水加热器的供热量按设计小时耗热量计算。

7. 在下列（   ）情况下，宜采用容积式水加热器。

   A. 在用水较均匀的系统；

   B. 当热源供应不能满足最大小时耗热量的要求时；

   C. 设备用房较宽裕时；

   D. 用热负荷变化较大，需贮存一定调节容量，供水可靠性要求高，以及供水水温、
      水压要求平稳度高时；

   E. 设备用房面积较小时。

8. 在冬季，冷饮水温度一般宜为（   ）。

   A. 30～35℃　　　　B. 35～45℃　　　　C. 35～40℃　　　　D. 40～45℃

9. 某单元式住宅楼共 6 层，每个单元每层 2 户，每户设置 1 个饮用净水龙头（额定流量 0.04L/s），则该单元饮用净水设计秒流量为（   ）L/s。

   A. 0.04　　　　B. 0.16　　　　C. 0.24　　　　D. 0.48

六、简答题

1. 热水供应系统常用的管材有哪些？

2. 热水配水管网水力计算与给水管网的计算有何异同？

单元五

建筑内部排水系统设计

【学习目标】通过本单元的学习和训练，了解建筑排水系统的任务和排水体制；排水管道的敷设要求；排水管道中水气流动规律；屋面雨水系统的分类、特点；屋面雨水排水系统的布置及雨水系统的水力计算；污水局部处理设施的分类及其特点。掌握建筑排水系统排水体制的设置原则；建筑排水系统的布置原则和方法；常建筑排水管道系统设计流量的确定和管道水力计算的方法。具备初步设计计算能力和选用管材及设备的能力。

【学习要求】

知 识 要 点	能 力 要 求	相 关 知 识
排水系统体制及设置要求	1. 能够正确的选择排水系统体制 2. 能进行管道及附件、设备等布置和敷设	《建筑给水排水设计规范》（GB 50015—2003）
排水管道中水气流动规律	能描述排水管道内水汽流动的规律	《排水系统水封保护设计规程》（CECS172：2004）
排水系统设计	1. 能进行建筑排水系统的水力计算 2. 能进行建筑排水系统的附件和设备的选型	《建筑给水排水设计规范》（GB 50015—2003）
屋面雨水排水系统设计	1. 能进行建筑排水系统的水力计算 2. 能进行建筑排水系统的附件和设备的选型	《建筑与小区雨水利用工程技术规范》（GB 50400—2006）

【推荐阅读资料】

1. 中华人民共和国住房和城乡建设部．GB 50015—2003，2009 年版　建筑给水排水设计规范［S］．北京：中国计划出版社，2009．

2. 中国建筑设计研究院．建筑给水排水设计手册［M］．北京：中国建筑工业出版社，2008．

3. 中华人民共和国建设部．GB 50400—2006 建筑与小区雨水利用工程技术规范［S］．北京：中国计划出版社，2006．

4. 中国工程建设标准化协会．CECS172—2004 排水系统水封保护设计规程［S］．北京：中国计划出版社，2004．

5. 中国工程建设标准化协会．CECS168—2004 建筑排水柔性接口铸铁管管道工程技术规程［S］．北京：中国计划出版社，2004．

6. 汤万龙．建筑给水排水系统安装［M］．2 版．北京：机械工业出版社，2015．

课题 1　排水系统体制及设置要求

建筑内部排水系统的任务，是将建筑物内用水设备、卫生器具和车间生产设备产生的污废水，以及屋面上的雨雪水加以收集后，通过室内排水管道及时顺畅地排至室外排水管网中去。

一、排水系统体制及选择

污水、废水及雨雪水管道，可根据污（废）水性质、污染程度、结合室外排水系统体制和有利于综合利用与处理要求，以及室内排水点和排出口位置等因素，决定室内排水系统体制。建筑内部生活污水和生活废水分别用不同的管道系统排放则称为分流制。将建筑内部生活污水和生活废水采用同一管道系统排放则称合流制。合流制的优点是工程总造价比分流制少，节省维护费用，其缺点是要增加污水处理的负荷量。分流制与合流制相反，它的优点是水力条件较好，由于污、废水分流，有利于分别处理和再利用，其缺点是工程造价高，维护费用多。室内排水系统选择分流制排水体制还是合流制排水体制，应综合考虑诸因素后确定，但仍需遵守以下规定：

（1）小区排水系统应采用生活排水与雨水分流制排水。

（2）建筑物内下列情况下宜采用生活污水与生活废水分流的排水体制：

1）建筑物使用性质对卫生标准要求较高时。

2）生活废水量较大，且环卫部门要求生活污水需经化粪池处理后才能排入城镇排水管道时。

3）生活废水需回收利用时。

（3）下列建筑排水应单独排至水处理或回收构筑物：

1）职工食堂、营业餐厅的厨房含有大量油脂的洗涤废水。

2）机械自动洗车台冲洗水。

3）含有大量致病菌，放射性元素超过排放标准的医院污水。

4）水温超过 40℃ 的锅炉、水加热器等加热设备的排水。

5）用作回用水水源的生活排水。

6）实验室有害有毒废水。

（4）建筑物的雨水管道应单独设置，雨水回收利用可按《建筑与小区雨水利用技术规范》（GB 50400）执行。

二、排水系统设置要求

1. 卫生器具及存水弯

卫生器具是用来收集和排除污废水的专用设备。卫生器具应采用耐腐蚀、耐冷热、耐磨损、不透水、无气孔、表面光滑、便于打扫的有一定机械强度的材料制造，其材质和技术要求均应符合现行的有关产品标准的规定。卫生器具的设置数量应符合现行的有关设计标准、规范或者规定的要求。大便器选用应根据使用对象、设置场所、建筑标准等因素确定，且均应选用节水型大便器。

存水弯是在卫生器具排水管上或者卫生器具内部设置的有一定高度的水柱，防止排水管道系统内气体窜入室内的附件。当构造内无存水弯的卫生器具与生活污水管道或其他可能产生有害气体的排水管道连接时，必须在排水口以下设置存水弯，其深度不得小于50mm。严禁采用活动机械密封替代水封。卫生器具排水管段上不得重复设置水封。

2. 地漏、检查井

地漏是用于收集和排放室内地面积水或者池底污水的设备。常采用不锈钢、铸铁或者塑料制成。厕所、盥洗室等需经常从地面排水的房间应设置地漏，地漏应设置在易溅水的卫生器具附近地面的最低处。洗衣机应设置洗衣机排水专用地漏或洗衣机排水存水弯，排水管道不得接入室内雨水管道。带水封的地漏水封深度不得小于50mm。地漏的选择应优先选择具有防涸功能的地漏；在无安静要求和无须设置环形通气管、器具通气管的场所可采用多通道地漏。食堂、厨房和公共浴室等排水宜设置网框式地漏。严禁采用钟罩（扣碗）式地漏。淋浴室内地漏的排水负荷，可按表5-1确定。

表5-1 淋浴室地漏管径

淋浴器数量/个	地漏管径/mm
1～2	50
3	75
4～5	100

检查井。室外排水管道的连接在管道转弯和连接处、管道的管径、坡度改变处应设置检查井，并应优先采用塑料排水检查井。室外生活排水管道管径小于等于160mm时，检查井间距不宜大于30m；管径大于等于200mm时，检查井间距不宜大于40m。生活排水管道不宜在建筑内部设置检查井，当必须设置时，应采用密封措施。

3. 检查口

检查口是一个带有盖板的开口配件，拆开盖板即可进行疏通，装设在排水立管及较长横管段上的附件。检查口通常设置在立管上，铸铁排水立管上检查口之间的距离不宜大于10m，塑料排水立管宜每六层设置一个检查口；但在建筑物最底层和有卫生器具的二层以上建筑物的最高层必须各设置检查口，当立管水平拐弯或有乙字管时，在该层立管拐弯处和乙字管的上部应设置检查口。在排水管上设置检查口应符合下列规定：

1) 立管上设置检查口，应在地（楼）面以上1.0m，并应高于该层卫生器具上边缘0.15m。检查口的朝向应便于检修。暗装立管，在检查口处应安装检修门。

2) 埋地横管上设置检查口时，检查口应设在砖砌的井内。

3) 地下室立管上设置检查口时，检查口应设置在立管底部之上。

4) 立管上检查口检查盖应面向便于检查清扫的方位；横干管上的检查口应垂直向上。

4. 清扫口

清扫口是设置在排水横管上的一种清通装置。当铸铁排水横管上连接2个及2个以上大便器、3个或3个以上其他卫生器具时，应在横管的始端设置清扫口；在连接4个及4个以上的大便器的塑料排水横管上宜设置清扫口。清扫口与管道相垂直的墙面距离不得小于200mm；若在横管的始端设置堵头代替清扫口时，与墙面距离不得小于400mm。若横管较长时，每隔一定距离也应设置地面清扫口，清扫口开口应与地面相平且只能从一个方向清通。当排水立管底部或排出管上的清扫口至室外检查井中心的最大长度大于表5-2的数值时，应在排出管上设清扫口。

表 5-2

表 5-2		排水立管或排出管上的清扫口至室外检查井中心的最大长度		
管径/mm	50	75	100	100 以上
最大长度/m	10	12	15	20

在水流偏转角大于45°的排水横管上，应设检查口或清扫口，也可采用带清扫口的转角配件替代。排水横管的直线管段上检查口或清扫口之间的最大距离，应符合表5-3的规定。对于不散发有害气体或大量蒸汽的工业废水排水管道，在管道转弯、变径处和坡度改变及连接支管处，应设置室内检查井。

表 5-3		排水横管的直线管段上检查口或清扫口之间的最大距离	
管道管径/mm	清扫设备种类	距离/m	
		生活废水	生活污水
50～75	检查口	15	12
	清扫口	10	8
100～150	检查口	20	15
	清扫口	15	10
200	检查口	25	20

在排水管道上设置清扫口，应符合下列规定：

1）在排水横管上设置清扫口，宜将清扫口设置在楼板或地坪上，且与地面相平。排水横管起点的清扫口与其端部相垂直的墙面的距离不得小于0.15m。

2）在管径小于100mm的排水管道上设置清扫口，其尺寸应与管道同径；管径等于或大于100mm的排水管道上设置清扫口，应采用100mm直径清扫口。

3）铸铁排水管道设置的清扫口，其材质应为铜质；硬聚氯乙烯管道上设置的清扫口应与管道同质。

4）排水横管连接清扫口的连接管件应与清扫口同径，并采用45°斜三通和45°弯头或有2个45°弯头组合的管件。

5. 通气管系统

卫生设备排水时，排水立管内的空气由于受到水流的抽吸或压缩，管内气流会产生正压或负压变化，这个压力变化幅度如果超过了存水弯封深度就会破坏水封。因此，为了平衡排水系统中的压力，就必须设置通气管与大气相通，以泄放正压或通过补给空气来减小负压，使排水管内气流压力接近大气压力。合理设置通气管系统，能使排水管内水流畅通，可减轻管道内废气对管道壁的锈蚀。通气管种类与连接方式如图5-1所示。

（1）辅助通气管的作用及设置。

1）专用通气立管。适用于各层卫生器具分别单个直接接入排水立管或当排水横支管接入时，其接入的卫生器具数不超过3个，且排水横支管不长的10层及10层以上的高层旅馆和住宅卫生间的排水系统。生活排水立管所承担的卫生器具排水设计流量，当超过仅设伸顶通气管的排水立管最大排水能力时，也应设专用通气立管。

2）环形通气管。当横管上连接的卫生器具数较多（接纳4个及4个以上卫生器具且横支管的长度大于12m、连接6个及6个以上大便器的污水横支管或者设有器具通气管的排水横管上），相应排放的水量较多时，易造成管内压力波动，使水流前方的卫生器具的水封被压出，后方卫生器具的水封被吸入，此时应采用环行通气管。环行通气管一般采用焊接钢

137

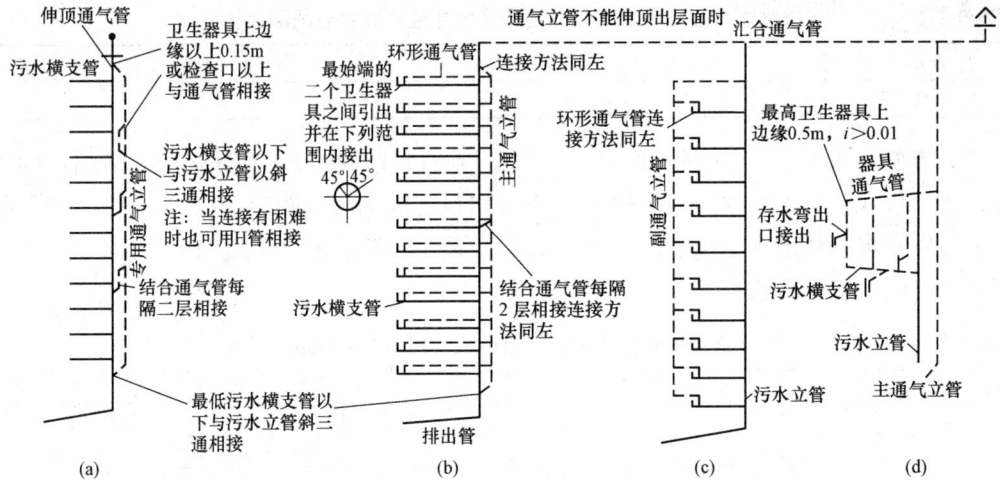

图 5-1　通气管种类与连接方式

管。当建筑物内各层的排水管道设有环行通气管时，应设置连接各层环行通气管的主通气立管，当通气立管设在另一侧时，此通气立管称为副通气立管。设有器具通气管的排水管段处也应设环行通气管。

3）共轭通气管。为加强管内气流的环行，每隔10层在排水立管与通气管之间连以共轭通气管。它的上端应连在楼层地面以上1m高度的通气立管上，下端连接在排水横管与立管的连接点下面。

4）器具通气管。每个卫生器具都设置通气管，这种通气方式通气效果最佳，尤其是能防止器具自吸破坏水封作用。但这种方式造价最高，建筑上管道隐蔽处理较困难，一般用于标准较高的高层建筑。

5）互补湿通气。当高层住宅的洗涤废水与粪便污水采用分流制排水系统时，宜在两根排水立管之间每隔3～5层设联通管，形成互补湿通气方式，大便器的排水量虽大，但历时短，粪便污水立管经常处于空管状态，此时可作为通气管使用，排水横支管上的卫生器具数不能超过3个。

（2）通气管的管材和管径。通气管的管材，可采用塑料排水管和柔性接口机制排水铸铁管等。

通气管管径应根据排水管负荷、管道的长度等来确定，一般不宜小于排水管管径的1/2，其最小管径可按表5-4确定。

表 5-4　　　　　　　　　　　　　　　通气管最小管径　　　　　　　　　　　　　　（mm）

通气管名称	排水管管径							
	32	40	50	75	90	100	125	150
器具通气管	32	32	32	—	—	50	50	—
环形通气管	—	—	32	40	40	50	50	—
通气立管	—	—	40	50	—	75	100	100

注　1. 表中通气立管系指专用通气立管、主通气立管、副通气立管。

　　2. 表中排水管管径90mm为塑料排水管公称外径，排水管管径100mm、150mm的塑料排水管公称外径分别为110mm、160mm。

确定通气管的管径时还应遵守以下规定：

1）通气立管长度大于 50m 时，其管径（包括伸顶通气部分）应与排水立管管径相同。

2）通气立管长度不大于 50m 时，且两根及两根以上排水立管同时与一根通气立管相连，应以最大一根排水立管按表 5-4 确定通气立管管径，且管径不宜小于其余任何一根排水立管管径，伸顶通气部分管径应与最大一根排水立管管径相同。

3）结合通气管的管径不得小于通气立管管径。

4）伸顶通气管管径宜与排水立管管径相同。但在最冷月平均气温低于 −13℃ 的地区，应在室内平顶或吊顶以下 0.3m 处将管径放大一级，并且塑料管材的管道最小管径不宜小于 110mm。

5）当两根或两根以上污水立管的通气管汇合连接时，汇合通气管的断面积应为最大一根通气管的断面积加其余通气管断面积之和的 0.25 倍。

（3）通气管的连接。通气管和排水管的连接，应遵守以下规定。

1）器具通气管应设在存水弯出口端。环行通气管的连接点通常宜设在横支管最始端的第一个与第二个卫生器具之间，并应在排水支管中心线以上与排水支管呈垂直或 45°向上连接。这两种连接方式均应在卫生器具上边缘以上不小于 0.15m 处按不小于 0.01 的上升坡度与通气立管相连。图 5-2 为几种器具通气管的正确及错误的设置方式。

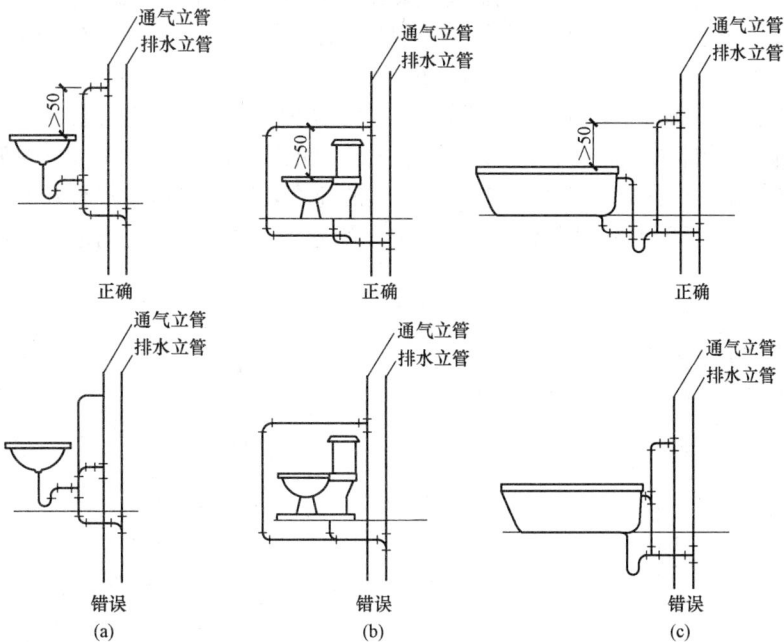

图 5-2 器具通气管设置

2）专用通气立管和主通气立管的上端可在最高层卫生器具上边缘或检查口以上与排水立管通气部分以斜三通连接。下端应在最低排水横支管以下与排水立管以斜三通连接。

3）专用通气立管应每隔 2 层、主通气立管应每隔 8～10 层设结合通气管与排水立管连接。结合通气管下端宜在排水横支管以下与排水立管以斜三通连接；上端可在最高层卫生器具上边缘以上 0.15m 处与通气立管以斜三通连接。

4）当用 H 管件替代结合通气管时，H 管与通气管的连接点应设在卫生器具上边缘以上不小于 0.15m 处。

5）当污水立管与废水立管合用一根通气立管时，H 管配件可隔层分别与污水立管和废水立管连接。但最低横支管连接点以下应装设结合通气管。

高出屋面的通气管设置应符合下列要求：

1）通气管高出屋面不得小于 0.3m，且应大于最大积雪厚度，通气管顶端应装设风帽或网罩（屋顶有隔热层时，应从隔热层板面算起）。

2）在通气管口周围 4m 以内有门窗时，通气管口应高出窗顶 0.6m 或引向无门窗一侧。

3）通气管口不宜设在建筑物挑出部分（如屋檐檐口、阳台和雨篷等）的下面。

4）在经常有人停留的平屋面上，通气管口应高出屋面 2m 并应根据防雷要求考虑防雷装置。

6. 新型单立管排水系统

普通的排水系统排水性能虽好，但造价较高，管道安装复杂，且占地面积大。新型单立管排水系统是指取消专用通气管系的排水系统，在节约管材、提高排水立管的排水能力、加快施工进度、降低工程造价等方面都优于普通的排水系统。

目前，比较典型的新型单立管排水系统有苏维脱单立管排水系统、旋流式排水系统、芯形排水系统等。它们的共同特点是在排水中安装特殊的配件，但水流通过时，可降低流速和减少或避免水舌的干扰，不设专用通气管，既可保持管内气流畅通，又可控制管内压力波动，提高排水能力。节省管材的同时也方便了施工。

（1）苏维脱单立管排水系统。苏维脱单立管排水系统各层排水横支管与立管的连接采用混合器（见图 5-3）排水配件和在排水立管底部设置跑气器（见图 5-4）的接头配件，取消通气立管。混合器的作用是限制立管中水及空气的速度，使污水与空气有效的混合，以保持水气压力的稳定。跑气器的作用是分离污水中的空气，以保证污水通畅地流入横干管。

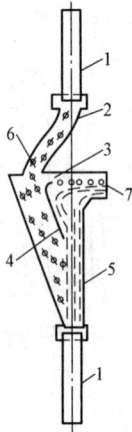

图 5-3　气水混合接头配件
1—立管；2—乙字管；3—孔隙；4—隔板；
5—混合室；6—气水混合物；7—空气

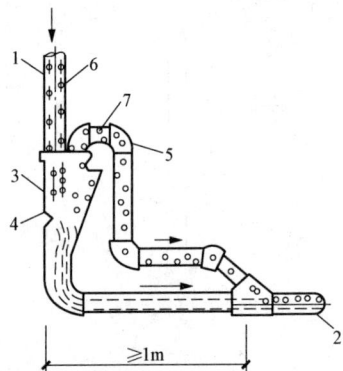

图 5-4　气水分离接头配件
1—立管；2—横管；3—空气分离室；4—交块；
5—跑气管；6—水气混合物；7—空气

苏维脱单立管排水系统的主要优点是减少立管内的压力波动，降低正负压绝对值。

（2）旋流排水系统。旋流排水系统是由法国勒格（Roger Legg），理查（Georges

Richard）和鲁夫（M. Louve）共同于 1967 年研究发明的，设有把各个排水立管相连接起来的"旋流连接配件"（见图 5-5）和位于立管底部的"特殊排水弯头"（图 5-6）。旋流连接配件的作用是使立管水流沿管壁旋下，管中为空心芯，因此管内压力较为稳定。特殊排水弯头的作用是使污水沿横干管畅通流出。

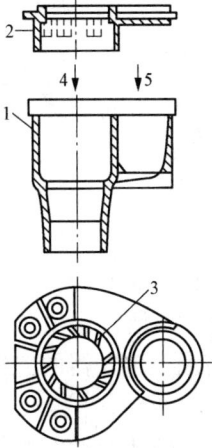

图 5-5　旋流连接配件

1—底座；2—盖板；3—叶片；4—接立管；5—接大便器

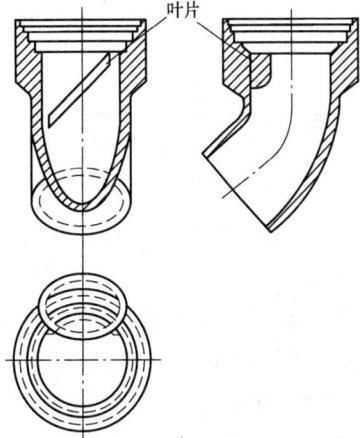

图 5-6　特殊排水弯头

7. 芯型排水系统

芯型排水系统是日本小岛德厚在 1973 年开发的，由上部环流器（见图 5-7）及下部的角笛弯头（见图 5-8）两个特殊配件组成。环流器的作用是使从立管流下的水通过内管产生扩散下落，形成气水混合物，其多向接口减少了水塞的产生；角笛弯头能消除水跃和水塞现象，弯头内部的较大空间使立管内的空气和横主管的上部空间充分地连通。

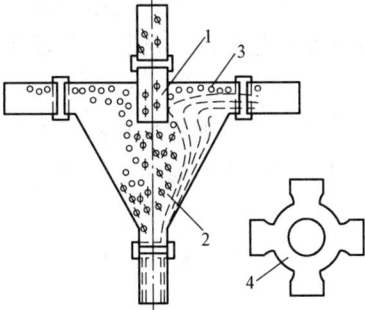

图 5-7　环流器

1—内管；2—气水混合物；3—空气；4—环流器

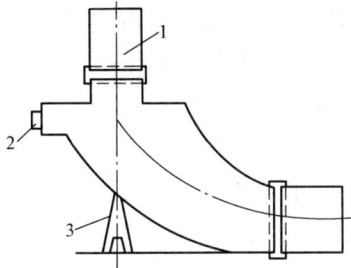

图 5-8　角笛弯头

1—立管；2—检查口；3—支墩

（1）新型单立管排水系统的适用条件为：

1）排水设计流量超过仅设伸顶通气排水系统排水立管的最大排水能力。

2）设有卫生器具层数在 10 层及 10 层以上的高层建筑或同层接入排水立管的横支管数等于或大于三根的排水系统。

3）卫生间或管道井面积较小，难以设置专用通气立管的建筑。

4）此类排水系统的立管最大排水能力，应根据配件产品水力参数确定，产品参数应有国家主管部门指定的检测机构认证。立管设计流量的选用值不得超过表5-5的数值。

表5-5 　　　　　　特殊配件的单立管排水系统的立管最大排水能力

排水立管管径/mm	排水能力/(L/s)	
	混合器	旋流器
100 (110)	6.0	7.0
125	9.0	10.0
150 (160)	13.0	15.0

注　1. 括号内管径为硬聚氯乙烯排水管公称外径。

　　2. 排水立管底部和排出管应比立管放大一档管径。

（2）新型单立管排水系统应遵守以下规定：

1）排水横管管径不得大于立管管径；排水立管管径不应小于100mm。

2）当同层不同高度的排水横支管接入混合器或管旋器时，生活污水横支管宜从其上部接入；较立管管径小1～2级的生活废水横支管宜从其下部接入。跑气器的跑气管，其始端应自跑气器的顶部接出，当与横干管连接时，跑气管末端应在距跑气器水平距离不小于1.5m处与横干管管中心线以上呈45°连接。并应以不小于0.01的坡度坡向排出管或排水横干管。当与下游偏置设置的排水立管连接时，跑气器应距立管顶部以下0.60m处与立管45°连接。并应以不小于0.03的坡度坡向排水立管的连接处。跑气管管径应比排水立管管径小一级。

8. 污水泵

污水泵房应建成单独构筑物，并应有卫生防护隔离带。建筑物地下室生活排水应设置污水集水井和污水泵提升排至室外检查井。地下室地坪排水应设集水坑和提升装置。建筑内部常用的污水泵有潜水排污泵、液下排水泵、立式污水泵和卧式污水泵等。

（1）污水泵房的位置。污水泵房应设在具有良好通风的地下室或底层单独的房间内，并应有卫生防护隔离带，且宜靠近集水池；应使室内排水管道和水泵出水管尽量简短，并考虑维修检测上的方便。污水泵房不得设在对卫生环境有特殊要求的生产厂房和公共建筑内，不得设在有安静和防振要求的房间内。

（2）污水泵的管线和控制。污水泵的排出管为压力排水，宜单独排至室外，不要与自流排水合用排出管，排出管的横管段应有坡度坡向出口。由于建筑物内场地一般较小，排水量不大，故污水泵可优先选用潜水排污泵和潜水泵，其中潜水泵一般在重要场所使用。当两台或两台以上水泵共用一条出水管时，应在每台水泵出水管上装设阀门和单向阀；单台水泵排水有可能产生倒灌时，应设置单向阀。

为了保证排水，公共建筑内应以每个生活污水集水池为单位设置一台备用泵，平时宜交替运行。地下室、设备机房、车库冲洗地面的排水，如有两台或两台以上污水泵时可不设备用泵。当集水池不能设事故排出管时，污水泵应有不间断的动力供应；但在能关闭污水进水管时，可不设不间断动力供应，但应设置报警装置。

污水水泵的启闭，应设置自动控制装置。多台水泵可并联交替或分段投入运行，使备用机组也能经常投入运行，不至于因长期搁置而产生故障。

（3）污水泵的选择。

1）污水水泵流量。居住小区污水水泵的流量应按小区最大小时生活排水流量选定。建筑物内的污水水泵的流量应按生活排水设计秒流量选定。当有排水量调节时，可按生活排水最大小时流量选定。当集水池接纳水池溢流水、泄空水时，应按水池溢流量、泄流量与排入集水池的其他排水量中大者选择水泵机组。

2）污水水泵扬程。污水水泵扬程应按提升高度、管路系统水头损失、另附加2~3m流出水头计算而得。污水泵吸水管和出水管流速不应小于0.7m/s，并不宜大于2.0m/s。

9. 集水井

（1）集水池（井）的位置。集水池宜设在地下室最低层卫生间、淋浴间的底板下或邻近位置；地下厨房集水坑不宜设在细加工和烹炒间内，但应在厨房邻近处；消防电梯井集水池应设在电梯邻近处，但不能直接设在电梯井内，池底宜低于电梯井底不小于0.7m；车库地面排水集水池应设在使排水管、沟尽量简洁的地方；收集地下车库坡道处的雨水集水井应尽量靠近坡道尽头处。

（2）集水池的有效容积。集水池的有效容积，根据流入的污水量和水泵工作情况确定。集水池的有效容积不宜小于最大一台污水泵5min的出水量，且污水泵每小时启动次数不宜超过6次；除此之外，集水池的有效容积还应考虑满足水泵设置、水位控制器、格栅等安装、检查要求；集水池设计最低水位，应满足水泵吸水要求。集水坑的深度及平面尺寸，应按水泵类型而定。当污水泵为人工控制启闭时，应根据调节所需容量确定，但不得大于6h生活排水平均小时污水量，以防止污水因停留时间过长产生沉淀腐化。生活排水调节池的有效容积不得大于6h生活排水平均小时流量。

（3）集水池构造要求。因生活污水中有机物易分解成酸性物质，腐蚀性大，所以生活污水集水池内壁应采取防腐防渗漏措施。集水池底应有不小于0.05的坡度坡向泵位，并在池底设置自冲管。集水坑的深度及其平面尺寸，应按水泵类型而定。集水池应设置水位指示装置，必要时应设置超警戒水位报警装置，将信号引至物业管理中心。集水池如设置在室内地下室时，池盖应密封，并设通气管系；室内有敞开的集水池时，应设强制通风装置。集水池底宜设置自冲管。

10. 化粪池

化粪池是一种利用沉淀和厌氧发酵原理去除生活污水中悬浮性有机物的最低级处理构筑物。化粪池有矩形和圆形两种，对于矩形化粪池，当日处理污水量小于或等于10m³时，采用双格，当日处理污水量大于10m³时，采用三格。

（1）化粪池的有效容积应按式（5-1）计算：

$$v = v_w + v_n \tag{5-1}$$

$$v_w = \frac{mb_f q_w t_w}{24 \times 1000} \tag{5-2}$$

$$v_n = \frac{mb_f q_n t_n (1 - b_x) M_s \times 1.2}{(1 - b_n) \times 1000} \tag{5-3}$$

式中　v——化粪池有效容积，m³；

　　　v_w——化粪池污水部分的容积，m³；

　　　v_n——化粪池污泥部分的容积，m³；

　　　q_w——每人每日计算污水量，L/(人·d) 见表5-6；

　　　t_w——污水在池中停留时间，h，根据污水量确定，宜采用12~24h；

　　　q_n——每人每日计算污泥量，L/(人·d)，见表5-7；

t_n——污泥清掏周期，应根据污水温度和当地气候条件确定，宜采用 3～12 个月；

b_x——进入化粪池新鲜污泥含水率，可按 95％取用；

b_n——经过发酵浓缩后的污泥含水率，可按 95％取用；

M_s——污泥发酵后体积缩减系数，宜取 0.8；

1.2——清掏污泥后遗留 20％的容积系数；

m——化粪池服务总人数；

b_f——化粪池实际使用人数占总人数的百分比，按表 5-8。

表 5-6   化粪池每人每日计算污水量

分 类	生活污水与生活废水合流排出	生活污水单独排出
每人每日污水量/L	（0.85～0.95）用水量	15～20

表 5-7   化粪池每人每日计算污泥量

分 类	生活污水与生活废水合流排入	生活污水单独排入
有住宿的建筑物	0.7	0.4
4h<人员逗留时间≤10h	0.3	0.2
人员逗留时间≤4h	0.1	0.07

表 5-8   化粪池使用人数百分数（θ 值）

建 筑 物 类 型	θ 值（％）
医院、疗养院、养老院、幼儿园（有住宿）	100
住宅、集体宿舍、旅馆	70
办公楼、教学楼、实验楼、工业企业生活间	40
职工食堂、公共餐饮业、影剧院、商场、体育馆（场）及其他类似场所（按座位计）	5～10

（2）化粪池设置要求。

1）化粪池应设在室外，外壁距建筑物外墙不宜小于 5m，并不得影响建筑物基础；化粪池距地下给水构筑物不得小于 30m 的距离。当受条件限制化粪池不得不设置在室内时，必须采取通气、防臭、防爆等措施。

2）化粪池应根据每日排水量、交通、污泥清掏等因素综合考虑或集中设置；宜设置在接户管的下游端便于机动车清掏的位置。

（3）化粪池的构造。化粪池的构造应符合下列规定：

1）矩形化粪池的长度与深度、宽度的比例应按污（废）水中悬浮物的沉降条件和积存数量，以水力计算确定，但深度（水面至池底）不得小于 1.30m，宽度不得小于 0.75m，长度不得小于 1.00m。圆形化粪池直径不得小于 1.00m。

2）采用双格化粪池时，第一格的容量为有效设计容量的 75％；采用三格化粪池时，第一格的容量为有效设计容量的 60％，第二格和第三格各等于有效设计容量的 20％；且格与格之间、池与连接井之间应设置通气孔洞。

3）化粪池池壁和池底，应防止渗漏，顶板上应设有人孔和盖板。进水口、出水口应设置连接井与进水管、出水管相连；进口处应设导流装置，出水口处及格与格之间应设拦截污泥浮渣设施。图 5-9 为双格矩形化粪池的构造。

11. 隔油池

公共食堂和饮食业排放的污水中含有植物油和动物油脂，污水中含油量的多少与地区、生活习惯有关，一般在 50～150mg/L 之间，厨房洗涤水中含油约 750mg/L。据调查，含油量超过 400mg/L 的污水排入下水道后，随着水温的下降，污水中挟带的油脂颗粒便开始凝固，黏附在管壁上，使管道过水断面减少，堵塞管道。故含油污水应经除油装置后方许排入污水管道。除油装置还可以回收废油脂，变废为宝。汽车修理厂、汽车库及其他类似场所排放的污水中含有汽油、煤油等易爆物质，也应经除油装置进行处理。图 5-10 所示为隔油井示意图。

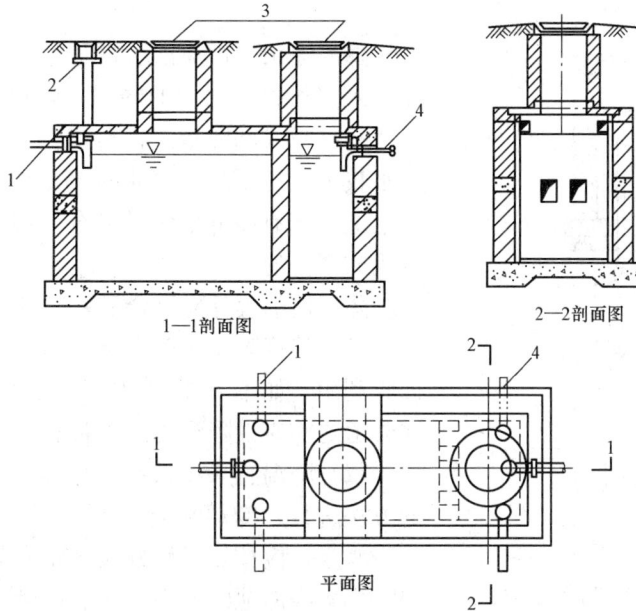

1—1剖面图　　　2—2剖面图

平面图

图 5-9　双格化粪池

1—进水管（三个方向任选一个）；2—清扫口；3—井盖；4—出水管（三个方向任选一个）

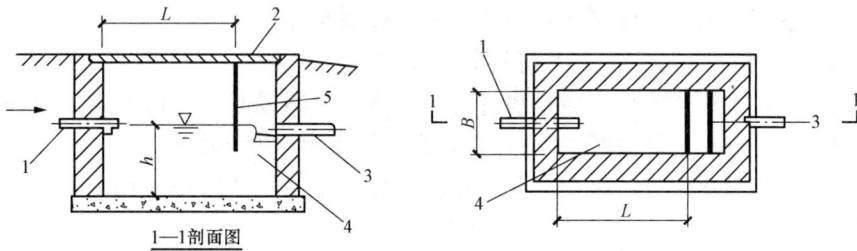

1—1剖面图

图 5-10　隔油井示意图

1—进水管；2—盖板；3—出水管；4—出水间；5—隔板

（1）隔油池设计应符合下列规定：

1）污水流量应按设计秒流量计算。

2）含食用油污水在池内的流速不得大于 0.005m/s，在池内停留的时间宜为 2～10min。

3）人工除油的隔油池内存油部分的容积，不得小于该池有效容积的 25%。

4）隔油池应设活动盖板。进水管应考虑有清通的可能，出水管管底至池底的深度，不得小于 0.6m。

（2）隔油器的设计应符合下列规定：

145

1）隔油器内应设置拦截固体残留装置，并便于清理；容器内宜设置气浮、加热、过滤等油水分离装置。

2）密闭式隔油器应设置通气管，通气管应单独接至室外。

3）隔油器应设置超越管，超越管管径与进水管管径应相同。

4）隔油器应放置在室外，当设置在设备间时，设备间应有通风排气装置，且换气次数不宜小于 15 次/h。

12. 降温池

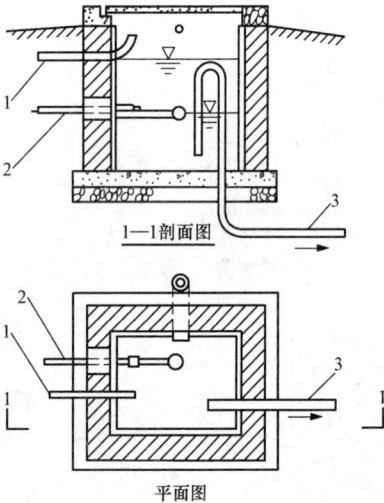

1—1剖面图

平面图

图 5-11 虹吸式降温池
1—锅炉排污管；2—冷却水管；3—排水管

降温池用于排除排水温度高于 40℃的污（废）水，在排入室外管网之前的降温。降温池应设在室外。降温池有虹吸式和隔板式两种类型。虹吸式适用于冷却废水较少，主要靠自来水冷却降温的场合；隔板式降温池适用于有冷却废水的场合。图 5-11 为常见的一种虹吸式降温池。

降温池的设计应符合下列规定：

（1）温度高于 40℃排水，应首先考虑将所有热量回收利用，如不可能或回收不合理时，在排入城镇排水管道之前应设降温池。降温池应设置于室外。

（2）降温宜采用较高温度排水与冷水在池内混合的方法进行。冷却水应尽量利用低温废水。降温所需的冷水量，应按热平衡方程计算确定。

（3）降温池的容积应按下列规定确定：

1）间断排放污水时，应按一次最大排水量与所需冷却水量的总和计算有效容积。

2）连续排放污水时，应保证污水与冷却水能充分混合。

（4）降温池的管道设计应符合下列要求：

1）有压高温污水进水管口宜装设消音设施，有两次蒸发时，管口应露出水面向上并应采取防止烫伤人的措施。无两次蒸发时，管口宜插进水中深度 200mm 以上。

2）冷却水与高温水混合可采用穿孔管喷洒，如果采用生活饮用水作冷却水时，应采取防回流污染措施。

3）降温池虹吸排水管管口应设在水池底部。

4）应设排气管，排气管排出口设置位置应符合安全、环保要求。

设置生活污（废）水处理设施时，应使其靠近接入市政管道的排放点；居住小区处理站的位置宜在常年最小频率的上风向，且应用绿化带与建筑物隔开，也可设置在绿地、停车坪及室外空地的地下。处理站如布置在建筑物地下室时，应有专用隔间。处理站与给水泵站及清水池水平距离不得小于 10m。

三、排水管道布置与敷设

1. 排水管道的布置原则

室内排水管道布置应力求管线短，转弯少，使污水以最佳水力条件排至室外管网；排水管道的布置不得影响、妨碍房屋的使用和室内各种设备的正常运行；管道布置还应便于安装和维护管理，满足经济和美观的要求。除此而外，还应遵守以下规定：

（1）排水管道一般宜在地下埋设或在地面上、楼板下明设，如建筑有特殊要求时，可在管槽、管道井、管窟、管沟或吊顶暗设，但应便于安装和维修。在室外气温较高、全年不结冻的地区，可沿建筑物外墙敷设。

（2）排水管道不得布置在遇水会引起燃烧、爆炸的原料、产品和设备的上方。

（3）排水管道不得穿过沉降缝、伸缩缝、烟道和风道。

（4）排水管道不得穿越卧室、病房等对卫生、安静有较高要求的房间，并不宜靠近与卧室相邻的内墙。

（5）排水立管宜靠近排水量最大的排水点。排水管道不宜穿越橱窗、壁柜。

（6）架空管道不得敷设在对生产工艺或卫生有特殊要求的生产厂房以及食品、贵重商品仓库、通风小室和变配电间和电梯机房内。

（7）排水横管不得布置在食堂、饮食业厨房的主副食操作烹调备餐的上方。当受条件限制不能避免时，应采取防护措施。

（8）塑料排水管应避免布置在热源附近，当不能避免，并导致管道表面受热，温度大于60℃时，应采取隔热措施。塑料排水立管与家用灶具边净距不得小于0.4m。

（9）塑料排水立管应避免布置在易受机械撞击处，当不能避免时，应采取保护措施。

（10）排水埋地管道，不得穿越生产设备基础或布置在可能受重物压坏处。在特殊情况下，应与有关专业协商处理。如：保证一定的埋深和做金属防护套管，并应在适当位置加设清扫口。厂房内排水管的最小埋设深度见表5-9。

表5-9   **厂房内排水管的最小埋设深度**

管材	地面至管顶的距离/m	
	素土夯实、缸砖、木砖地面	水泥、混凝土、沥青混凝土、菱土地面
排水铸铁管	0.7	0.4
混凝土管	0.7	0.5
排水塑料管	1.0	0.6

注　1. 在铁路下应敷设钢管或给水铸铁管，管道的埋设深度从轨底至管顶距离不得小于1.0m。

　　2. 在管道有防止机械损坏措施或不可能受机械损坏的情况下，其埋设深度可小于表5-8及注1的规定值。

2. 排水管道的敷设

根据建筑物的性质及对卫生、美观等方面要求不同，建筑排水管道的敷设分明装和暗装两种。

（1）明装。明装指管道在建筑物内沿墙、梁、柱、地板暴露敷设。明装的优点是，造价低，安装维修方便。缺点是影响建筑物的整洁，不够美观，管道表面易积灰尘和产生凝结水。一般民用建筑及大部分生产车间均以明装方式为主。

（2）暗装。暗装指管道敷设在地下室的天花板下或吊顶中以及专门的管廊、管道井、管道沟槽中等隐蔽敷设。暗装的优点是整洁、美观。缺点是施工复杂，工程造价高，维护管理不便。一般用于标准较高的民用建筑、高层建筑及生产工艺要求高的工业企业建筑中。

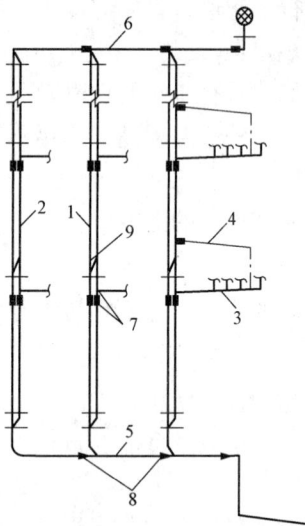

图 5-12　排水管、通气管
伸缩节设置位置

1—排水立管；2—专用通气立管；
3—横支管；4—环行通气管；
5—排水横干管；6—汇合通气管；
7—伸缩节；8—弹性密封圈伸缩节；
9—H 管管件

排水管道安装应遵守以下规定：

1）排水立管与排出管端部的连接，宜采用两个 45°弯头或弯曲半径不小于 4 倍管径的 90°弯头。排水管应避免轴线偏置，当受条件限制时，宜用乙字管或两个 45°弯头连接。

2）卫生器具排水管与排水横管垂直连接，应采用 90°斜三通。

3）支管接入横干管、立管接入横干管时，宜在横干管管顶或其两侧 45°范围内接入。

4）塑料排水管道应根据环境温度变化、管道布置位置及管道接口形式等考虑设置伸缩节，但埋地或埋设于墙体、混凝土柱体内的管道不应设置伸缩节。

硬聚氯乙烯管道设置伸缩节时，应遵守下列规定：①当层高小于或等于 4m 时，污水立管和通气立管应每层设一伸缩节；当层高大于 4m 时，其数量应根据管道设计伸缩量和伸缩节允许伸缩量见表 5-10 综合确定。②排水横支管、横干管、器具通气管、环行通气管和汇合通气管上无汇合管件的直线管段大于 2m 时，应设伸缩节。排水横管应设置专用伸缩节且应采用锁紧式橡胶圈管件，当横干管公称外径大于或等于 160mm 时，宜采用弹性橡胶密封圈连接。伸缩节之间最大间距不得大于 4m。排水管、通气管伸缩节设置的位置如图 5-12 所示。

表 5-10　　　　　　　　　　　　　　伸缩节最大允许伸缩量

管径/mm	50	75	90	110	125	160
最大允许伸缩量/mm	12	15	20	20	20	25

伸缩节设置位置应靠近水流汇合管件处，如图 5-13 所示。

当排水立管穿越楼层处为固定支撑且支管在楼板之下接入时，伸缩节应设置于水流汇合管件之下；当排水立管穿越楼层处为固定支撑且支管在楼板之上接入时，伸缩节应设置于水流汇合管件之上；当排水立管穿越楼层处为非固定支撑时，伸缩节设置在水流汇合管件之上、之下均可。当排水立管无排水支管接入时，伸缩节可按伸缩节设计间距设置于楼层任何部位。伸缩节插口应顺水流方向。

5）排水管道的横管与立管的连接，宜采用 45°斜三通、45°斜四通和顺水三通或顺水四通。

6）靠近排水立管底部的排水支管连接，除应符合表 5-11 和图 5-14 的规定外，排水支管连接在排出管或排水横干管上时，连接点距立管底部下游水平距离不宜小于 3.0m。当靠近排水立管底部的排水支管的连接不能满足本条的要求时，排水支管应单独排至室外检查井或采取有效的防反压措施。

7）横支管接入横干管竖直转向管段时，连接点应距转向处以下不得小于 0.6m。

8）生活饮用水贮水箱（池）的泄水管和溢流管、开水器（热水器）排水、医疗灭菌消毒设备的排水等不得与污（废）水管道系统直接连接，应采取间接排水的方式，所谓间接排

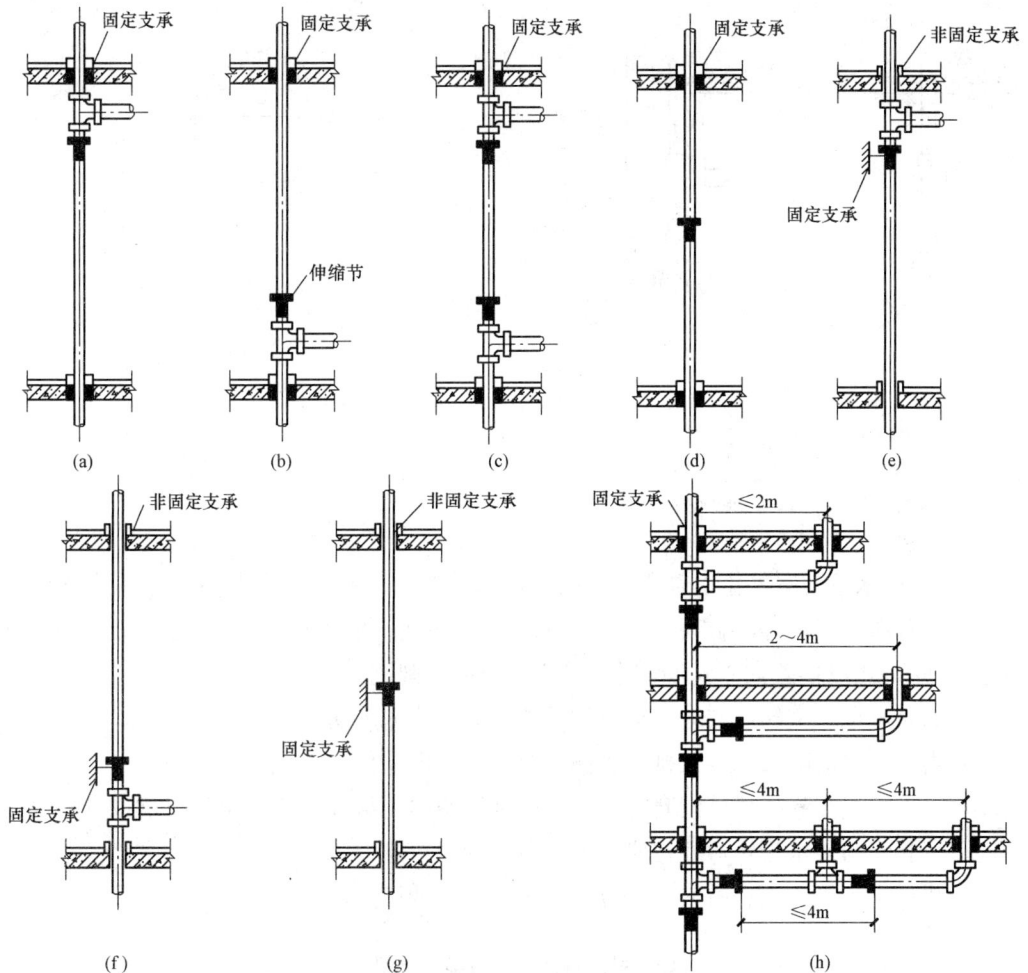

图 5-13 伸缩节设置位置

(a)~(d) 立管穿越楼层处为固定支撑（伸缩节不得固定）；
(e)~(g) 伸缩节为固定支撑（立管穿越楼层处不得固定）；(h) 横管上伸缩节位置

水是指设备或容器的排水管与污（废）水管道之间不但要设有存水弯隔气，而且还应留有一段空气间隔，如图 5-15 所示。间接排水口最小空隙见表 5-12。

表 5-11　　　　　　　　　　　最低横支管与立管连接处至立管管底的垂直距离

立管连接卫生器具的层数	垂直距离/m
≤4	0.45
5~6	0.75
7~12	1.2
13~19	3.0
≥20	6.0

表 5-12　　　　　　　　　　　　　间接排水口最小空隙

间接排水管管径/mm	排水口最小空隙/mm
≤25	50
32~50	100
>50	150

149

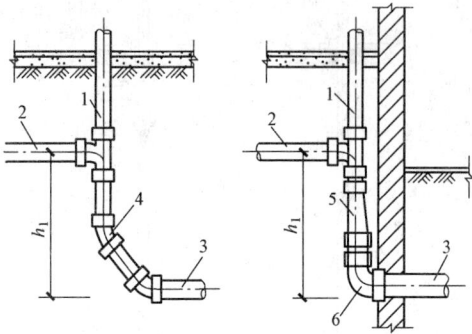

图 5-14　最低横支管与立管连接处至
排出管管底垂直距离

1—立管；2—横支管；3—排出管；4—弯头（45°）；
5—偏心异径管；6—大转弯半径弯头

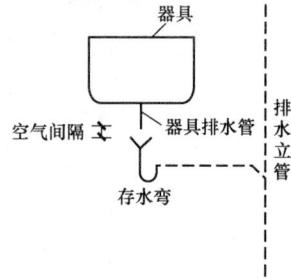

图 5-15　间接排水

9）室内排水管与室外排水管道的连接，应用检查井连接；室外排水管，除有水流跌落差以外，宜管顶平接。排出管管顶标高不得低与室外接户管管顶标高；其连接处的水流转角不得小于 90°；当跌落差大于 0.3m 时，可不受角度的限制。

10）如穿过地下室外墙或地下构筑物的墙壁处，应采取防水措施。

11）当建筑物沉降可能导致排出管倒坡时，应采取防倒坡措施。

12）排水管道在穿越楼层设套管且立管底部架空时，应在立管底部设支墩或其他固定措施。地下室立管与排水管转弯处也应设置支墩或固定措施。

13）塑料排水管道支、吊架间距应符合表 5-13 的规定。

表 5-13　　　　　　　　塑料排水管道支、吊架最大间距

管径/mm	40	50	75	90	110	125	160
立管/m	—	1.2	1.5	2.0	2.0	2.0	2.0
横管/m	0.4	0.5	0.75	0.90	1.10	1.25	1.60

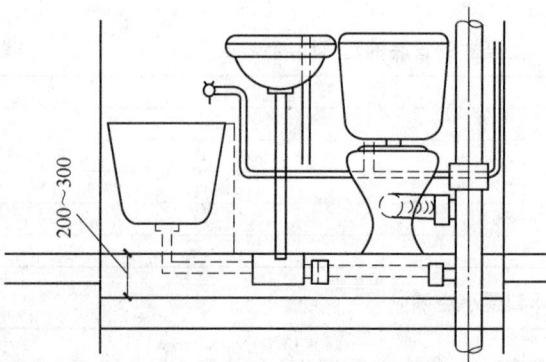

图 5-16　降板法同层排水技术

14）住宅排水管道的同层布置：为避免住宅建筑排水上下户间的相互影响，对住宅建筑宜采用同层排水技术，即卫生器具排水管不穿越楼板进入他户。同层排水管道布置的方法有：①卫生间和厨房不设地漏或卫生间采用埋设在楼板层中的特种地漏，大便器采用后出水型。②厨房不设地漏，将卫生间楼板下降或上升一个高度，既降板或升板法，如图 5-16 所示。③设排水集水器的同层排水技术。

课题 2　排水管道中水气流动规律

　　建筑排水系统的设计流态和流动介质是按重力非满流设计的，污水中都含有固体物质，是水、气、固三种介质的复杂运动。其中固体物较少，可以简化为水气两相流。建筑排水系统水流呈水量和气压变化大、流速变化急遽、排水不顺畅时造成危害大的特点。

　　建筑排水系统排水量不均匀，排水历时短，高峰时可能呈满流状态，而大多数时候管内处于无水状态，管内自由水面和气压不稳定，水气容易掺合。当水流由横管进入立管时，流速急遽增大，水汽混合；当水流由立管进入横管时，流速急遽减小，气水分离。建筑排水系统排水不畅时，污水外溢至室内或者管内压力波动，有毒有害气体和蝇虫进入室内，影响室内卫生。

　　水封是设置在卫生器具排水口下具有一定高度（一般为 $50 \sim 100 \text{mm}$）的水柱，用以抵制排水管道内有毒有害气体和蝇虫进入室内。水封破坏即存水弯内水封高度减少，不足以抵抗管内允许的压力变化（一般为 $\pm 25 \text{mmH}_2\text{O}$）。水封被破坏的原因主要有：①自虹吸损失：污废水的受水器瞬时大量排水时，存水弯自身充满水而形成虹吸，排水结束后水封高度低于原有的设计高度；②诱导虹吸损失：当排水系统内某卫生器具不排水时，其他卫生器具大量排水时，系统内压力发生变化，使存水弯内的水上下振动，引起水量损失。水量损失与存水弯的形状和系统内压力波动值有关；③静态损失：卫生器具长期不使用，由于蒸发和毛细作用造成的水量损失。水量损失与室内温度、湿度及卫生器具使用情况有关。

一、横管内水流状态

　　污水由竖管下落进入横管后，横管中的水流状态可分为急流段、水跃及跃后段、逐渐衰减段，如图 5-17 所示。急流段速度大，水深较浅，冲刷能力强。急流段末端由于管壁阻力使流速减小，水深增加，形成水跃。急流段末端由于管壁阻力使流速减小，水深增加形成水跃。在水流继续向前运动的过程中，由于管壁阻力，能量逐渐减小，水深逐渐减小，趋于均匀流。

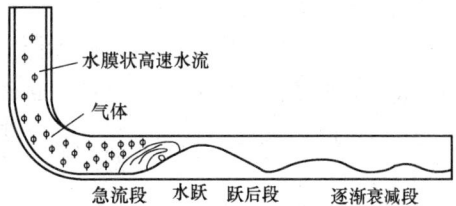

图 5-17　横管内水流状态示意图

二、立管内水流状态

　　排水立管上接各层排水横支管，下接横干管或排出管，立管内水流呈竖直下落流动状态，水流能量转换和管内压力变化剧烈。水流在下落过程中会挟带管内气体一起流动，因此，立管中为水气两相流，水中有气团，气中有水滴，气水两相的界限不十分明显。随着立管中排水流量的不断增加，立管中水流状态主要经过附壁螺旋流、水膜流和水塞流三个阶段。立管内水流状态如图 5-18 所示。

　　1. 附壁螺旋流

　　当横支管流量很小时，横支管水深很浅，水平流速较小。因排水立管内壁粗糙，固（管

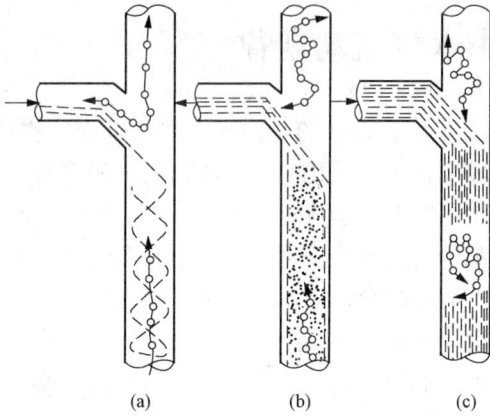

图 5-18　立管内水流状态

(a) 附壁螺旋流；(b) 水膜流；(c) 水塞流

道内壁）液（污水）两相间的界面力大于液体分子之间的内聚力，进入立管的水不能以水团形式脱离管壁在中心坠落，而是沿着管内壁周边向下作螺旋流动。因螺旋运动产生离心力，使水流密实，气液界面清晰，水流挟气作用不明显，立管中心气流正常，管内气压稳定。

随着排水量的增加，当水量足够覆盖立管的整个管壁时，水流改作附着于管壁向下流动。因排水量较小，管道中心气流依旧正常，气压较稳定。在设有专用通气立管的排水系统中，充水率 $\alpha < 1/4$ 时，立管内为附壁螺旋流。

2. 水膜流

当流量进一步增加，由于空气阻力和管壁摩擦力的共同作用，水流沿管壁作下落运动，形成有一定厚度的带有横向隔膜的附壁环状膜流。附壁环状水膜流与横向隔膜的运动方式不同，环状水膜形成后比较稳定，向下作加速运动，水膜厚度近似与下降速度成正比。随着水流下降流速的增加，水膜所受管壁摩擦力也随之增加。当水膜受向上的摩擦力与重力达到平衡时，水膜的下降速度和水膜厚度不再变化，这时的流速叫终限流速（v_t），从排水横支管水流入口至终限流速形成处的高度叫终限长度（L_t）。

横向隔膜不稳定，在向下运动过程中，隔膜下部管内压力不断增加，压力达到一定值时，管内气体将横向隔膜冲破，管内气压又恢复正常。再继续下降的过程中，又形成新的横向隔膜，横向隔膜形成与破坏交替进行。由于水膜流时排水量不是很大，形成的横向隔膜厚度较薄，横向隔膜破坏的压力小于水封破坏的控制压力。在水膜阶段，立管内的充水率 α 在 $1/4 \sim 1/3$ 之间，立管内气压有波动，但其变化不会破坏水封。

3. 水塞流

随着排水量继续增加，充水率 α 超过 $1/3$ 后，横向隔膜的形成与破坏越来越频繁，水膜厚度不断增加，隔膜下部的压力不能冲破水膜，最后形成较稳定的水塞。水塞向下运动，管内气体压力波动剧烈，水封破坏，整个排水系统不能正常使用。

综合考虑排水系统的安全和经济因素，各国都选用水膜流作为设计排水立管的依据。

课题 3　排水系统设计

一、设计流量

1. 排水量的确定

(1) 生活排水系统排水定额是其相应的生活给水系统用水定额的 $85\% \sim 95\%$。居住小区生活排水系统小时变化系数与其相应的生活给水系统小时变化系数相同，即居住小区的居民生活用水量，应按小区人口和住宅最高日生活用水定额经计算确定。居住小区内的公共建筑用水量，应按其使用性质、规模、采用的用水定额经计算确定。

（2）居住小区内生活排水的设计流量应按住宅生活排水最大小时流量与公共建筑生活排水最大小时流量之和确定。

（3）公共建筑生活排水定额和小时变化系数与公共建筑生活给水定额和小时变化系数相同，即集体宿舍、旅馆等公共建筑的生活用水定额及小时变化系数，根据卫生器具完善程度和区域条件，可按相应的表格确定。

（4）卫生器具排水的流量、当量、排水管管径，应按表5-14确定。

表5-14 卫生器具排水的流量、当量、排水管管径

序号	卫生器具名称		排水量 /(L/s)	当量	排水管管径 /mm
1	污水盆（池）		0.33	1.0	50
2	单格洗涤盆（池）		0.67	2.0	50
3	双格洗涤盆（池）		1.00	3.0	50
4	盥洗槽（每个水嘴）		0.33	1.00	50～75
5	洗手盆		0.10	0.3	32～50
6	洗脸盆		0.25	0.75	32～50
7	浴盆		1.00	3.00	50
8	淋浴器		0.15	0.45	50
9	大便器	高水箱	1.50	4.50	100
		虹吸式、喷射虹吸式	2.00	6.00	100
		自闭式冲洗阀	1.50	4.50	100
		冲落式	1.50	4.50	100
10	医用倒便器		1.50	4.50	100
11	大便槽	≤4	2.50	7.50	100
		＞4	3.00	9.00	150
12	小便器	自闭式冲洗阀	0.10	0.30	40～50
		感应式冲洗阀	0.10	0.30	40～50
13	小便槽（每米长）	自动冲洗水箱	0.17	0.50	
		自动冲洗水箱	0.17	0.50	
14	化验盆（无塞）		0.20	0.60	40～50
15	净身器		0.10	0.30	40～50
16	饮水器		0.05	0.15	25～50
17	家用洗衣机		0.50	1.50	50

注 家用洗衣机排水软管，直径为30mm，有上排水的家用洗衣机排水软管内径为19mm。

2. 设计秒流量的确定

建筑内部排水系统的设计秒流量是按瞬时高峰排水量制定的。

（1）住宅、集体宿舍、旅馆、医院、疗养院、幼儿园、养老院、办公楼、商场、会展中心、中小学教学楼等建筑生活排水管道设计秒流量，应按式（5-4）计算：

$$q_p = 0.12\alpha \sqrt{N_p} + q_{max} \tag{5-4}$$

式中 q_p——计算管段排水设计秒流量，L/s；

N_P——计算管段的卫生器具排水当量总数；

α——根据建筑物用途而定的系数，按表 5-15 确定；

q_{max}——计算管段上最大一个的卫生器具排水流量，L/s。

表 5-15 根据建筑物用途而定的系数值

建筑物名称	住宅、宾馆、医院、疗养院、幼儿园、养老院的卫生间	集体宿舍、旅馆和其他公共建筑的公共盥洗室和厕所间
α 值	1.5	2.0～2.5

注 如计算所得流量值大于该管段上按卫生器具排水流量累加值时，则污水流量应按卫生器具排水流量累加值计。

（2）工业企业生活间、公共浴室、洗衣房、职工食堂或营业餐厅的厨房、实验室、影剧院、体育馆、候车（机、船）室等建筑的生活管道排水设计秒流量，应按式（5-5）计算：

$$q_p = \sum q_0 N_0 b \qquad (5-5)$$

式中 q_p——计算管段排水设计秒流量，L/s；

q_0——同类型的一个卫生器具排水流量；

N_0——同类型卫生器具数；

b——卫生器具的同时排水百分数，按卫生器具的同时给水百分数选用。冲洗水箱大便器的同时排水百分数应按 12% 计算。

当计算排水流量小于 1 个大便器排水流量时，应按 1 个大便器的排水流量计算。

二、管网水力计算

水力计算的目的是根据排水设计秒流量，经济、合理地确定排水管的管径和管道的坡度，同时确定是否需要设置专用通气立管，以保证管道系统正常工作。

1. 根据经验确定的最小管径

（1）医院污物洗涤盆（池）和污水盆（池）的排水管管径，不得小于 75mm。

（2）浴池的泄水管管径宜采用 100mm。

（3）小便槽或连接 3 个或 3 个以上的小便器，其污水支管管径不宜小于 75mm。

（4）当公共食堂厨房内的污水采用管道排除时，其管径比计算管径大一级，但干管管径不得小于 100mm，支管管径不得小于 75mm。

（5）大便器排水管最小管径不得小于 100mm。

（6）建筑物内排出管最小管径不得小于 50mm。多层住宅厨房间的立管管径不宜小于 75mm。

2. 排水横管的水力计算

当计算管段上卫生器具数量较多时，必须进行水力计算，以便合理、经济地确定管径和管道坡度。

（1）计算规定。为了使排水管道在良好的水力条件下工作，必须满足下述三个水力要素的规定：

1）管道坡度：排水管道的坡度应满足流速和充满度的要求，一般情况下应采用通用坡度，建筑物内生活排水铸铁管道的最小坡度和最大设计充满度见表 5-16。

建筑塑料排水管粘接、热熔连接的排水横支管的标准坡度应为 0.026。胶圈密封连接排水横管的坡度可按表 5-17 调整。

小区室外生活排水管道的最小管径、最小设计坡度和最大设计充满度可按表 5-18 确定。

表 5-16　　　　　　建筑物内生活排水铸铁管道的最小坡度和最大充满度

管径/mm	通用坡度	最小坡度	最大设计充满度
50	0.035	0.025	
75	0.025	0.015	
100	0.020	0.012	0.5
125	0.015	0.010	
150	0.010	0.007	0.6
200	0.008	0.005	

表 5-17　　　建筑排水塑料管排水横管的最小坡度、通用坡度和最大设计充满度

外径/mm	通用坡度	最小坡度	最大设计充满度
50	0.025	0.0120	
75	0.015	0.0070	
110	0.012	0.0040	0.5
125	0.010	0.0035	
160	0.007	0.0030	
200	0.005	0.0030	
250	0.005	0.0030	0.6
315	0.005	0.0030	

表 5-18　　　　小区室外生活排水管道的最小管径、最小设计坡度和最大设计充满度

管别	管材	最小管径/mm	最小设计坡度	最大设计充满度
接户管	埋地塑料管	160	0.005	
支管	埋地塑料管	160	0.005	0.5
干管	埋地塑料管	200	0.004	

注　1. 接户管管径不得小于建筑物排出管管径。

　　2. 化粪池与其连接的第一个检查井的污水管最小设计坡度取值：管径 150mm 宜为 0.010～0.012；管径 200mm 宜为 0.010。

2）管道充满度：排水管道内的污水是在非满管流动的情况下自流排出室外的，管道充满度为管内水深 H 与管径 D 的比值，管道顶部未充满水的目的在于排出管道内的臭气和有害气体、容纳超过设计的高峰流量，以及减少管道内气压波动。因此，《建筑给排水设计规范》规定了排水管道的最大设计充满度，见表 5-16～表 5-18。

3）管内流速：污（废）水在排水管道内的流速对管道的正常工作有很大的影响。为使悬浮在污水中的杂质不致沉落在管底，须有一个最小保证流速（或称自清流速）见表 5-19；为了防止管壁因受污水中坚硬杂质长期高速流动的摩擦而损坏和防止过大的水流冲击，表 5-20 中规定了排水管内最大允许流速。

表 5-19　　　　　　　　　各种排水管道的自清流速值

管道类别	生活污水管道直径 d/mm			明渠（沟）	雨水管道及合流制排水管道
	d<150	=150	d=200		
自清流速/(m/s)	0.60	0.65	0.70	0.40	0.75

表 5-20　　　　　　　　　　　　　　　**管道内最大允许流速值**

管 道 材 料	生活污水流速/(m/s)	含有杂质的工业废水、雨水流速/(m/s)
金 属 管	7.0	10.0
陶 土 及 陶 瓷 管	5.0	7.0
混凝土、钢筋混凝土及石棉水泥管	4.0	7.0

（2）计算公式及计算表。排水管道的水力计算应根据以上三个规定，查相应的水力计算表。排水横管按重力流量，应按式（5-6）计算：

$$q_p = Av \times 10^3 \tag{5-6}$$

$$v = \frac{1}{n} \times R^{2/3} I^{1/2} \tag{5-7}$$

式中　q_p——计算管段排水设计秒流量，L/s；

　　　A——管道在设计充满度的过水断面面积，m^2；

　　　v——速度，m/s；

　　　R——水力半径，m；

　　　I——水力坡度，采用排水管的坡度；

　　　n——管壁粗糙系数，铸铁管为 0.013；混凝土管、钢筋混凝土管为 0.013～0.014；钢管为 0.012；塑料管为 0.009。

为方便计算，人们编制了排水管道的水力计算表。实际设计计算时，在符合最小管径和表 5-16～表 5-18 规定的最大设计充满度、最小坡度的前提下，查相应的水力计算表即可。

3. 排水立管计算

生活排水立管管径根据排水管道的设计流量，在控制立管管径不小于横支管的前提下，查表 5-21 确定，要使得排水管道的设计流量小于排水立管的最大排水能力。

表 5-21　　　　　　　　　　　　　　　**生活排水立管最大设计排水能力**

排水立管系统类型			最大设计排水能力/(L/s)				
			排水立管管径/mm				
			50	75	100 (110)	125	150 (160)
伸顶通气管	立管与横支管连接配件	90°顺水三通	0.8	1.3	3.2	4.0	5.7
		45°斜三通	1.0	1.7	4.0	5.2	7.4
专用通气管	专用通气管 75mm	结合通气管每层连接	—	—	5.5		
		结合通气管隔层连接	—	3.0	4.4		
	专用通气管 100mm	结合通气管每层连接	—	—	8.8		
		结合通气管隔层连接	—	—	4.8		
	主、副通气立管＋环形通气管		—	—	11.5		
自循环通气	专用通气形式		—	—	4.4		
	环形通气形式		—	—	5.9		
特殊单立管	混合器		—	—	4.5		
	内螺旋管＋旋流器	普通型	—	1.7	3.5	—	8.0
		加强型	—	—	6.3	—	—

注　排水层数在 15 层以上时，宜乘 0.9 系数。

三、排水系统设计训练

【综合设计训练】

某七层教学楼公共卫生间排水管平面图，如图 5-19 所示。每层男厕设高位水箱蹲式大便器 3 个，自动冲洗小便器 3 个，洗手盆 1 个，地漏 1 个；每层女厕设高位水箱蹲式大便器 3 个，洗手盆 1 个，地漏 1 个；开水间设污水盆 1 个，地漏 2 个。图 5-20 为排水系统计算草图，管材为排水塑料管。试进行水力计算，确定各管段管径和坡度。

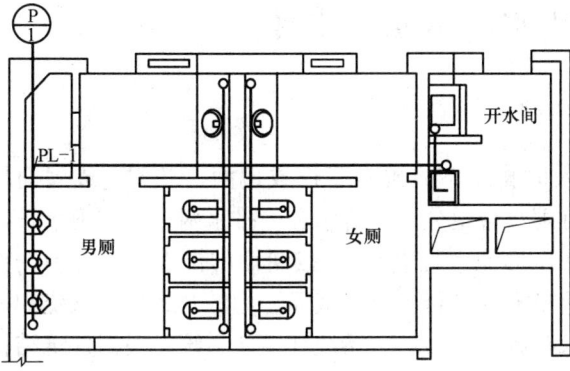

图 5-19 某教学楼公共卫生间排水管平面布置图

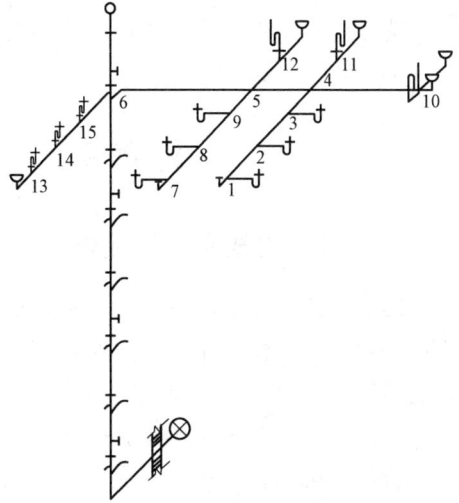

图 5-20 某教学楼公共卫生间排水系统计算草图

解 1. 横支管计算

排水设计秒流量的计算公式为：

$$q_p = 0.12\alpha\sqrt{N_p} + q_{max}$$

其中 α 取 2.5，卫生器具排水当量和排水流量按表 5-12 选取，计算出各管段的排水设计秒流量后查相关规范，确定管径和坡度（均采用标准坡度）。计算结果见表 5-22。

表 5-22　　　　　　　　　　各层排水横支管水力计算表

管段编号	卫生器具种类和数量				排水当量总数 $\sum N_g$	设计秒流量 q_g /(L/s)	管径 d_e /mm	坡度 I /(mm/m)	备　注
	大便器 $N_g=4.5$	小便器 $N_g=0.3$	污水盆 $N_g=1.0$	洗手盆 $N_g=0.3$					
1~2	1				4.50	1.50	110	0.026	1. 管段 1~2、10~4、13~14 按表 5-14 确定
2~3	2				9.00	2.40	110	0.026	2. 管段 14~15、15~6 按公式计算结果大于卫生器具排水流量累加值，因此设计秒流量按卫生器具排水流量累加值计算
3~4	3				13.5	2.60	110	0.026	
4~5	3		1	1	14.8	2.65	110	0.026	
5~6	6		1	2	28.6	3.10	110	0.026	
10~4		1			1.0	0.33	50	0.026	3. 管段 15~6 连接 3 个小便器
11~4				1	0.3	0.10	50	0.026	
13~14		1			0.3	0.10	50	0.026	4. 管段 7~5 与管段 1~4 相同，管段 12~5 与管段 11~4 相同
14~15		2			0.6	0.20	50	0.026	
15~6		3			0.9	0.30	75	0.026	

2. 立管计算

立管接纳的排水当量总数为

$$N_P=(28.6+0.9)\times7=206.5$$

立管最下部管段的排水设计秒流量

$$q_P=(0.12\times2.5\times206.5^{1/2}+1.5)L/s=5.81L/s$$

查表 5-20 选用立管管径 d_e160，设置伸顶通气管，无须设置专用通气立管。

3. 立管底部和排出管计算

为了排水畅通，立管底部和排出管的管径放大一级，取 $d_e=200$，坡度取标准坡度 $i=0.026$，查附录 3，符合要求。

课题4 屋面雨水排水系统设计

一、排水方式及设计流态

降落在建筑屋面的雨水和融化雪水应及时排至室外雨水管道或地面，以免造成屋面积水、漏水。屋面雨水系统按建筑内部是否有雨水管道分为外排水和内排水两种。按雨水管道内的流态分为重力无压流、重力半有压流和压力流（虹吸流）。按屋面的排水条件分为檐沟排水、天沟排水和无沟排水。按照出户埋地横干管是否有自由液面分为敞开式排水系统和密闭式排水系统两种。按一根立管连接的雨水斗数量分为单斗系统和多斗系统。根据建筑结构形式、气候条件及生产使用要求，在技术经济合理的条件下，屋面雨水应尽量采用外排水。

（一）屋面雨水系统的主要类型和组成

1. 檐沟外排水系统

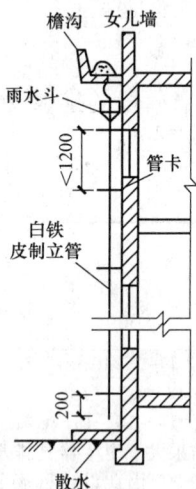

图 5-21 檐沟外排水

檐沟外排水系统有檐沟、雨水斗、雨水立管（水落管）等组成，如图 5-21 所示。檐沟外排水系统是目前使用最广泛的屋面雨水排除系统，适用于一般居住建筑、屋面面积较小且体积不复杂的公共建筑和单跨工业建筑。水落管目前常采用 $\phi75mm$ 和 $\phi110mm$ 的 UPVC 排水塑料管、镀锌钢管，间距一般为 6～8m。

2. 天沟外排水系统

天沟外排水系统由天沟、雨水斗、雨水立管等组成，如图 5-22 所示。天沟外排水是由天沟汇集雨水，雨水斗置于天沟内，天沟布置以伸缩缝、沉降缝、变形缝为分水线。天沟坡度不小于 0.003，天沟一般伸出山墙 0.4m。屋面雨水经天沟、雨水斗和排水立管排至地面或雨水管。天沟外排水适合多跨度厂房、库房的屋面雨水排除。

3. 内排水系统

将雨水管道系统设置在建筑物内部的称为屋面雨水内排水系统，如图 5-23 所示，其由雨水斗、连接管、悬吊管、立管、排出管、检查井等组成。屋面雨水内排水系统用于不宜在室外设置雨水立管的多层、高层和大屋顶民用和公共建筑及大跨度、多跨工业建筑。按每根雨水立管连接的雨水斗的个数，可以分为单斗和多斗雨水排水系统。按雨水管中水流的设计流态可分为重力流雨水系统和虹吸式压力流雨水系统。

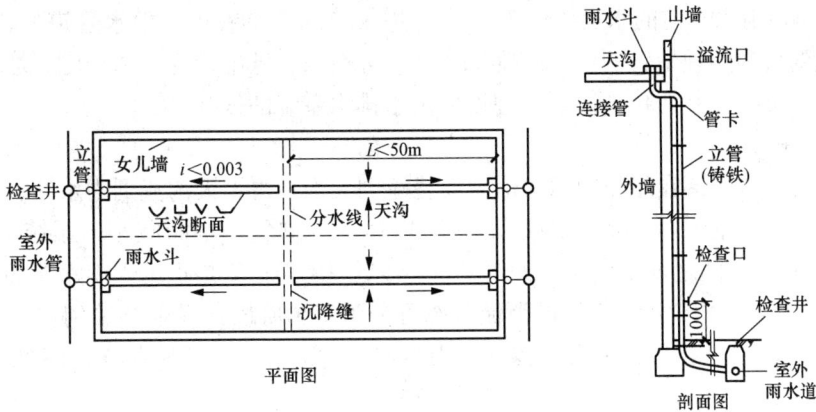

图 5-22 天沟外排水

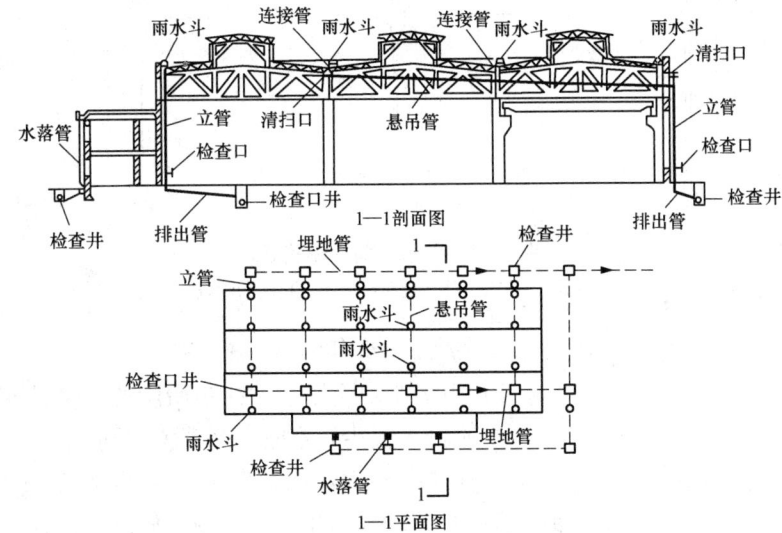

图 5-23 内排水系统构造示意图

（二）雨水管系的设计流态

屋面雨水进入雨水斗时，会夹带一部分空气进入雨水管道，因此雨水管道中是水、气两相流。雨水从雨水斗到室外雨水井或地面的过程中无能量输入，所以为重力流。进入雨水管道系统的空气量直接影响管道内的压力波动和水流状态，随着雨水斗前的水面深度 h 的不断增加，管道中会出现重力无压流、重力半有压流和压力流（虹吸流）三种流态。建筑屋面雨水管道设计流态宜符合下列状态：

（1）檐沟外排水宜按重力流设计。

（2）长天沟外排水宜按压力流设计。

（3）高层建筑屋面雨水排水系统宜按重力流设计。

（4）工业厂房、库房、公共建筑的大型屋面雨水排水系统宜按压力流设计。

二、雨水管系内水气流动规律

雨水管道中泄流的是水、气两种介质。降雨历时、汇水面积、天沟水深影响了雨水斗前

的水面深度 h，雨水斗前的水面深度 h 又决定进气口的大小和进入雨水管道的相对空气量。这些变化受到天沟距埋地管的位置高度 H、天沟水深 h、悬吊管管径和长度、坡度及立管管径等诸多因素影响。其变化规律是合理设计雨水排水系统的依据。

（一）单斗雨水系统

降雨开始后，降落在屋面的雨水沿屋面径流到天沟，再沿天沟流到雨水斗、随着降雨历时的延长，雨水斗前水深不断增加，如图 5-24 所示。进气口不断减小，系统的泄流量 Q、压力 p 和掺气比 K 随之发生变化，如图 5-25 所示。掺气比 K 是指进入雨水斗的空气量与雨水量的比值。按降雨历时 t，系统的泄流状态可分为三个阶段：降雨开始到掺气比最大的初始阶段（$0 \leqslant t < T_a$），掺气比最大到掺气比为零的过渡阶段（$T_a \leqslant t < T_b$）和不掺气的饱和阶段（$t \geqslant T_b$）。

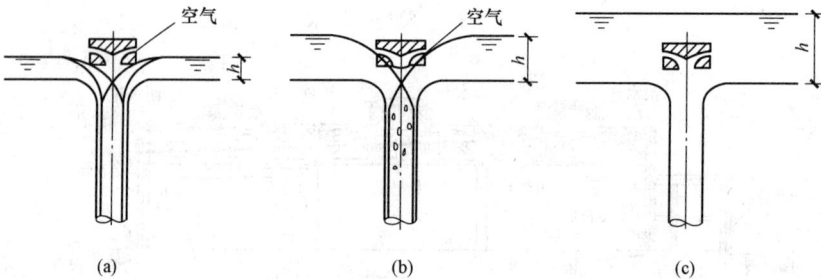

图 5-24　雨水斗前水流状态
（a）初始阶段；（b）过渡阶段；（c）饱和阶段

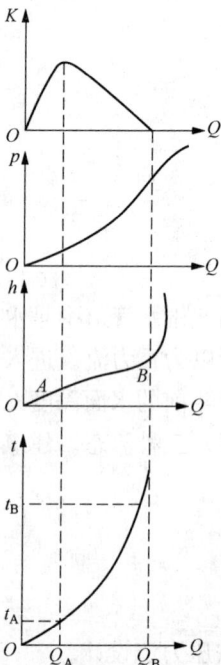

图 5-25　雨水斗性能参数变化曲线
Q—泄流量；p—管内负压；
K—掺气比；h—雨水斗前水深

1. 初始阶段（$0 \leqslant t < t_A$，$\alpha < 1/3$）

1）雨水斗和连接管。在初始阶段，降雨刚开始，流入雨水斗的雨水很少，在这一阶段，雨水斗大部分暴露在大气中，进气面积大，泄流量较小，因此掺气比急剧上升，到 t_A 时达到最大，如图 5-24（a）所示。因泄流量较小，充水率 $\alpha < 1/3$，雨水在连接管内呈附壁流或膜流，管中心空气畅通，管内压力很小且变化缓慢，约等于大气压力。

2）悬吊管与立管。因泄流量小，管内时充满度很小的非满流，水面上的空气经连接管和雨水斗与大气自由流通，悬吊管内压力变化很小。立管管径与连接管管径相同，立管内也是附壁水膜流。因立管内雨水流速大于悬吊管内的流速，雨水会夹带一部分空气向下流动，其空间会由经雨水斗、连接管、悬吊管来的空气补充，所以立管内压力变化很小。

3）埋地干管。因管径、泄流量与悬吊管相同，排出管和埋地干管内的流态与悬吊管相似，充满度很小有自由液面，系统压力变化很小。

由以上分析可以看出，单斗雨水系统的初始阶段，雨水排水系统的泄流量小，管内气流畅通，压力稳定，雨水靠重力流动，是水气两相重力无压流。

2. 过渡阶段（$t_A \leqslant t < t_B$，$1/3 \leqslant \alpha < 1$）

1）雨水斗和连接管。在过渡阶段，随着汇水面积的增加，雨水斗前水深逐渐增加，因泄流量随水深增加而增加，这个阶段水深增加缓慢，近似呈线性关系。因泄流量逐渐增加，管内充水率增加，管道断面面积不变，泄流量逐渐增加速率越来越小。当天沟的水深达到一定深度时，在雨水斗上方，会自然生成漏斗状的立轴漩涡，雨水斗前水面波动大，如图 5-24（b）所示。随着雨水斗前水位的上升，漏斗逐渐变浅，漩涡逐渐收缩，雨水斗进气面积和掺气量逐渐减小，泄流量增加，掺气比急剧下降，到 t_B 时掺气比为零。因泄流量增加和掺气量减少，管内频繁形成水塞，出现负压抽力，管内压力增加较快。

2）悬吊管与立管。悬吊管管内负压不断增大，起端呈正压，末端和立管的上部呈负压，在悬吊管末端与立管连接处负压最大。立管内的负压值迅速减小，至某一高度时压力为零，再向下压力为正，压力变化曲线呈线性关系，其斜率随泄流量增加而减小，零压点随泄流量增加而上移，满流时零压点的位置最高。立管底部正压力达到最大。

3）埋地干管。高速夹气水流进入密闭系统的埋地管后，流速急骤减小，其动能的绝大部分用于克服水流沿程阻力，转变为水壅，形成水跃，水流波动剧烈，是使立管下半部产生正压的主要原因。水中夹带的气体随水流向前运动的同时，受浮力作用作垂直运动扰动水流，使水流掺气现象激烈，形成满管的气—水乳化流，导致水流阻力和能量损失增加。

水流在埋地横管内向前流动过程中，水中气泡的能量减小，逐渐从水中分离出来，聚积在管道断面上部形成气室，并有压力作用在管道内雨水液面上。随气室减小了过水断面，但同时有压力作用在水面上，水力坡度不再仅是管道坡度，还有液面压力产生的水力坡度，这又增加了埋地管的泄水能力。

对于敞开式内排水系统，立管或排出管中的高速水流冲入检查井，流速骤减，动能转化为位能，使检查井水位上升。同时，夹气水流在检查井内上下翻滚，使井内水流旋转紊乱，阻扰水流进入下游埋地管。水中夹带的气体与水分离，在井内产生压力。在埋地管起端，因管径小，检查井内的雨水极易从井口冒出，造成危害。

以上分析可以看出，单斗雨水系统的过渡阶段的泄流量较大，管内气流不通畅，管内压力不稳定，变化大，雨水靠重力和负压抽吸流动，是气-水两相重力半有压流。

3. 饱和阶段（$t \geqslant t_B$，$\alpha = 1$）

1）雨水斗和连接管。到达 t_B 时刻，变成饱和阶段。这时天沟内水深淹没雨水斗，雨水斗上的漏斗和漩涡消失，如图 5-24（c）所示。不掺气，管内满流。因雨水斗安装高度不变，天沟水深增加产生的水头不足以克服因流量增加在管壁上产生的摩擦阻力，泄流量达到最大，基本不增加。所以天沟水深急剧上升，泄水主要由负压抽力，所以雨水斗和连接管内为负压。

2）悬吊管与立管。呈水单相流，悬吊管起端管内压力可能是负压也可能是正压，管内压力减小，负压增大，至末端与立管连接处负压最大，形成虹吸。立管内压力由负压逐渐增加为正压。立管与埋地管连接处达到最大正压。

3）埋地干管。埋地干管内是水单相流。管内正压值逐渐减小，至室外雨水检查井处压力为零。

由以上分析，单斗雨水系统饱和阶段雨水排水系统的泄流量达到最大，雨水主要靠负压抽吸流动，是水单相压力流。

通过以上分析，对于单斗雨水系统，压力流状态下系统的泄流量最大，重力流时泄流量最小。在重力半有压力流和压力流状态下，雨水排水系统的泄水能力取决于天沟位置高度。雨水斗离排出管的垂直距离越大，产生的吸力越大，泄水能力也就越大。系统最大负压在悬吊管与立管连接处，最大正压在立管与埋地干管的连接处。

（二）多斗雨水排水系统

1. 初始和过渡阶段

一根悬吊管上连接两个或两个以上雨水斗的雨水排水系统为多斗雨水系统。

在初始和过渡阶段，多斗雨水系统中雨水斗之间相互干扰的大小与悬吊管上雨水斗的个数、互相之间的间距及雨水口距排水立管的远近有关。

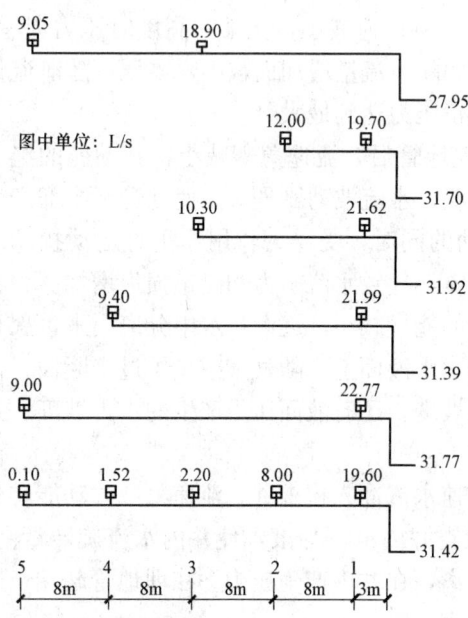

图 5-26　多斗系统雨水泄流规律

如图 5-26 所示是立管高度为 4.2m，天沟水深为 40mm 时多斗雨水排水系统泄流量的实测资料，图中数据为泄流量，单位为 L/s。

由图 5-26 中数据可以看出，离立管近的雨水斗排水能力大；离立管距离远，则泄流能力小。离立管距离远的雨水斗排水能力小，该雨水斗处天沟水位上升快，雨水斗可能淹没。为防止屋顶溢水，天沟深度不可能无限增高，所以近立管雨水斗不可能淹没，此雨水斗泄水时总要掺气，立管内呈水气两相流。

如图 5-26 所示（b）～（e）都设有两个雨水斗，且近立管雨水斗至立管距离相等，四种情况总泄流量基本相同。随着两个雨水斗间距的增加，近立管雨水斗泄流量逐渐增加，而远离立管雨水斗泄流量逐渐减小，但变化幅度不大。

如图 5-26 所示（a）和（c）两雨水斗间距一样，距离立管不同时，两个雨水斗泄流量的比值基本相同，但两种情况总泄流量不同，离立管越近，总泄流量越大。

如图 5-26 所示（f）一根立管上连接了 5 个雨水斗，各个雨水斗泄流量变化不大离立管越远，泄流量越小。距离立管最近的两个雨水斗泄流量之和占总泄流量的 87.8%，第 3 个及其以后的雨水斗泄流量很小。

比较图 5-26 中（b）和（f）两种情况可见，近立管雨水斗泄流量和总泄流量基本相同，（f）中其余 4 个雨水斗泄流量之和比（b）中离立管较远的雨水斗的泄流量还小。

通过以上分析可知：重力半有压力流的多斗雨水排水系统中，一根悬吊管连接的雨水斗不宜过多，雨水斗之间的距离不宜过大，雨水斗应尽量靠近立管。

2. 饱和阶段

饱和阶段多斗雨水排水系统的每个雨水斗都被淹没，空气不会进入系统，系统内为水单相流，悬吊管和立管上部负压值达到最大，抽吸作用大，下游雨水斗的泄流不会向上游回水，对上游雨水斗泄水阻隔和干扰很小，各个雨水斗泄流能量相差不大。系统内水流速度大，泄流量远远大于初始和过渡阶段的重力流和重力半有压力流。

下游某雨水斗道悬吊管的距离小于上游雨水斗到这一点的距离，为保持该处压力平衡，应增加下游雨水斗到悬吊管的水头损失。因悬吊管和立管上部负压值很大，为保证安全，防止管道损坏，应选用铸铁管或承压塑料管。

三、屋面雨水设计流量

1. 设计雨水流量

雨水设计流量按公式（5-8）计算：

$$q_y = \frac{q_j \varphi F_w}{10\ 000} \tag{5-8}$$

式中　q_y——设计雨水流量，L/s；

　　　q_j——设计暴雨强度，L/(s·hm²)，暴雨强度的计算参考各个地区的暴雨强度公式，当采用天沟集水且檐沟溢水会流入室内时，设计暴雨强度应乘以 1.5 的系数；

　　　φ——径流系数，按表 5-23 选取；

　　　F_w——汇水面积，m²。

表 5-23　　　　　　　　　径　流　系　数

地面种类	径流系数	地面种类	径流系数
屋面	0.90～1.00	干砌砖、石及碎石路面	0.40
混凝土和沥青路面	0.90	非铺砌的土路面	0.30
块石等铺砌路面	0.60	绿地	0.15
级配碎石路面	0.45		

设计暴雨强度应按当地或相邻地区暴雨强度公式计算确定。部分城市的降雨强度可查相关设计手册。雨水汇水面积应按地面、屋面水平投影面积计算，高出屋面的毗邻侧墙，应附加其最大受雨面正投影的一半作为有效汇水面积计算。窗井、贴近高层建筑外墙的地下汽车库出入口坡道应附加其高出部分侧墙面积的 1/2。

在计算暴雨强度时，屋面雨水排水管道设计降雨历时应按 5min 计算。屋面雨水排水管道的排水设计重现期应根据建筑物的重要程度、汇水区域性质、地形特点、气象特征等因素确定，各种汇水区域的设计重现期不宜小于表 5-24 的规定值，对一般性建筑物设计重现期为 2～5 年。

表 5-24　　　　　　　　各种汇水区域的设计重现期

汇水区域名称		设计重现期/a
室外场地	小区	1～3
	车站、码头、机场的基地	2～5
	下沉式广场、地下车库坡道出入口	5～50

汇水区域名称		设计重现期/a
屋面	一般性建筑	2～5
	重要公共建筑	≥10

注 1. 工业厂房屋面雨水排水设计重现期应根据生产工艺、重要程度等因素确定。

2. 下沉式广场设计重现期应根据广场的构造、重要程度、短期积水即能引起较严重后果等因素确定。

2. 屋面雨水管道的设计流态

檐沟外排水宜按重力流设计，长天沟外排水宜按满管压力流设计，高层建筑屋面雨水排水宜按重力流设计，工业厂房、库房、公共建筑的大型屋面雨水排水宜按满流压力流设计。

3. 雨水管道的最小管径和横管的最小设计坡度

各种雨水管道的最小管径和横管的最小设计坡度宜按表 5-25 确定。

表 5-25　　　　　　　　雨水管道的最小管径和横管的最小设计坡度

管　别	最　小　管　径	横管最小设计坡度	
		铸铁管、钢管	塑料管
建筑外墙雨水落水管	75 (75)		
雨水排水立管	100 (110)		
重力流排水悬吊管、埋地管	75 (75)	0.01	0.005
压力流屋面排水悬吊管	50 (50)	0.00	0.00
小区建筑物周围雨水接户管	200 (225)	0.005	0.003
小区道路下干管、支管	300 (315)	0.003	0.0015
13 号沟头的雨水口的连接管	200 (225)	0.01	0.01

4. 水力计算

(1) 重力流雨水系统计算。

1) 单斗系统：单斗系统的雨水斗、连接管、悬吊管、立管、排出横管的口径均相同，系统的设计流量不应超过表 5-26 的规定。

表 5-26　　　　　　　　屋面雨水斗的最大泄流能力　　　　　　　　(L/s)

雨水斗规格/mm		50	75	100	125	150
重力流排水系统	重力流雨水斗泄流量	—	5.6	10.0		23.0
满管压力流排水系统	87 型雨水斗泄流量	—	8.0	12.0	—	26.0
	雨水斗泄流量	6.0～18.0	12.0～32.0	25.0～70.0	60.0～120.0	100.0～140.0

注　满管压力流雨水斗应根据不同型号的具体产品确定其最大泄流量。

2) 多斗系统雨水斗：在悬吊管上有 1 个以上雨水斗的多斗系统中，雨水斗的设计流量应根据表 5-25 括号中的数值取值。但最远端雨水斗的设计流量不得超过此值，由于距立管越近的雨水斗泄流量越大，因此其他各雨水斗的设计流量应依次比上游雨水斗递增 10%，但到第五个雨水斗时不宜再增加。

3) 多斗系统悬吊管：重力流屋面雨水排水管系的悬吊管应按非满流设计，其中充满度

H/D 不大于 0.8，管内流速不宜小于 0.75m/s。悬吊管管径根据各雨水斗流量之和和悬吊管坡度查表 5-27、表 5-28 确定。悬吊管管径根据各雨水斗流量之和确定，并不得小于雨水斗连接管管径，且应保持管径不变。

钢管和铸铁管的设计负荷可按表 5-27 确定，表中 $n=0.014$，$H/D=0.8$。

各种塑料管的设计负荷可按表 5-28 选取，表中 $n=0.01$，$H/D=0.8$。

4) 重力流雨水排水立管。重力流雨水排水立管的排水能力应满足表 5-29 的要求，立管管径不得小于悬吊管管径。

表 5-27　　　　　　　　多斗悬吊管（钢管、铸铁管）的最大排水能力　　　　　　（L/s）

水力坡度 I ＼ 管径/mm	75	100	150	200	250
0.02	3.07	6.63	19.55	42.10	76.33
0.03	3.77	8.12	23.94	51.56	93.50
0.04	4.35	9.38	27.65	59.54	107.96
0.05	4.86	10.49	30.91	66.57	120.19
0.06	5.33	11.49	33.86	72.92	132.22
0.07	5.75	12.41	36.57	78.76	142.82
0.08	6.15	13.26	39.10	84.20	142.82
0.09	6.52	14.07	41.47	84.20	142.82
≥0.10	6.88	14.83	41.47	84.20	142.82

表 5-28　　　　　　　　多斗悬吊管（塑料管）的最大排水能力　　　　　　　（L/s）

水力坡度 I ＼ d_e/mm	90×3.2	110×3.2	125×3.7	160×4.7	200×5.9	250×7.3
0.02	5.76	10.20	14.30	27.66	50.12	91.02
0.03	7.05	12.49	17.51	33.88	61.38	111.48
0.04	8.14	14.42	20.22	39.12	70.87	128.72
0.05	9.10	16.13	22.61	43.73	79.24	143.92
0.06	9.97	17.67	24.77	47.91	86.80	157.65
0.07	10.77	19.08	26.75	51.75	93.76	170.29
0.08	11.51	20.40	28.60	55.32	100.23	170.29
0.09	12.21	21.64	30.34	58.68	100.23	170.29
≥0.10	12.87	22.81	31.98	58.68	100.23	170.29

表 5-29　　　　　　　　　重力流屋面雨水排水立管的泄流量

铸　铁　管		塑　料　管		钢　管	
公称直径 /mm	最大泄流量 /(L/s)	公称外径 × 壁厚 /mm	最大泄流量 /(L/s)	公称外径 × 壁厚 /mm	最大泄流量 /(L/s)
75	4.30	75×2.3	4.50	108×4	9.40
100	9.50	90×3.2	7.40	133×4	17.10
		110×3.2	12.80		
125	17.00	125×3.2	18.30	159×4.5	27.80
		125×3.7	18.00	168×6	30.80

铸　铁　管		塑　料　管		钢　管	
公称直径/mm	最大泄流量/(L/s)	公称外径×壁厚/mm	最大泄流量/(L/s)	公称外径×壁厚/mm	最大泄流量/(L/s)
150	27.80	160×4.0	35.50	219×6	65.50
		160×4.7	34.70		
200	60.00	200×4.9	64.60	245×6	89.80
		200×5.9	62.80		
250	108.00	250×6.2	117.00	273×7	119.10
		250×7.3	114.10		
300	176.00	315×7.7	217.00	325×7	194.00
—	—	315×9.2	211.00	—	—

5）排出管和其他横管：排出管（又称出户管）和其他横管（如管道层的汇合管等）可近似按悬吊管的方法计算。排出管的管径根据系统的总流量确定，并且从起点起管径不宜改变。排出管在出建筑外墙时流速如果大于 1.8m/s，管径应适当放大。

（2）压力流雨水系统计算。

1）雨水斗的名义口径一般有 D50、D75 和 D100 三种。表 5-30 是常用的雨水斗排水能力。

表 5-30　　　　　　　　　　　　雨水斗排水能力　　　　　　　　　　　　(L/s)

名义口径/mm　　　　　　种类	D50	D75	D100
OIS302 雨水斗/(L/s)	6.0	12.0	25.0

2）悬吊管和立管：虹吸式雨水系统的雨水斗和管道一般由专业设备商配套供应，但悬吊管和立管的管径计算应在同时满足以下条件的基础上确定。

①悬吊管最小流速不宜小于 1m/s，立管最小流速不宜小于 2.2m/s。管道最大流速宜在 6～10m/s 之间。

②系统的总水头损失（从最远雨水斗到排出口）与出口处的速度水头之和，不得大于雨水管进、出口的几何高差，水头的单位为 mH_2O。系统中各个雨水斗到系统出口的水头损失之间的差值，不应大于 10kPa；各节点压力的差值当 DN≤75mm 时，不应大于 10kPa，当 DN≥100mm 时，不应大于 5kPa。

③系统中的最大负压绝对值金属管应小于 80kPa，塑料管应小于 70kPa；否则应放大悬吊管管径或缩小立管管径。

④当立管管径 DN≤75mm 时，雨水斗顶面和系统出口的几何高差 H≥3m；当 DN≥90mm 时，H≥5m。如不能满足要求，应增加立管根数，同时减小管径。

⑤立管管径应经计算确定，可小于上游横管管径。

⑥压力流排水管系出口应放大管径，其出口水流速度不宜大于 1.8m/s，如其出口水流速度大于 1.8m/s 时，应采取消能措施。

四、溢流设施、集水池和排水泵

1. 溢流设施

受经济条件限制，建筑雨水排水管系的排水能力是相对按一定重现期设计的，因此，为了建筑安全考虑，超设计重现期的雨水应有出路，设置溢流设施是最有效的。建筑屋面雨水排水工程应设置溢流口、溢流堰、溢流管系等溢流设施。溢流排水不得危害建筑设施和行人安全。一般建筑的重力流屋面雨水排水系统与溢流设施的总排水能力不应小于 10 年重现期的雨水量，重要公共建筑物、高层建筑的屋面雨水排水系统与溢流设施的总排水能力不应小于 50 年重现期的雨水量。

溢流口的作用是雨水系统事故和超量时的雨水排除。按最不利情况考虑，溢流口的排水能力应不小于 50 年重现期的雨水量。溢流口的空口尺寸可按式（5-9）近似计算：

$$Q = 2^{1/2} mbgh^{3/2} \qquad (5\text{-}9)$$

式中 Q——溢流口服务面积内的最大降雨量，L/s；

b——溢流口宽度，m；

h——溢流孔口高度，m；

m——流量系数，取 385；

g——重力加速度，m/s^2，取 9.81。

2. 雨水集水池

下沉式广场地面排水、地下车库出入口的明沟排水，应设置雨水集水池和排水泵，将雨水提升排至室外雨水检查井。下沉式广场地面雨水集水池的有效容积，不应小于最大一台排水泵 30s 的出水量。地下车库出入口的明沟排水集水池的有效容积，不应小于最大一台排水泵 5min 的出水量。

3. 雨水排水泵

雨水排水泵的流量应按排水集水池的设计雨水量确定。雨水排水泵不应少于 2 台，不宜大于 8 台，紧急情况下可同时使用。雨水排水泵应有不间断的动力供应。

五、屋面雨水排水管道的布置与敷设

（1）建筑屋面各汇水范围内，雨水排水立管不宜少于 2 根。

（2）高层建筑裙房屋面的雨水应单独排放；阳台排水系统应单独设置。阳台雨水立管底部应间接排水。

（3）屋面排水系统应设置回斗。不同设计排水流态、排水特征的屋面雨水排水系统应选用相应的雨水斗。对于屋面雨水管道如按压力流设计时，同一系统的雨水斗宜在同一水平面上。

（4）屋面雨水排水管的转向处宜做顺水连接，并应根据管道直线长度、工作环境、选用管材等情况设置必要的伸缩装置。

（5）重力流雨水排水系统中长度大于 15m 的雨水悬吊管，应设检查口，其间距不宜大于 20m，且应布置在便于维修操作处。有埋地排出管的屋面雨水排出管系，立管底部应设清扫口。

（6）寒冷地区，雨水立管应布置在室内。雨水管应牢固地固定在建筑物的承重结构上。

（7）下沉式广场地面排水、地下车库出入口的明沟排水，应设置雨水集水池和排水泵提升至室外雨水检查井。

六、雨水外排水系统水力计算

1. 檐沟外排水系统的设计计算

檐沟外排水系统宜按重力无压流系统设计。计算步骤如下：

（1）根据屋面坡度和建筑物立面要求布置落水管，间距 2～8m。

（2）计算每根落水管的汇水面积。

（3）求每根落水管的泄水量，确定落水管管径。

2. 天沟外排水系统的设计及计算

天沟外排水系统的设计计算有两种情况：

（1）已知天沟的长度、形状、几何尺寸、坡度、材料和汇水面积，校核是否满足重现期的要求。设计计算步骤如下：

1）根据已知条件计算 ω。

2）按明渠均匀流公式计算天沟水流流速。

3）计算天沟允许通过的流量 Q，按下列计算。

4）计算汇水面积 F，并由 $Q=\varphi F q_5 / 10\ 000$ 反求出 5min 的暴雨强度 q_5。

5）根据暴雨强度 q_5 校核重现期 P：若该计算值不小于规范规定的设计重现期 P 设，则说明天沟尺寸能够满足屋面雨水排水的要求，确定立管管径即可；若该计算值小于设计重现期 P 设，则需要增大天沟尺寸（增大过水面积），重新计算，再次校核重现期。

（2）已知天沟的长度、坡度、材料、汇水面积和重现期，确定天沟的形状和几何尺寸。设计计算步骤如下：

1）划定分水线，天沟布置应以伸缩缝、沉降缝、变形缝为分界。求每条天沟的汇水面积 F 和 5min 的暴雨强度 q_5，计算天沟设计雨水流量。

2）初步确定天沟形状和几何尺寸，求天沟过水断面 ω。

3）计算天沟允许水流流速 v。

4）求天沟允许通过的流量 Q。

5）若天沟的设计雨水流量 Q_y 不大于天沟允许通过的流量 Q，则说明天沟尺寸能够满足屋面雨水排水的要求，确定立管管径即可；若天沟设计雨水流量 Q_y 大于天沟允许通过的流量 Q，需要改变天沟的形状和几何尺寸，增大天沟的过水断面面积 ω，重新计算。

天沟实际尺寸应另增加 50～100mm 的保护高度，天沟起端深度不宜小于 80mm。

七、雨水内排水系统水力计算

（一）雨水斗及其连接管

1. 设置要求

屋面排水系统应设置雨水斗。不同排水流态、特征的屋面雨水排水系统应选用相应的雨水斗。雨水斗分为重力流型雨水斗和压力型排水雨水斗。

雨水斗的设计位置应根据屋面汇水情况，并结合建筑结构承载、管系敷设等因素确定。布置雨水斗时，应以伸缩缝、沉降缝、变形缝作为天沟排水的分水线，否则应在缝的两侧各设一个雨水斗。防火墙处设置雨水斗时应在防火墙的两侧各设一个雨水斗。寒冷地区，雨水斗应布置在受室内温度影响的屋面及雪水融化范围的天沟内。屋面雨水管道如按压力流设计时，同一系统的雨水斗宜在同一水平面上。

一般情况下，1根连接管上接1个雨水斗，连接管采用与雨水斗出水口相同的直径即可。

多斗雨水排水的雨水斗，宜对立管作对称布置，其连接管采接至悬吊管上，不得在立管顶端设置雨水斗。与雨水立管连接的悬吊管不宜多于2根。

2. 雨水斗的设计泄流量

雨水斗的泄流量与流动状态有关，应根据各种雨水斗的特性，并结合屋面排水条件等情况设计确定。在重力流状态下，雨水斗排水状况是自由堰流；在半有压力流和压力流状态下，排水管道内产生负压抽吸，呈有压流。选择雨水斗型号后，根据小时降雨厚度查相关表格可得到雨水斗最大允许汇水面积。

（二）重力流屋面雨水排水系统的设计及计算

1. 横管水力计算

横管包括悬吊管、管道层的汇水管、埋地横干管和出户管。横管的雨水量可按所接纳的各雨水斗流量之和确定，并宜保持管径不变。横管中水流流速和允许通过的流量亦可近似按圆管均匀流计算。

2. 立管水力计算

在重力流状态下，雨水排水立管按水膜流计算，最大允许泄流量见表5-31。

表5-31　　　　　　　　　　　　　　　　　重力流立管最大允许泄流量

铸　铁　管		塑　料　管		钢　管	
公称直径/mm	最大泄流量/(L/s)	公称外径×壁厚/mm	最大泄流量/(L/s)	公称外径×壁厚/mm	最大泄流量/(L/s)
75	4.30	75×2.3	4.50	108×4	9.40
100	9.50	90×3.2	7.40	133×4	17.10
		110×3.2	12.80		
125	17.00	125×3.2	18.30	159×4.5	27.80
		125×3.7	18.00	168×6	30.80
150	27.80	160×4.0	35.50	219×6	65.50
		160×4.7	34.70		
200	60.00	200×4.9	64.60	245×6	89.80
		200×5.9	62.80		
250	108.00	250×6.2	117.00	273×7	119.10
		250×7.3	114.10		
300	176.00	315×7.7	217.00	325×7	194.00
—	—	315×9.2	211.00		

3. 重力流屋面雨水排水系统的设计要求

（1）悬吊管应按非满流设计，其充满度不宜大于0.8，管内流速不宜小于0.75m/s。长度超过 15m 的悬吊管应设检查口，间距不宜大于 20m。

（2）埋地管可按满流排水设计，管内不宜小于 0.75m/s。

（3）悬吊管管径不得小于雨水斗连接管管径，立管管径不得小于悬吊管管径。

（4）多层建筑雨水排水系统宜采用建筑排水塑料管，高层建筑宜采用承压塑料管、金属管。

（三）压力流屋面雨水排水系统的设计及计算

压力流雨水系统的连接管、悬吊管、立管、埋地横干管均按满流设计，管路的沿程损失按海森—威廉公式计算，局部水头损失可折算成等效长度，按沿程水头损失估算。压力流屋面雨水系统立管管径经计算确定，可小于上游横管管径。

压力流屋面雨水排水系统管道设计应符合下列规定：悬吊管与雨水斗出口的高差应大于 1m；悬吊管设计流速不宜小于 1m/s，立管设计流速不宜小于 10m/s，雨水排水管道总水头损失与流出水头之和不得大于雨水管进、出口的几何高差；悬吊管水头损失不得大于 80kPa；压力流排水管系各节点的上游不同支路的计算水头损失之差，在管径不大于 DN75 时，不应大于 10kPa，在管径不小于 DN100 时，不应大于 5kPa；压力流排水管系出口应放大管径，其出口水流速不宜大于 1.8m/s，否则应采取效能措施。

压力流排水系统采用内壁较光滑的内衬的承压排水铸铁管、承压塑料管和钢塑复合管，塑料管的抗坏变形外力不应大于 0.15MPa。

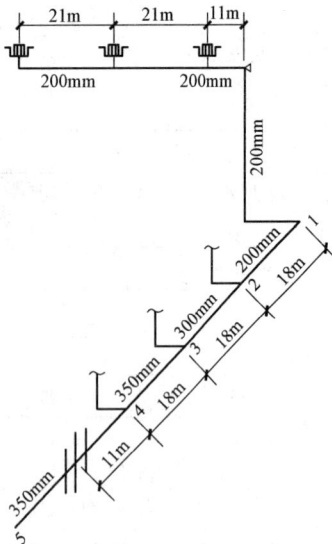

图 5-27　内排水系统计算草图

八、屋面雨水排水系统设计训练

【综合设计训练】

某多层建筑雨水内排水系统见图 5-27 每根悬吊管连接 3 个雨水斗，每个雨水斗的实际汇水面积是 378m²。设计重现期为 2 年，该地区 5min 降雨强度 401L/(s·10⁴m²)。选用 87 式雨水斗，采用密闭排水系统，设计该建筑雨水内排水系统。

解：（1）雨水斗的选用。

该地区 5min 的降雨深度：

$$h_5 = 401 \times 0.36 \text{mm/h} = 144.36 \text{mm/h}$$

查附录 D，选用口径 $d_1 = 100$mm 的 87 式雨水斗，每个雨水斗的泄流量：

$$Q = \frac{\varphi F q_5}{10\,000} = \frac{0.9 \times 378 \times 401}{10\,000} = 13.64 \text{L/s}$$

（2）连接管管径 D_2 与雨水斗口径相同，$D_2 = D_1 = 100$mm。

（3）悬吊管设计。

每根悬吊管设计排水量：

$$Q_2 = 3Q_1 = 3 \times 13.64 \text{L/s} = 40.92 \text{L/s}$$

悬吊管的水力坡度：

$$I_x = \frac{h + \Delta h}{L} = \frac{0.5 + 0.6}{21 \times 2 + 11} = 0.021$$

查悬吊管水力计算表（附录 5），悬吊管管径 $D_3 = 200\text{mm}$，悬吊管不变径。

（4）立管只连接一根悬吊管，立管管径 D_4 与悬吊管管径相同，$D_4 = D_3 = 200\text{mm}$。

（5）排出管管径 D_5 与立管相同，$D_5 = D_4$。

（6）埋地干管按最小坡度 0.003 铺设，埋地干管总长为：

$$L = (18 \times 3 + 11)\text{m} = 65\text{m}$$

埋地干管的水力坡度为：

$$I_\text{g} = \frac{h + \Delta h}{L} = \frac{1 + 65 \times 0.003}{65} = 0.018$$

埋地干管选用混凝土排水管，查满流横管水力计算表，管段 1-2 的管径与立管相同 200mm，管段 2-3 的管径 300mm，管径 3-4 和 4-5 的管径均为 350mm。

能力拓展训练

一、思考题

1. 什么是分流制和合流制？各有何特点，排水体制的确定原则是什么？

2. 试述排水管道的布置原则、敷设要求。

3. 清通设置有哪几种？其设置要求是什么？

4. 通气管的作用是什么？分别在什么条件下设置通气立管、器具通气管和环形通气管？如何设置？

5. 试述排水管道最小管径的各项规定。

6. 什么是排水管道的充满度？管道顶部为什么要留有一定的空间？

7. 什么是排水管道的自清流速和最大允许流速？为什么对排水流速要做出规定？

8. 屋面雨水排放方式有哪几种，简述其特点。

9. 各雨水系统安全性、经济性排列次序是什么？

10. 卫生器具的作用是什么？有哪四大类？

11. 水力计算的目的是什么？你能记住排水横管水力计算的几项规定吗？

12. 高层建筑排水系统通气管系的形式及特点是什么，为什么通气系统特别重要。

13. 高出屋面的通气管应符合哪些要求？

14. 87 型斗雨水系统和虹吸式雨水系统水力计算的不同点是什么？

15. 根据污水性质，污水局部水处理有哪几种？

二、填空题

1. 间接排水是指设备或容器的排水管与污（废）水管道之间不但要设有＿＿＿＿＿＿＿，而且还应留有一段＿＿＿＿＿＿＿。

2. 根据建筑物的性质及对卫生、美观等方面要求不同，建筑排水管道的敷设分＿＿＿＿＿＿＿和＿＿＿＿＿＿＿两种。

3. 建筑内部排水系统的设计秒流量是按＿＿＿＿＿＿＿＿＿＿＿制定的。

4. 为了使排水管道在良好的水力条件下工作，必须满足 ＿＿＿＿＿＿＿、＿＿＿＿＿＿＿、＿＿＿＿＿＿＿三个水力要素的规定。

5. 小便槽或连接 3 个或 3 个以上的小便器，其污水支管管径不宜小于_____ mm。

三、判断题（正确的打"√"，错误的打"×"）

1. 排水管道与给水管道同沟敷设，给水管道应在排水管道之上。（　　）

2. 排水管道一般宜明设。（　　）

3. 卫生器具排水管与排水横管垂直连接，应采用 90°斜三通。（　　）

4. 塑料排水立管与家用灶具边净距不得小于 0.4m。（　　）

5. 铸铁排水管每层要设置检查口。（　　）

6. 排水立管宜设在排水量较小的排水点附近。（　　）

7. 当建筑物层高小于或等于 4m 时，塑料污水立管和通气立管应每层设一伸缩节。（　　）

8. 排水横支管、横干管、器具通气管、环行通气管和汇合通气管上无汇合管件的直线管段大于 2m 时应设伸缩节，且最大间距不得大于 4m。（　　）

9. 排水管道不宜布置在遇水引起燃烧、爆炸的原料、产品和设备的上方，若需布置其上方，应采取保护措施。（　　）

10. 排水横管应设置专用伸缩节且应采用锁紧式橡胶圈管件，当横干管公称外径大于或等于 110mm 时，宜采用弹性橡胶密封圈连接。（　　）

11. 在立管穿越楼层处为固定支撑时，伸缩节也得固定。（　　）

12. 伸缩节设于横管上的位置，应设于水流汇合管件上游端。（　　）

13. 当排水立管穿越楼层处为固定支撑且支管在楼板之下接入时，伸缩节应设置于水流汇合管件之下。（　　）

14. 当排水立管无排水支管接入时，伸缩节可按伸缩节设计间距设置于楼层任何部位。（　　）

15. 当排水立管穿越楼层处为非固定支撑时，伸缩节设置在水流汇合管件之上、之下均可。（　　）

16. 伸缩节插口应顺水流方向。（　　）

17. 大便器排水管最小管径不得小于 75mm。（　　）

18. 建筑物内排出管最小管径不得小于 50mm，多层住宅厨房间的立管管径不宜小于 75mm。（　　）

四、单项选择题（将正确答案的序号填入括号内）

1. 在管径小于 100mm 的排水管道上设置清扫口，其尺寸应（　　）。
    A. 小于 100mm　　　　B. 大于 100mm　　　　C. 等于原管径　　　　D. 等于 100mm

2. 横支管接入横干管竖直转向管段时，连接点应距转向处以下不得小于（　　）m。
    A. 0.3　　　　　　　　B. 0.5　　　　　　　　C. 0.6　　　　　　　　D. 1

3.（　　）在穿楼板时不需要套管。
    A. 采暖管道　　　　　B. 排水管道　　　　　C. 给水管道　　　　　D. 燃气管道

4. 支管接入横干管、立管接入横干管时，宜在横干管管顶或其两侧（　　）范围内接入。
    A. 30°　　　　　　　　B. 45°　　　　　　　　C. 60°　　　　　　　　D. 90°

5. 卫生器具排水管与排水横支管可采用（　　）连接。
    A. 顺水三通　　　　　　　　　　　　　B. 弯曲半径不小于 4 倍管径的 90°弯头

C. 45°斜三通　　　　　　　　　　　　　　D. 90°斜三通

6. 排水支管连接在排出管或排水横干管上时，连接点距立管底部下游水平距离不宜小于（　　）m。

　　A. 2.0　　　　　　　B. 3.0　　　　　　　C. 3.5　　　　　　　D. 4.0

五、多项选择题（将正确答案的序号填入括号内）

1. 排水管应避免轴线偏置，当受条件限制时，宜用（　　）连接。

　　A. 两个 90°弯头　　　　　　　　　　　　B. 弯曲半径不小于 4 倍管径的 90°弯头

　　C. 乙字管　　　　　　　　　　　　　　　D. 两个 45°弯头

2. 排水立管与排出管端部的连接，宜采用（　　）。

　　A. 两个 90°弯头　　　　　　　　　　　　B. 弯曲半径不小于 4 倍管径的 90°弯头

　　C. 乙字管　　　　　　　　　　　　　　　D. 两个 45°弯头

3. 排水管道的横管与立管的连接，宜采用（　　）。

　　A. 45°斜三通　　　　B. 顺水三通　　　　C. 45°斜四通　　　　D. 顺水四通

六、简答题

1. 试述排水管道的布置原则。

2. 简述排水管道的敷设要求。

3. 排水埋地管道不得穿越生产设备基础或布置在可能受重物压坏处。在特殊情况下必须穿越时，应采取哪些防护措施？

4. 室内排水管与室外排水管道的连接应注意什么？

5. 同层排水管道布置的方法有哪些？

6. 排水系统水力计算的目的是什么？

7. 简述要使排水横管在良好水力条件下工作，三个水力要素须满足的规定。

七、计算题

如图为某 6 层幼儿园男厕排水系统轴侧图，管材为排水铸铁管，每层横管设 1 个污水盆，2 个自闭式冲洗阀小便器，3 个自闭式冲洗阀大便器，试计算确定管径。

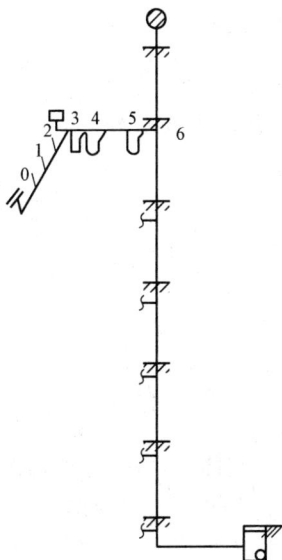

单元六

建筑小区给水排水系统设计

【学习目标】通过本单元的学习和训练，了解建筑小区给水系统分类，熟悉建筑小区供水方式、管材、附件和管道敷设的原则，能够进行建筑小区设计用水量、管道设计流量的计算；了解建筑小区排水系统分类，熟悉建筑小区的排水方式、常用管材、附件，能够进行建筑小区排水量、排水管道设计流量的计算；具备初步的建筑小区给排水系统的设计能力。了解建筑小区热水及饮水供应系统。

【学习要求】

知 识 要 点	能 力 要 求	相 关 知 识
建筑小区给水	1. 能根据小区的建筑特点选择供水方式能说出建筑小区常用的给水管材 2. 能够进行建筑小区设计用水量、管道设计流量的计算	1. 建筑小区 2. 建筑小区常用给水、排水、热水、直饮水管材 3. 水质标准
建筑小区排水	1. 能根据地区特点选择小区的排水方式能说出建筑小区常用的排水管材 2. 能够进行建筑小区排水量、排水管道设计流量的计算	
建筑小区热水及饮水供应	能说出建筑小区热水及饮水供应系统的组成、供水方式	

【推荐阅读资料】

1. 中华人民共和国住宅和城乡建设部 . GB 50015—2003（2009 年版） 建筑给水排水设计规范 ［S］. 北京：中国计划出版社，2009.
2. 岳秀萍 . 建筑给水排水工程 ［M］. 北京：中国建筑工业出版社，2011.
3. 中华人民共和国建设部 . CJ 94—2005 饮用净水水质标准 ［S］. 北京：中国标准出版社，2005.

课 题 1　建 筑 小 区 给 水

居住小区是指含有教育、医疗、文体、经济、商业服务及其他公共建筑的城镇居民住宅建筑区。按照《城市居住区规划设计规范》（GB 50180—1993，2009 年版），将城市居住区规模划分为 3 个等级。

（1）居住区，户数 10 000～15 000 户，人口 30 000～50 000 人。

（2）居住小区，户数 2000～3500 户，人口 7000～13 000 人。

（3）居住组团，户数 300～800 户，人口 1000～3000 人。

本单元内容适用于人口在 15000 以下的居住组团、居住小区和以展览馆、办公楼、教学楼为主体、以其配套的服务行业建筑为辅，所形成的会展区、金融区、高新开发区、大学城等公共建筑小区（简称公建区）。

一、系统分类

居住小区和公建区给水系统的任务是从城镇给水管网（或自备水源）取水，按各建筑物对水量水压水质的要求，将水输送并分配至各建筑物给水引入点处。小区给水系统设计应综合利用各种资源，宜实行分质供水，充分利用再生水、雨水等非传统水源，优先采用循环和重复利用给水系统。

小区室外给水系统按用途可分为生活用水、消防用水、生活—消防共用给水系统 3 类。宜采用生活—消防共用系统，若可利用其他水源作消防水源时，则应分设系统。

小区给水系统有小区（给水）引入管（由市政给水管道引入至小区给水管网的管段）、管网（干管、支管等）、室外消火栓、加压设施、调节与贮水构筑物（水塔、水池）、管道附件、阀门井、洒水栓等组成。当小区内某些建筑物设有管道直饮水系统，并经技术经济比较后确定采用集中处理方式时，小区还需考虑设置直饮水处理和管道供应系统。

二、供水方式

小区的室外给水系统，其水量应满足小区内全部用水的要求，其水压应满足最不利配水点的水压要求。按供水方式，小区给水系统可分为市政给水管网直接供水、小区二次加压供水、混合供水系统及重力供水系统等。

小区的室外给水系统应尽量利用城镇给水管网的水压直接供水。当城镇给水管网的水压不满足最不利配水点要求、水量不满足小区全部用水要求时，应设置贮水调节和加压装置。

小区给水系统的供水方式主要有两种。

1. 由城镇给水管网直接供水，小区室外给水管网不设升压、贮水设备

适用于城镇给水管网能满足小区内所有建筑的水压、水量要求；或者能满足小区大部分建筑供水要求，仅不能满足少数建筑的供水要求（建筑内部升压）的供水方式。如图 6-1～图 6-3 所示。

图 6-1 为市政给水管网直接供水的生活给水系统，市政给水管网的水量与水压能满足小区内各建筑物生活给水系统的用水要求，室外消防用水由市政给水管网上的市政消火栓满足供水要求。

图 6-2 为市政给水管网直接供水的生活—消防合用给水系统（枝状），市政给水管的水量和水压不仅能满足各建筑物内部的生活用水要求，还能满足其室内、室外消防给水系统的用水要求。该小区室外消防用水量不大于 15L/s，小区室外消防给水管网布置成枝状。

图 6-3 为市政给水管网直接供水的生活—消防合用给水系统（环状）市政给水管的水量与水压不仅能满足各建筑物内部生活给水系统的用水要求，还能满足其室内、室外消防给水系统的用水要求。

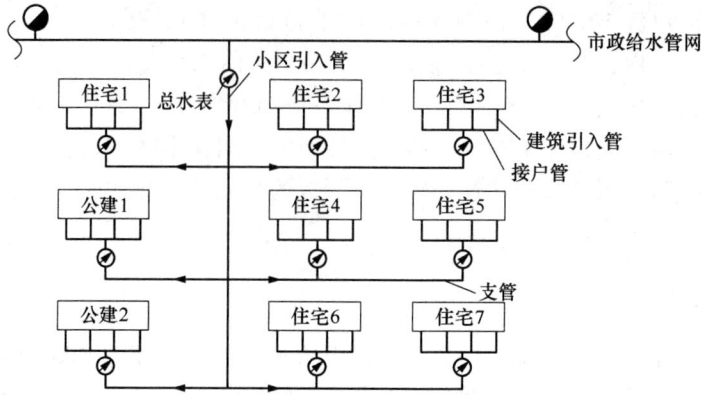

图 6-1　直接供水的生活给水系统

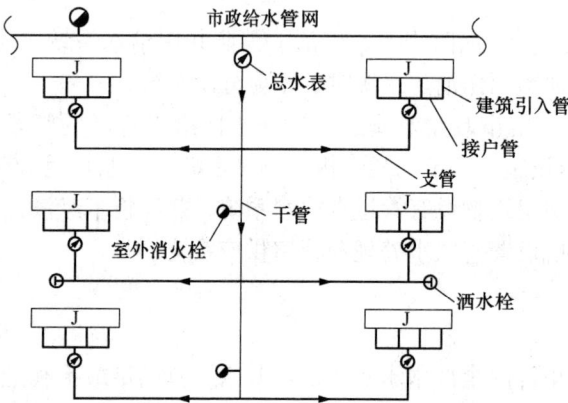

图 6-2　直接供水的生活—消防合用给水系统（枝状）

该小区室外消防用水量大于 15L/s 消防给水管网应布置成环状，向环状管网输水的进水管不应少于两条，并宜从两条市政给水管道引入。

2. 由市政给水管网直接供水，小区室外给水管网中设置升压、贮水设备

适用于市政给水管网不满足小区全部建筑或多数建筑的供水要求，需在小区室外管网中设置升压、贮水设备的供水方式，有以下三种情况。

（1）小区的室外给水管网中仅设置升压设备（不设贮水调节池），由水泵

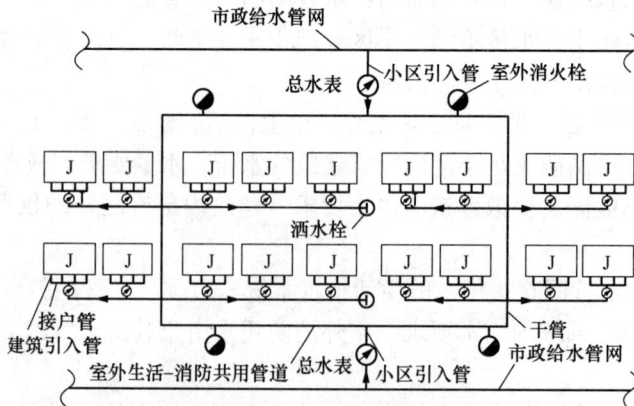

图 6-3　直接供水的生活—消防合用给水系统（环状）

直接从市政给水管网或吸水井抽水供至各用水点，适用于市政给水管网水量充足（满足小区高峰用水时段的用水量要求）的情况。

（2）小区仅设置水塔（不设升压设备），由市政给水管网供至水塔，再从水塔供至各用

176

水点。或夜间由市政给水管网供至水塔，由水塔供全天用水。

（3）小区设置升压、贮水设备，如图6-4～图6-6所示。

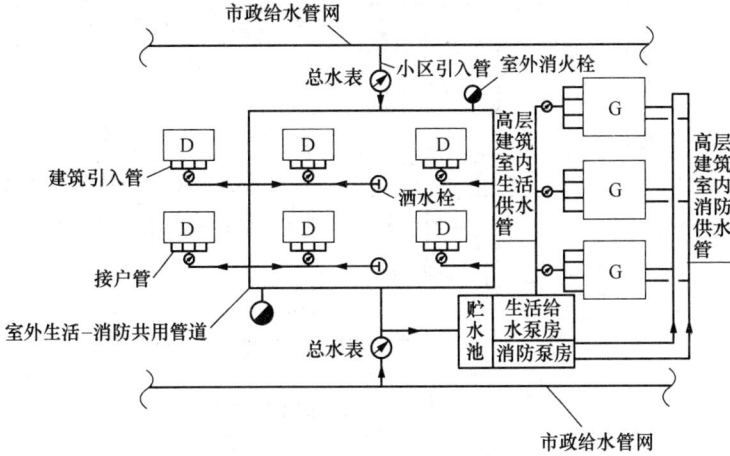

图6-4　混合给水方式

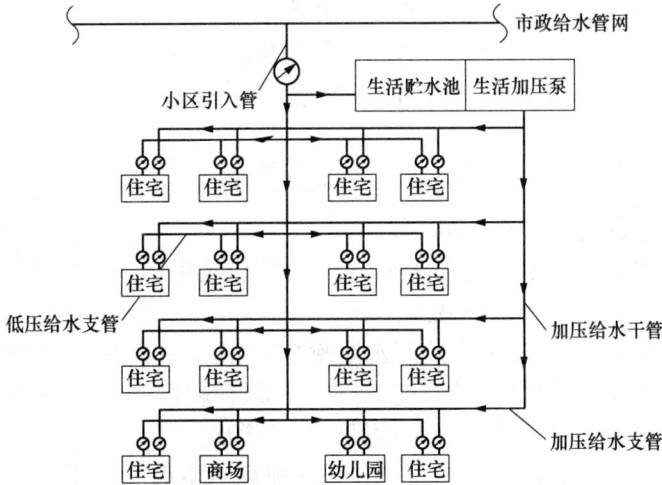

图6-5　小区竖向分区生活给水方式

图6-4为市政给水管网的水量与水压能满足小区内多层建筑物内的生活—消防用水要求和高层建筑室外消防用水量（低压室外消防给水系统）的要求，但不能满足高层建筑物内的生活和消防用水要求。则在小区设置集中加压供水设施以满足高层建筑的用水要求。

图6-5为从市政给水管网引入的低压给水管道，直接供给各建筑物低区的生活用水；小区设置集中加压供水设施供给各建筑物高区的生活用水。

图6-6表示小区内全部为高层建筑，市政给水管网的水量与水压仅能满足室外低压消防给水系统的要求，建筑物内的生活—消防用水均由二次加压设施供给。

三、设计用水量

计算小区总用水量时，应包括该给水系统所供应的全部用水。

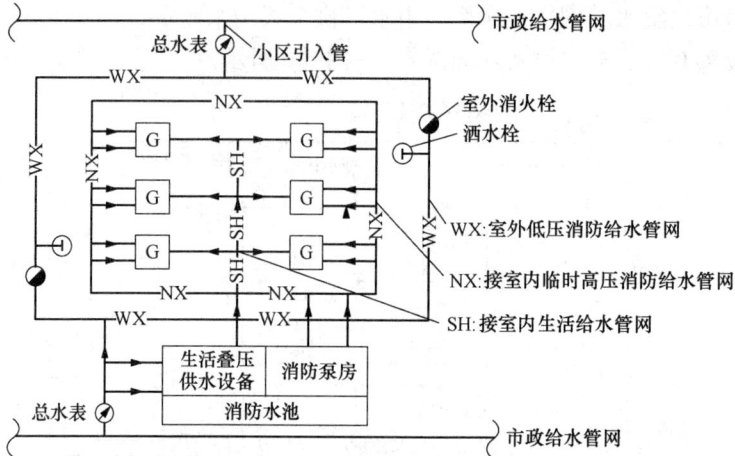

图 6-6 小区二次加压给水系统

1. 设计用水量的组成

设计用水量由下列各项组成

(1) 居民生活用水量（Q_1）。小区的居民生活用水量，应按照小区人口和表 2-1 规定的住宅最高日生活用水定额经计算确定。小区的居民生活最高日生活用水量为：

$$Q_1 = \sum q_i N_i \qquad (6\text{-}1)$$

式中 Q_1——最高日生活用水量，L/d；

q_i——各住宅最高日生活用水定额，L/(人·d)，按表 2-1 选取；

N_i——各住宅建筑的用水人数，人。

(2) 公共建筑用水量（Q_2）。居住小区内的公共建筑用水量，应按其使用性质、规模，并采用表 2-2 中的用水定额经计算确定。

(3) 绿化用水量（Q_3）。绿化浇灌用水定额应根据气候条件、植物种类、土壤理化性质、浇灌方式和管理制度等因素综合确定。当无相关资料时，小区绿化浇灌用水定额可按浇灌面积 1.0～3.0L/(m²·d) 计算，干旱地区可酌情增加。

(4) 水景、娱乐设施用水量（Q_4）。水景用水应循环使用。水景用水量按所需要的补充水量确定。循环系统的补充水量应根据蒸发、飘失、渗漏、排污等损失确定，室内工程宜取循环流量的 1%～3%；室外工程宜取循环水流量的 3%～5%。

(5) 道路、广场用水量（Q_5）。小区道路、广场的浇洒用水定额可按浇洒面积 2.0～3.0L/(m²·d) 计算。

(6) 公用设施用水量（Q_6）。小区内的公用设施用水量，应由该设施的管理部门提供用水量计算参数，当无重大公用设施时，不另计用水量。

(7) 未预见水量及管网漏失水量（Q_7）。小区管网漏失水量和未预见水量之和，可按前六项之和的 10%～15% 计。

(8) 消防用水量（Q_8）。消防用水量仅用于校核管网计算，不计入正常用水量。消防用水量的确定见单元三相关内容。

2. 最高日用水量

小区的最高日生活用水量为

$$D_d = (1.10 \sim 1.15)(Q_1 + Q_2 + Q_3 + Q_4 + Q_5 + Q_6) \tag{6-2}$$

式中　D_d——最高日生活用水量（L/d）；

Q_1、Q_2、Q_3、Q_4、Q_5、Q_6同上所述。

四、管道设计流量

（一）小区室外生活给水管道

1. 流量计算步骤

（1）以小区引入管为起点，取供水系统要求压力最大的建筑物引入管处作为最不利供水点，依此确定什算管路。通常最不利供水点是指距离起点最远、建筑高度最大的建筑引入管处。

（2）从最不利供水点起、至小区引入管处，进行节点编号；依此划分各管段的服务人数。

（3）室外给水管道各管段的设计流盘，应根据该管段的服务人数、用水定额、卫生器具设置标准等因素．经计算确定。表 6-1 为居住小区室外给水管道设计流量的计算人数。

表 6-1　　　　　　　　　　居住小区室外给水管道设计流量的计算人数

$q_L K_h$ ＼ 每户 N_g	3	4	5	6	7	8	9	10
350	10 200	9600	8900	8200	7600			
400	9100	8700	8100	7600	7100	6650		
450	8200	7900	7500	7100	6650	6250	5900	
500	7400	7200	6900	6600	6250	5900	5600	5350
550	6700	6700	6400	6200	5900	5600	5350	5100
600	6100	6100	6000	5800	5550	5300	5050	4850
650	5600	5700	5600	5400	5250	5000	4800	4650
700	5200	5300	5200	5100	4950	4800	4600	4450

表 6-1 中，q_L 和 K_h 分别表示计算管段所服务的住宅最高日生活用水定额及小时变化系数；N_g 是指每户卫生器具的当量数。当居住小区内含多种住宅类别及户内 N_g 不同时，可采用加权平均法计算；表内数据可用内插法。

计算管段的设计流量时，应符合下列规定。

1）管段的服务人数不大于表 6-1 中数值时，小区内住宅的生活给水设计流量，应按其建筑引入管的设计秒流量来计算管段流量；小区内配套的文体、餐饮娱乐、商铺、市场等设施的生活给水设计流量，应按其生活用水设计秒流量作为节点流量计算。

2）对于服务人数大于表 6-1 中数值的室外给水干管：小区内住宅的生活给水设计流量，应按其最大小时用水量作为管段流量；小区内配套文体、餐饮娱乐、商铺、市场等设施的生活给水设计流量，应按其最大小时用水量作为节点流量计算。

3）小区内配套的文教、医疗保健、社区管理、绿化景观、道路广场、公共设施等用水，均以平均小时用水量计算节点流量。

4）未预见水量及管网漏失水量不计入管网的节点流量。

2. 小区生活给水引入管

（1）小区给水引入管的设计流量，应根据小区室外给水管道设计流量的规定进行计算，并应考虑未预见水量和管网漏失量。即引入管设计流量以引入管计算流量乘 1.0～1.15 系数计。

（2）环状给水管网与城镇给水管的连接管不宜少于两条。当其中一条发生故障时，其余的连接管应能通过不小于 70% 的流量。

（3）小区室外给水管网呈枝状布置时，小区给水引入管的管径不应小于室外给水干管的管径。

（4）小区环状管道管径宜相同。

（二）小区消防给水引入管

1. 小区室外消防系统用水量

居住小区的室外消防用水量应按同一时间内的火灾次数和一次灭火用水量确定。人数在 1 万（包括 1 万）以下的居住小区，在同一时间内的火灾次数为 1 次，一次灭火用水量为 10L/s，即室外消防用水量不应小于 100L/s；人数大于 1 万、在 1.5 万以下的居住小区，一次灭火用水量为 15L/s，即室外消防用水量不应小于 15L/s。当小区内建筑物的室外消火栓用水量大于 10 L/s 或者 15 L/s 时，应取建筑物中要求室外消防用水量最大者作为该小区的室外消防系统的设计用水量。

2. 室外消防给水管道的直径不应小于 DN100。

3. 小区内室外消防给水管网应布置成环状。向环状管网输水的进水管不应少于两条，并宜从两条市政给水管道引入。当其中一条进水管发生故障时，其余的进水管应能满足消防用水总量的供给要求。

（三）小区室外生活—消防共用给水管道

小区内低压室外消防给水系统可与生产—生活给水管进系统合并。当生产—生活用水达到最大小时用水量时（淋浴用水量可按 15% 计算，浇洒及洗刷用水量可不计算在内），合并的给水管道系统，仍应保证通过全部消防用水量（消防用水量应按最大秒流量计算）。

对于生活—生产—消防共用的给水系统，在消防时小区的室外给水管网的水量、水压应满足消防车从室外消火栓取水灭火的要求。应以最大用水时的生活用水量叠加消防流量，复核管网末梢的室外消火栓的水压，其水压应达到以地面标高算起的流出水头不小于 0.1MPa 的要求，即当生活、生产和消防用水量达到最大时，室外低压给水管道的水压不应小于 0.1MPa（从室外地面算起）。

五、管材、管道附件及敷设

1. 管材

小区室外埋地给水管道采用的管材，应具有耐腐蚀和能承受相应地面荷载的能力。可采用塑料给水管、有衬里的铸铁给水管。管内壁的防腐材料应符合现行的国家有关卫生标准的要求。当必须使用钢管时，可采用经可靠防腐处理的钢管，但应特别注意钢管的内外防腐处理，常见的防腐处理方法有衬塑、涂塑或涂防腐涂料（镀锌钢管必须作防腐处理）。

2. 管道附件

（1）在以下部位应设置阀门。

1）在小区给水引入管（从城镇管道引入）段上。

2）小区室外环状管网的节点处，应按分隔要求设置。环状管段过长时，宜设置分段阀门。

3）小区给水干管上接出的支管起端或接户管起端。

（2）小区贮水池（箱）、加压泵房、加热器、减压阀、倒流防止器等处应按安装要求配置。在以下管段上应设置止回阀。

1）直接从城镇给水管网接入小区的引入管上。装有倒流防止器的管段不需再装止回阀。

2）小区加压水泵出水管上。

3）进、出水管合用一条管道的水塔和高地水池的出水管段上，以防止底部进水。

（3）小区生活饮用水管道与消防用水管道的连接时，应采取防止水质污染的技术措施。从小区生活饮用水管道系统上接至下列用水管道或设备时，应设置倒流防止器。

1）单独接出消防用水管道时，在消防用水管进的起端应设置倒流防止器，是指接出消防管道不含室外生活饮用水给水管道接出的室外消火栓那一段短管。

2）从生活饮用水贮水池抽水的消防水泵出水管上。从小区生活用水与消防用水合用贮水池中抽水的消防水泵，由于倒流防止器阻力较大，而水泵吸程有限，可将倒流防止器装在水泵的出水管上。

（4）生活饮用水给水管道中存在负压虹吸回流的可能，需要设置真空破坏器消除管道内的真空度而使其断流。从小区生活饮用水管道上直接接出下列用水管道时，应在以下用水管道上设置真空破坏器：

1）当游泳池、水上游乐池、按摩池、水景池、循环冷却水集水池等的充水或补水管道出口与溢流水位之间的空气间隙小于出口管径 2.5 倍时，在其充（补）水管上；

2）不含有化学药剂的绿地喷灌系统，当喷头为地下式或自动升降式时，在其管道起端；接消防（软管）卷盘的管段上；

3）出口接软管的冲洗水嘴与给水管道连接处。

3．敷设要求

小区的室外给水管道，宜沿小区内道路、平行于建筑物敷设，宜敷设在人行道、慢车道或草地下；管道外壁距建筑物外墙的净距不宜小于 1m，且不得影响建筑物的基础。

室外管线应进行综合设计，室外给水管道与其他地下管线、室外给水管道与建筑物、乔木之间的最小净距，应符合《建筑给水排水设计规范》（GB 50015）中居住小区地下管线（构筑物）间最小净距的规定。

室外给水管道与污水管道交叉时，给水管道应敷设在上面，且接口不应重叠；如给水管道应敷设在下面时，应设置钢套管，钢套管两端应用防水材料封闭。敷设在室外综合管廊（沟）内的给水管道，宜在热水、热力管道下方，冷冻管和排水管的上方。给水管道与各种管道之间的净距，应满足安装操作的需要，且不宜小于 0.3m。

生活给水管道不宜与输送易燃、可燃或有害的液体或气体的管道同管廊（沟）敷设。室外给水管道的覆土深度，应根据土壤冰冻深度、车辆荷载、管道材质及管道交叉等因素确定。管顶最小覆土深度不得小于土壤冰冻线以下 0.15m，行车道下的管线覆土深度不宜小于 0.7m。

在室外明设的给水管道，应避免受阳光直接照射，塑料给水管还应有有效保护措施；在结冻地区应做保温层，保温层的外壳应密封防渗。室外给水管道上的阀门，宜设置阀门井或阀门套筒。

六、建筑小区给水系统设计训练

【单项设计训练】 某住宅小区均为普通住宅楼，设计人数为 7000 人，用水定额 200L/(人·d)，小时变化系数为 $K_h＝2.5$，户内的平均当量为 6.0，小区室外给水管网为环状（不考虑消防），有两条引入管与市政给水管相连，当一条发生故障时，另一条引入管至少要通过多少流量？

解：

$q_L K_h＝200×2.5＝500$，户内的平均当量为 6.0 时使用人数为 6600 人，7000＞6600

$$Q＝2.5×7000×0.2/24＝145.8m^3/h$$

还应考虑小区管网未预见漏损水量 10%～15%。

$$145.8×1.1＝160.4m^3/h$$

当一条发生故障时，另一条引入管至少要通过 70% 的流量。

$$160.4×70%＝112.3m^3/h$$

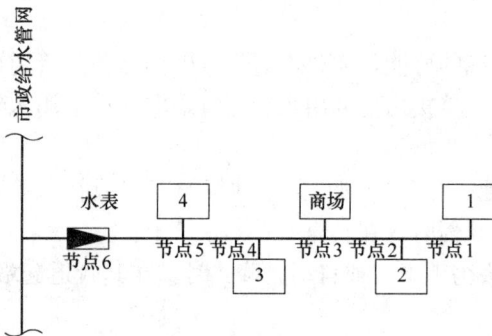

图 6-7 计算图示

【综合设计训练】 某居住小区有 4 幢 6 层住宅，1 幢 2 层公用建筑（商场）。该小区给水系统采用市政管网直接供水。管网布置如图 5-6 所示。每幢住宅楼有 8 个单元，每层每单元 2 户，每户 4 人。其中 1、2、3、4 号楼每户卫生器具给水当量分别为：$N_g＝7$、6、5、6；商场给水当量为 10。住宅最高日生活用水定额 $q_L＝215L/(人·d)$，$K_h＝2.55$。试计算小区给水系统各管段的设计流量（图 6-7）。

解： 每幢住宅服务人数：$8×2×6×4＝384$ 人

（1）管段 1～2 为 1 号住宅供水：给水当量总数 $N_g＝8×2×6×7＝672$ 人　该管段最大用水时生活器具给水当量平均出流概率为：

$$U_{0(1)}＝\frac{q_0 m K_h}{0.2×N_g×T×3600}×100%＝\frac{215×384×2.55}{0.2×672×24×3600}×100%＝1.81%$$

已知：$\alpha_c＝0.009\,45$

该管段的卫生器具给水当量的同时出流概率为：

$$U＝\frac{1+\alpha_c(N_g-1)^{0.49}}{\sqrt{N_g}}×100%＝\frac{1+0.009\,45×(672-1)^{0.49}}{\sqrt{672}}×100%＝4.74%$$

该管段的设计秒流量为：

$$q_{g1～2}＝0.2UN_g＝0.2×4.74%×672＝6.37L/s$$

$$Q_{1～2}＝q_{1～2}＝6.37L/s$$

管段 2～3 为 1 号、2 号住宅供水：

2 号住宅给水当量总数 $N_g＝8×2×6×6＝576$

182

$$U_{0(2)} = \frac{q_0 m K_h}{0.2 \times N_g \times T \times 3600} \times 100\% = \frac{215 \times 384 \times 2.55}{0.2 \times 576 \times 24 \times 3600} \times 100\% = 2.12\%$$

该管段最大用水时生活器具给水当量平均出流概率为：

$$\overline{U}_0 = \frac{U_{0(1)} N_{g(1)} + U_{0(2)} N_{g(2)}}{N_{g(1)} + N_{g(2)}} = \frac{1.81\% \times 672 + 2.12\% \times 576}{672 + 576} = 1.95\%$$

已知：$\alpha_c = 0.010\ 57$

该管段最大用水时生活器具给水当量平均出流概率为：

$$U = \frac{1 + \alpha_c (N_g - 1)^{0.49}}{\sqrt{N_g}} \times 100\% = \frac{1 + 0.010\ 57 \times (1248 - 1)^{0.49}}{\sqrt{1248}} \times 100\% = 3.81\%$$

该管段的设计秒流量为：

$$q_{g2\sim3} = 0.2 U N_g = 0.2 \times 3.81\% \times 1248 \text{L/s} = 9.51 \text{L/s}$$
$$Q_{2\sim3} = q_{g2\sim3} = 9.51 \text{L/s}$$

商场：

$$\alpha = 1.5 \quad N_g = 10 \quad q_{g商场} = 0.2\alpha \sqrt{N_g} = 0.2 \times 1.5 \times \sqrt{10} \text{L/s} = 0.95 \text{L/s}$$

（2）管段 3～4 的设计流量为：

$$Q_{3\sim4} = Q_{2\sim3} + q_{g商场} = (9.51 + 0.95) \text{L/s} = 10.46 \text{L/s}$$

管段 4～5 为 1 号、2 号、3 号住宅及商场供水：

3 号住宅给水当量总数　　　　$N_g = 8 \times 2 \times 6 \times 5 = 480$

$$U_{0(3)} = \frac{q_0 m K_h}{0.2 \times N_g \times T \times 3600} \times 100\% = \frac{215 \times 384 \times 2.55}{0.2 \times 480 \times 24 \times 3600} \times 100\% = 2.54\%$$

该管段最大用水时生活器具给水当量平均出流概率为：

$$\overline{U}_0 = \frac{U_{0(1)} N_{g(1)} + U_{0(2)} N_{g(2)} + U_{0(3)} N_{g(3)}}{N_{g(1)} + N_{g(2)} + N_{g(3)}}$$
$$= \frac{1.81\% \times 672 + 2.12\% \times 576 + 2.54\% \times 480}{672 + 576 + 480} = 2.12\%$$

已知：$\alpha_c = 0.011\ 97$

该管段的卫生器具给水当量的同时出流概率为：

$$U = \frac{1 + \alpha_c (N_g - 1)^{0.49}}{\sqrt{N_g}} \times 100\% = \frac{1 + 0.011\ 97 \times (1728 - 1)^{0.49}}{\sqrt{1728}} \times 100\% = 3.52\%$$

该管段的设计秒流量为：

$$q_{g4\sim5} = 0.2 U N_g = 0.2 \times 3.52\% \times 1728 = 12.17 \text{L/s}$$
$$Q_{4\sim5} = q_{g4\sim5} + q_{g商场} = 12.71 \text{L/s} + 0.95 \text{L/s} = 13.12 \text{L/s}$$

（3）管段 5～6 为 1 号、2 号、3 号、4 号住宅及商场供水：

4 号住宅给水当量总数 $N_g = 8 \times 2 \times 6 \times 6 = 576$

$$U_{0(4)} = \frac{q_0 m K_h}{0.2 \times N_g \times T \times 3600} \times 100\% = \frac{215 \times 384 \times 2.55}{0.2 \times 576 \times 24 \times 3600} \times 100\% = 2.12\%$$

该管段最大用水时生活器具给水当量平均出流概率为：

$$\overline{U}_0 \frac{U_{0(1)} N_{g(1)} + U_{0(2)} N_{g(2)} + U_{0(3)} N_{g(3)} + U_{0(4)} N_{g(4)}}{N_{g(1)} + N_{g(2)} + N_{g(3)} + N_{g(4)}}$$
$$= \frac{1.81\% \times 672 + 2.12\% \times 576 + 2.54\% \times 480 + 2.12\% \times 576}{672 + 576 + 480 + 576} = 2.12\%$$

已知：$\alpha_c = 0.011\,97$

该管段的卫生器具给水当量的同时出流概率为：

$$U = \frac{1 + \alpha_c (N_g - 1)^{0.49}}{\sqrt{N_g}} \times 100\% = \frac{1 + 0.011\,97 \times (2304 - 1)^{0.49}}{\sqrt{2304}} \times 100\% = 3.19\%$$

该管段的设计秒流量为：

$$q_{g5\sim6} = 0.2 U N_g = 0.2 \times 3.19\% \times 2304 = 14.70\text{L/s}$$

$$Q_{5\sim6} = q_{g5\sim6} + q_{g商场} = 14.70\text{L/s} + 0.95\text{L/s} = 15.65\text{L/s}$$

引入管的设计流量为：

$$Q = (1.10 \sim 1.15) Q_{5\sim6} = (1.10 \sim 1.15) \times 15.65 = 17.22 \sim 18\text{L/s}$$

居住小区室外给水管道设计流量计算人数校核：查表 5-1 可知，在 $q_1 K_h$ 值一定的情况下，N_g 越大，其居住小区室外给水管道设计流量计算人数越小。由题意可知，N_g 最大为 7，在 $q_1 K_h = 215 \times 2.55 = 548$ 条件下，查表 5-1 得：

计算人数为 5900，小区 4 幢住宅楼，服务总人数为 $384 \times 4 = 1536$，小于 5900。则室外给水管段的设计流量以该管段的设计秒流量计，计算结果见表 6-2。

表 6-2　　　　　　　市政管网直接供水系统给水管网水力计算表

管段编号	当量总数 N_g	同时出流概率 $U(\%)$	设计秒流量 $q_g/(\text{L/s})$	节点流量 $q_{g公建}/(\text{L/s})$	设计流量 $Q/(\text{L/s})$	备　注
1~2	672	4.74	6.37	—	6.37	节点流量公式：$Q_{g公建} = 0.2\alpha\sqrt{N_g}$ 其中商场总的给水当量 $N_g = 10$
2~3	1248	3.81	9.51		9.51	
3~4	1248	3.81	9.51	0.95	10.46	
4~5	1728	3.52	12.17	—	13.12	
5~6	2304	3.19	14.70	—	15.65	

课题 2　建筑小区排水

一、建筑小区生活污水排水系统

根据《城市居住区规划设计规范》（GB 50180）规定：居住区按居住户数或人口规模可分为居住区、居住小区、组团三级。各级控制标准见表 6-3。

表 6-3　　　　　　　　　　　居住区分级控制规模

项　目	居住区	小区	组团
户数/户	10 000~16 000	3000~5000	300~1000
人口/人	30 000~50 000	10 000~15 000	1000~3000

该模块内容适用于人口在 15 000 以下的居住组团、居住小区。

1. 建筑小区排水体制

建筑小区排水体制有分流制和合流制两种类型。

分流制排水体制是将小区内各种性质的排水分别在两个或两个以上的各自独立的排水系

统中排放。

合流制排水体制是将小区内各种排水集中于一个管道系统中排放。

2015年1月1日实施的新的《环境保护法》对环境保护越来越严厉、重视，建筑小区排水系统应采用分流制排水体制（即一般采用雨水、污水分流）。

2. 建筑小区生活污水排水系统组成

小区生活污水排水系统一般由建筑接户管、检查井、跌水井、排水支管、排水干管、小型处理构筑物、排水泵站、排出管或排入水体的出水口等组成。

3. 建筑小区生活污水排水方式的选择原则

（1）在条件允许的情况下，尽量采用自流直接排入城市污水管网。

（2）小区生活污水能自流排入市政污水管道系统，应选择排入市政污水管道（如需提升，应采用集中提升），并在当地环保部门允许下，小区不设污水处理装置，由城市污水集中处理解决污水达标排放问题。

（3）小区内污水远离城市或其他原因不能直接排入城市污水管道系统，小区污水应采用集中或分散的处理方式，处理达排放标准后方可排入水体。

（4）严重缺水地区，经技术经济比较后，小区生活污水可做中水水源，经处理后做杂用水回用。

4. 生活污水管道的布置

（1）布置原则。小区排水管的平面布置应根据小区规划、地形标高、排水流向、各建筑物排出管及市政排水管接口位置，按管线短、埋深小、尽可能自流排出的原则确定。定线时还应考虑到小区的扩建发展情况，以免日后改拆管道，造成施工及管理上的返工浪费。

（2）布置要求。

1）生活污水管道宜沿道路和建筑的周边呈平行布置，线路最短、减少转弯，尽量减少相互间及其他管线和河流、铁路间的交叉。

2）检查井间的污水管道应为直线。

3）管道与铁路、道路交叉时应尽量垂直于道路中心线。

4）污水干管应靠近主要排水建筑物，并布置在连接支管较多的一侧。

5）污水管道应尽量布置在道路外侧的人行道或草坪地的下面。不允许布置在铁路和乔木的下面。

6）应尽量远离生活饮用水给水管道。

7）污水管道与其他管道和建筑物、构筑物的水平净距、垂直距离应符合表6-4、表6-5的规定。

表6-4　　　　　　　　　　　小区地下管线（构筑物）间最小净距　　　　　　　　　　（m）

种类	给水管		污水管		雨水管	
种类	水平	垂直	水平	垂直	水平	垂直
给水管	0.5~1.0	0.1~0.15	0.8~1.5	0.1~0.15	0.8~1.5	0.1~0.15
污水管	0.8~1.5	0.1~0.15	0.8~1.5	0.1~0.15	0.8~1.5	0.1~0.15
雨水管	0.8~1.5	0.1~0.15	0.8~1.5	0.1~0.15	0.8~1.5	0.1~0.15

种类＼净距	给水管		污水管		雨水管	
种类	水平	垂直	水平	垂直	水平	垂直
低压煤气管	0.5～1.0	0.1～0.15	1.0	0.1～0.15	1.0	0.1～0.15
直埋式热力管（或热水管）	1.0	0.1～0.15	1.0	0.1～0.15	1.0	0.1～0.15
热力管沟	0.5～1.0		1.0		1.0	
电力电缆	1.0	直埋 0.50 穿管 0.25	1.0	直埋 0.50 穿管 0.25	1.0	直埋 0.50 穿管 0.25
通信电缆	1.0	直埋 0.50 穿管 0.15	1.0	直埋 0.50 穿管 0.15	1.0	直埋 0.50 穿管 0.15

注 净距指管外壁距离，管道交叉时指套管外壁距离，直埋式热力管指保温管壳外壁距离。

表 6-5　　　　　　　　小区给排水管距建筑物、构筑物的最小间距　　　　　　　　（m）

种类＼净距	给水管		污水管	雨水管	排水盲沟
种类	DN＞200	DN≤200			
建筑物	3.0～5.0	3.0～3.5	3.0	3.0	1.0
铁路中心线	4.0	4.0	4.0	4.0	4.0
城市型道路边缘	1.5	1.0	1.5	1.5	1.0
郊区型道路边沟边缘	1.0	1.0	1.0	1.0	1.0
围　墙	2.5	1.5	1.5	1.5	1.0
照明及通信电杆	1.0	1.0	1.0	1.0	1.5
高压电线杆支座	3.0	3.0	3.0	3.0	3.0
乔　木	1.0	1.0	1.5	1.5	1.5
灌　木	—	—	—	—	1.0

注 表中数据同样适用架空管道的敷设。

5. 生活污水管道的敷设

（1）基本要求。

1）宜沿建筑平行敷设，应在与室内排出管连接处设污水检查井，排水管道或排水检查井中心至建筑物外墙的距离不宜小于 2.5～3.0m。

2）利于管道施工安装和检修。

3）管道损坏时，管内污水不得冲刷到或侵蚀建筑物以及构筑物的基础和污染生活饮用水管道。

4）应避免机械震动损坏管道，管道可能发生冰冻的场合应保温。

5）污水管道与生活给水管道交叉时，应敷设在给水管道下面。

6）地下水位较高时，埋地污水管道和检查井应考虑防渗措施。

（2）管道避让原则。

1）小管径管道避让大管径管道。

2）可弯管道避让不可弯管道。

3）新建管道避让现状管道。

4）临时管道避让永久管道。

5）有压管道避让无压管道（自流管道）。

（3）管道覆土深度。

小区污水管道的最小覆土深度应根据道路的车行等级、管材受压强度、地基承载力、室内排出管的埋深、土壤冰冻深度、管顶所受动荷载情况等因数经计算确定。

管道覆土深度：地面标高与管顶标高之差。

管道埋深：地面标高与管内底标高之差。

1）小区污水干管和小区组团道路下的污水管道覆土深度不宜小于0.7m。

2）生活排水接户管的埋深不得高于土壤冰冻线以上0.15m，且覆土深度不宜小于0.3m。

3）建筑物排出管采用埋地塑料管时，其埋深可不高于土壤冰冻线以上0.5m。

6. 管道的连接

（1）小区室外排水管之间应设检查井连接。

（2）建筑物排出管较密且无法直接连接检查井时，可在室外采用管件连接后接入检查井，但应设置清扫口。

（3）室外排水管道在转弯、变径、变坡和连接支管处应设检查井连接。

（4）管道在检查井中的连接宜采用管顶平接或水面平接（一般常用管顶平接），井内进水管不得大于出水管（倒虹吸井除外）。

（5）管道连接处水流偏转角不得大于90°。当排水管管径小于等于300mm，且跌差大于0.3m时，可不受偏转角的限制。

（6）建筑物排出管管顶标高不得低于室外接户管管顶标高。

二、小区雨水排水系统

雨水排水系统是指屋面（阳台、窗井）、地面雨、雪水的排除系统。

建筑小区雨水排水系统主要针对小区地面雨、雪水的排除即室外总平部分的雨水系统。屋面雨水系统一般由建筑排水系统设计。

1. 建筑小区雨水排水系统组成

小区雨水排水系统一般主要由小区雨水管道系统和附属构筑物、小区雨水提升泵（站）和压力管道等组成。管道系统分为接户管、小区雨水支管和小区雨水干管，附属构筑物包括雨水口、检查井、跌水井、排水口等。

2. 建筑小区雨水排水方式的选择原则

（1）在条件允许的条件下，尽量采用自流直接排入城市雨水管网。

（2）小区内或附近有合适的雨水排入水体，雨水能自流排入水体，雨水应采用直接排入水体。

（3）严重缺水地区，经济技术比较后，小区雨水可做中水水源，经处理后做杂用水。

3. 雨水排水管材

（1）常用排水管材。建筑小区常用排水管材有钢筋混凝土管、混凝土管、塑料管等。钢筋混凝土管分为重型和轻型，管径为 DN150～DN800；混凝土管管径为：DN150～DN400；塑料排水管有硬聚氯乙烯管（PVC-U）、聚乙烯管（PE）、增强聚丙烯管（FRPP）等，塑料管管壁结构形式有平壁管、加筋管、双壁波纹管、缠绕结构壁管及钢塑复合缠绕管等，管径 DN160～DN1200。

（2）排水管材选择原则。排水管材应根据排水性质、成分、水温、地下水侵蚀性、外部荷载、土壤情况和施工条件等因数因地制宜就地取材，条件许可下应优先采用埋地塑料排水管。

1）压力流排水管可选用耐压塑料管、金属管或钢塑复合管。

2）排至小区雨水处理装置的排水管宜采用塑料排水管。

3）穿越管沟、河道等特殊地段或承压的管段可采用钢管或铸铁管，如采用塑料管应外加金属套管（套管直径较塑料管外径大 200mm）。

4）位于小区道路、车行道下的塑料排水管的环向弯曲刚度不宜小于 $8kN/m^2$，位于小区非车行道及其他地段下的塑料排水管的环向弯曲刚度不宜小于 $4kN/m^2$。

三、管道水力计算

生活污水排水系统管道水力计算如下：

1. 排水定额取值

小区生活排水系统排水定额可结合小区建筑内部给水排水设施标准和小区排水系统完善程度等因数，宜为其相应的生活给水系统用水定额的 85%～95%，但绿化用水、冷冻机冷却用水、不可预见水量等不应计算排水量。

2. 时变系数取值

小区生活排水系统时变系数应与其相应的生活给水系统时变系数相同。

3. 设计流量

小区生活排水设计流量应按住宅生活排水最大小时流量与公共建筑生活排水最大小时流量之和确定。

4. 管段设计流量

（1）设计流量计算原则。生活排水管道的设计流量应按最大时排水量进行计算。

（2）管段设计流量确定。

1）设计管段的划分。在检查井之间的连续管道，如果管道可取相同的设计坡度、通过管道的设计流量相同，则该连续管道可划分为一个设计管段。

2）设计管段设计流量组成。

管段设计流量＝本段流量＋转输流量。

本段流量＝本段沿线流入的生活排水量＋本段接入的公共建筑生活排水量

转输流量＝上游或旁侧管道流来的居民生活排水量＋上游或旁侧管道流来的公共建筑生活排水量

设计管段中接入公共建筑生活排水量属于集中流量，沿线接入的居民生活排水量属沿线流量。为方便计算，设计管段所有沿线流量一般假设都是从设计管段的起端接入，集中流量也是从设计管段的起点接入。

3）管段设计流量的计算。各设计管段的设计流量按本段沿线流量集中流量及转输流量均是假定在管段起端接入，看作是沿管段流动的不变流量，是各节点流量的叠加。

5. 生活排水管道系统水力计算

（1）计算目的。

1）确定各设计管段的管径、设计充满度、设计坡度、设计流速。

2）计算各设计管段起、末端埋深。

3）校核管道系统能否自流接入市政污水管网，或确定管道提升泵需要的扬程。

（2）计算公式。

按管道（明渠）均匀流计算为：

$$Q=Av \tag{6-3}$$

$$v=R^{2/3}I^{1/2}(1/n) \tag{6-4}$$

式中 Q——管段设计流量，m^3/s；

A——水流有效过水断面面积，和设计充满度有关，m^2；

v——管内平均流速，m/s；

I——管段水力坡度（设计坡度）；

R——水力半径，m；

n——管道粗糙系数。

（3）计算方法。水力计算时采用非满流重力流设计计算，因设计参数多，采用流量和流速公式直接求解困难，需要试算和迭代。计算时一般采用列表查图计算法。

（4）设计规定。小区排水管道水力计算时应符合最大允许流速、最小设计流速、最大设计充满度和最小坡度要求，详见表 6-6。

表 6-6　　　　小区室外生活排水管道的最小管径、最小设计坡度和最大设计充满度

管　别	管　材	最小管径/mm	最小设计坡度	最大设计充满度
接户管	埋地塑料管	160	0.005	0.5
支管	埋地塑料管	160	0.005	
干管	混凝土管道	200	0.004	

小区室外生活排水管道最小管径、最小设计坡度和最大设计充满度宜按表 5-7 确定。接户管管径不得小于建筑物排出管管径；化粪池与其连接的第一个检查井的污水管最小设计坡度：管径 150mm 宜为 0.010～0.012；管径 200mm 宜为 0.010。

排水管道下游管段管径不得小于上游管段管径。

（5）小区雨水排水系统。

小区雨水管道设计雨水量按式（5-8）计算。小区设计降雨强度按当地或是相邻地区的暴雨强度公式计算确定。详见单元五（宋新梅）。

小区雨水管道的设计降雨历时，按式（6-5）计算：

$$t=t_1+mt_2 \tag{6-5}$$

式中 t——降雨历时，min；

t_1——为地面径流时间，min，视距离长短、地形坡度和地面覆盖情况而定，一般可选 5～10min；

m——为折减系数，取 $m=1$；

t_2——为管渠内流行时间，min。

室外某些场地的雨水排水管道的排水设计重现期不宜小于表 6-7 的规定值。下沉式广场设计重现期应由广场的构造、重要程度、短期积水即能引起较严重后果等因素确定。

表 6-7 各种汇水区域的设计重现期

汇水区域名称		设计重现期 a
室外广场	小区	1～3
	车站、码头、机场的基础	2～5
	下沉式广场、地下车库坡道出入口	5～50

各种地面的雨水径流系数可按表 6-8 采用，各种汇水面积的综合径流系数应加权平均计算。

表 6-8 径流系数

地 面 种 类	φ
混凝土和沥青路面	0.90
块石路面	0.60
级配碎石路面	0.45
干砖及碎石路面	0.40
非铺砌地面	0.30
公园绿地	0.15

小区雨水管道宜按满管重力流设计，管内流速不宜小于 0.75m/s。管道流速在最小流速和最大流速之间选取，见表 6-9。

表 6-9 雨水管道流速限制

	金属管	非金属管	明渠（混凝土）
最大流速/(m/s)	10	5	4
最小流速/(m/s)	0.75	0.75	0.4

小区雨水管道的最小管径和横管的最小设计坡度宜按表 6-10 确定，表中铸铁管管径为公称直径，括号内数据为塑料管外径。

表 6-10 雨水管道的最小管径和横管的最小设计坡度

管 别	最小管径/mm	横管的最小设计坡度	
		铸铁管、钢管	塑料管
小区建筑物周围雨水接户管	200（225）	—	0.003 0
小区道路下的干管、支管	300（315）	—	0.001 5
13 号沟头的雨水口连接管	150（160）	—	0.01

四、建筑小区生活污水排水系统设计训练

某居住小区有 3 栋相同的住宅和 1 座公用建筑（商场），如图 6-8 所示。每栋住宅、商

场的生活排水最大小时流量分别为 79 200L/h、16 200L/h。小区室外排水采用埋地塑料管，粗糙系数为 0.009。试确定该小区室外生活排水管道的管径和坡度。

解：

居住小区内生活排水的设计流量应按住宅生活排水最大小时流量与公共建筑生活排水最大小时流量之和确定。

管段 1～2 的排水设计流量：$Q_{1\sim2}=$ 79 200L/h=22L/s，该管段的设计充满度取 0.5，设计坡度 $I=0.004$：

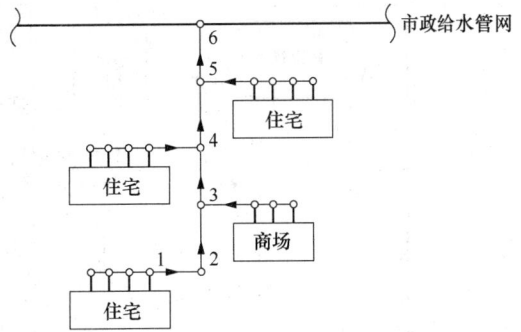

图 6-8　计算草图

由　　　$Q_=vA$ 及 $v=1/nR^{\frac{2}{3}}I^{\frac{1}{2}}$ 可知：$22\times10^{-3}=\dfrac{1}{0.009}\times\left(\dfrac{d}{4}\right)^{\frac{2}{3}}I^{\frac{1}{2}}\dfrac{\pi}{4}d^2$

解得：$d=178mm$。由表 5-7 可知，干管埋地塑料管时，最小管径取 200mm。

校核流速：$v=1/nR^{\frac{2}{3}}I^{\frac{1}{2}}=\dfrac{1}{0.009}\times\left(\dfrac{0.2}{4}\right)^{\frac{2}{3}}0.004^{\frac{1}{2}}=0.95m/s$

流速介于 0.6～5m/s，满足要求。故该管段管径为 200mm，坡度为 0.004。

管段 2～3 的排水设计流量：

$Q_{2\sim3}=Q_{1\sim2}=79\ 200L/h=22L/s$，该管段管径、坡度同上，流速 0.95m/s。

管段 3～4 的排水设计流量：

$Q_{3\sim4}=Q_{2\sim3}+Q_{商场}=79\ 200+16\ 200=95\ 400L/h$，$=26.5L/s$，设计充满度取 0.5，设计坡度 $I=0.004$，同理可得：$d=191mm$，取管径为 200mm。校核流速满足要求。

管段 4～5 的排水设计流量：

$Q_{4\sim5}=2Q_{1\sim2}+Q_{商场}=2\times79\ 200+16\ 200=174\ 600L/h$，$=48.5L/s$，设计充满度为 0.5，设计坡度 $I=0.004$，解得 $d=240mm$，取管径为 250mm。校核流速满足要求。

管段 5～6 的排水设计流量：

$Q_{5\sim6}=3Q_{1\sim2}+Q_{商场}=3\times79\ 200+16\ 200=253\ 800L/h$，$=70.5L/s$，设计充满度为 0.5，设计坡度 $I=0.004$，解得 $d=276mm$，取管径为 300mm。校核流速满足要求。

课题 3　建筑小区热水及饮水供应

一、集中热水供应系统

1. 热水循环管道的设置

居住小区内集中热水供应系统应设热水循环管道，采用机械循环，并保证每栋建筑中热水干、立管中的热水循环。为满足热水供水要求，确保良好的循环效果，可根据小区热水系统供水建筑的布置及其建筑内热水循环管道布置等不同情况，采用设监控网、限流阀、导流三通和分设循环水泵等措施。

当同一供水系统所服务单体建筑内的热水供、回水管道布置不同时，可在单体建筑连接至小区热水回水总干管的回水管上设分循环泵或温度控制阀等保证循环效果，如图 6-9 所示。

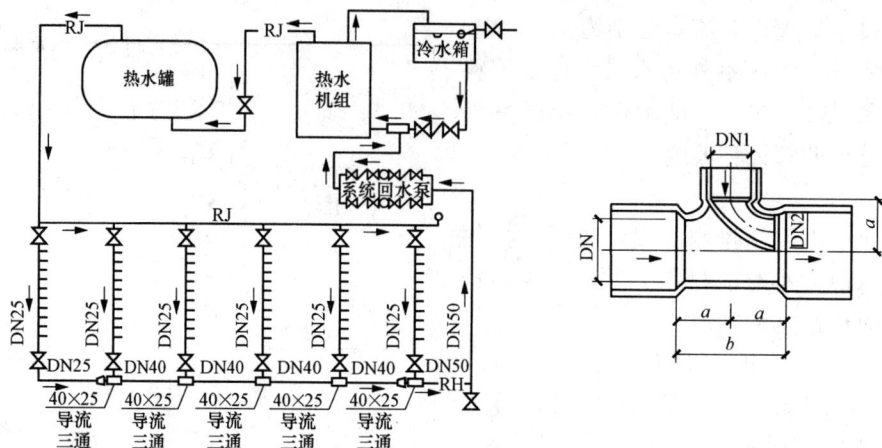

图 6-9 导流三通连接示意图

2. 设计小时耗热量计算

（1）全日集中热水供应系统。

1）小区均为住宅建筑时，集中热水供应系统的设计小时耗热量按式（6-6）计算：

$$Q_h = \sum K_h \frac{mq_r c(t_r - t_L)\rho_r}{T} \tag{6-6}$$

式中　Q_h——设计小时耗热量，kJ/h；

　　　K_h——小时变化系数可按表 5-11 选用；

　　　q_r——热水用水定额，L/（人·d）；

　　　c——水的比热容，$c=4.187$kJ/（kg·℃）；

　　　ρ_r——热水密度，kg/L；

　　　t_r——热水温度，$t_r=60$℃；

　　　t_L——冷水温度；

　　　m——用水计算单位数，人数；

　　　T——每日用水时间，h，取 24h。

表 6-11　　　　　　　　　**各类建筑不同冷水温度下的热水小时变化系数 K_h 值**

变化系数　　建筑类别 冷水温度	住宅	别墅	旅馆	幼儿园	公共浴室	医院	餐饮业	办公楼
K_h　　5℃	4.80~ 3.71	4.21~ 3.32	3.33~ 2.90	4.80~ 3.62	3.2~ 1.74	3.64~ 2.32	2.74~ 2.09	5.76~ 3.48
10℃	4.50~ 3.46	3.94~ 3.09	3.13~ 2.70	4.50~ 3.38	3.0~ 1.62	3.41~ 2.16	2.57~ 1.94	5.40~ 3.24
15℃	4.13~ 3.14	3.61~ 2.81	2.86~ 2.45	4.12~ 3.06	2.75~ 1.50	3.13~ 2.00	2.36~ 1.76	4.95~ 2.94
20℃	3.75~ 2.75	3.29~ 2.47	2.60~ 2.15	3.75~ 2.69	2.50~ 1.50	2.84~ 2.00	2.14~ 1.55	4.55~ 2.58

2）小区内有住宅及配套公共设施时，集中热水供应系统的设计小时耗热量 Q_h 按下式计算：

$$Q_h = Q_{h1} + Q_{h2} + Q_{h3}$$

式中　Q_{h1}——住宅最大用水时段的设计小时耗热量，kJ/h；

　　　Q_{h2}——最大用水时段与住宅最大用水时段一致的公共设施设计小时耗热量之和，kJ/h；

　　　Q_{h3}——最大用水时段与住宅最大用水时段不一致的公共设施平均小时耗热量之和，kJ/h。

（2）定时集中热水供应系统。定时集中热水供应系统的设计小时耗热量，按式（6-7）计算：

$$Q_h = \sum q_h(t_r - t_L)\rho_r N_0 b_c \tag{6-7}$$

式中　q_h——卫生器具的小时用水定额，L/h；

　　　N_0——同类卫生器具数；

　　　b_c——卫生器具同时使用百分数。

其他符号同前。

居住小区室外热水干管设计流量的计算方法，与小区给水的水力计算相一致。建筑物的热水引入管应按该建筑物相应热水供水系统总干管的设计秒流量确定。

二、管道直饮水系统

1. 系统设计

为了保证供水和循环回水的合理和安全性，工程建设中管道直饮水系统应根据建设规模、分期建设、建筑物性质和楼层高度，经技术经济综合比较来确保采取集中供水系统、分片区供水系统或在一幢建筑物中设一个或多个供水系统。

居住小区集中设置管道直饮水系统时，系统必须独立设置，不得与市政或建筑供水系统直接相连，以防止水质污染。室外的供、回水管网的型式应根据居住小区总体规划和建筑物性质、规模、高度以及系统维护管理和安全运行等条件确定。

为了小区供水系统的均衡性，应将净水机房设在距用水点较近的地点或在小区居中位值，有利于实现系统的全循环，减少水质降低的程度和缩短输水的距离，有利达到卫生安全运行，且便于维护管理。规模大的建筑小区，机房可分别建立，实训分区供水。

小区集中供水系统可在净水机房内设分区供水泵或设不同性质建筑物的供水泵，也可在建筑物内设减压阀竖向分区供水。

小区集中管道直饮水供水，为了利于保持水质卫生，应优先选用无高位水罐（箱）的供水系统，系统供水宜采用变频调速泵供水系统，如图6-10和图6-11所示。

小区内可设一个集中供水系统，亦可分系统供应，或根据建筑物高度分区供应。除应满足分区压力要求外，还应采取可靠的减压措施，可设可调式减压阀以保证回水管的压力平衡，如图6-12所示。

小区直饮水系统的供、回水管网应采用全循环同程系统，如图6-13所示，以使室内、外管网中各个进出水管的阻力损失之和基本相当，便于室内、外管网的供水平衡，达到全循

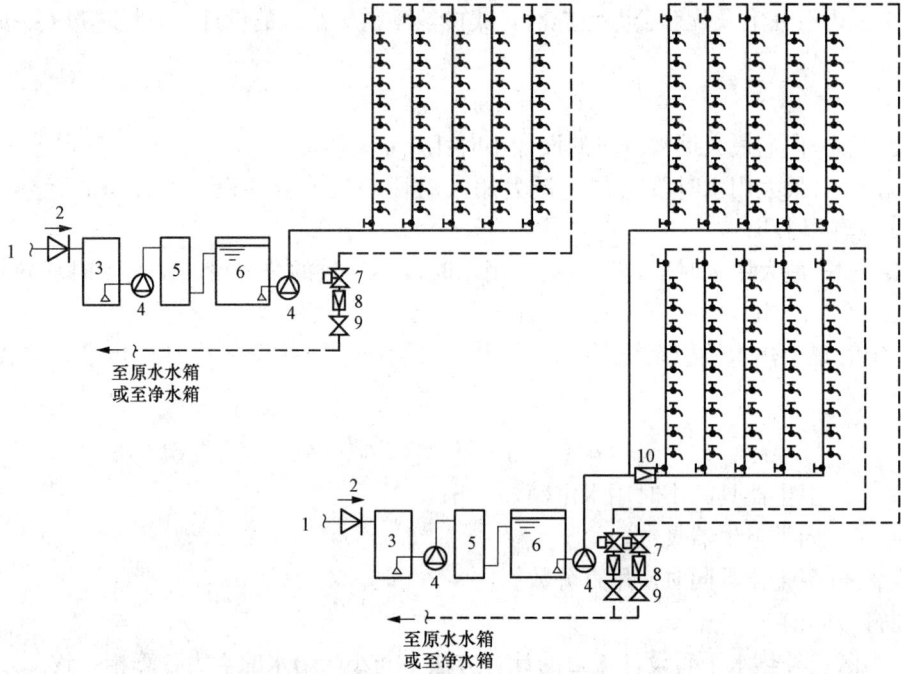

图 6-10　变频调速供水泵系统示意图

1—城市供水；2—倒流防止器；3—预处理；4—水泵；5—膜过滤；6—净水箱（消毒）；

7—电磁阀；8—可调式减压阀；9—流量调节阀（限流阀）；10—减压阀

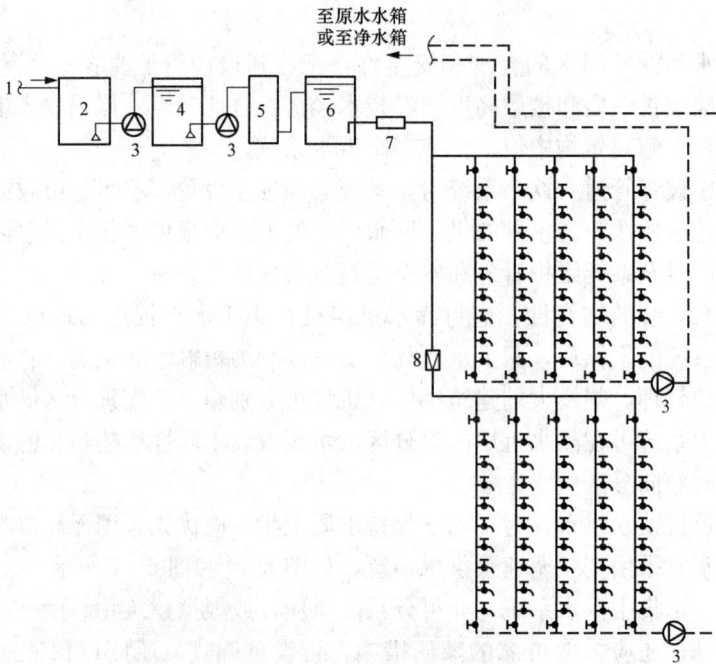

图 6-11　屋顶水箱重力供水系统

1—城市供水；2—原水水箱；3—水泵；4—预处理；5—膜过滤；

6—净水水箱；7—消毒器；8—减压阀

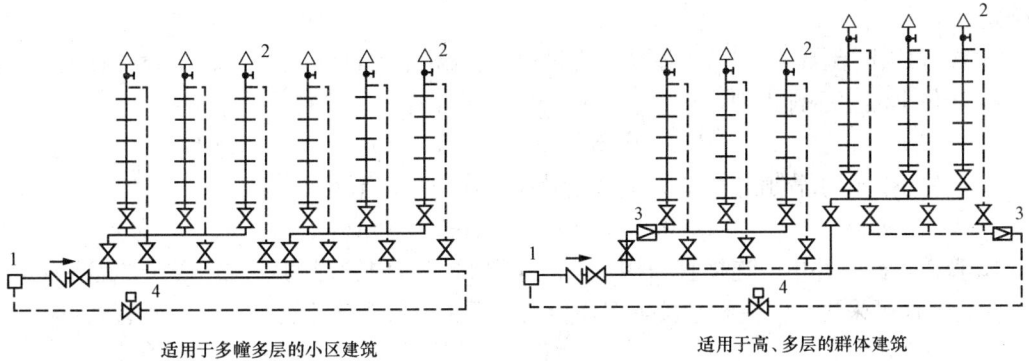

适用于多幢多层的小区建筑　　　　　　　　适用于高、多层的群体建筑

图 6-12　适用于小区直饮水管网的集中布置形式

1—水箱；2—自动排气阀；3—可调式减压阀；4—电磁阀或控制回流装置

环要求。小区集中供水系统中每幢建筑的循环回水管接至室外回水管之前宜采用安装流量平衡阀等措施。循环流量应保证直饮水在供配水系统中的停留时间不超过 12h。

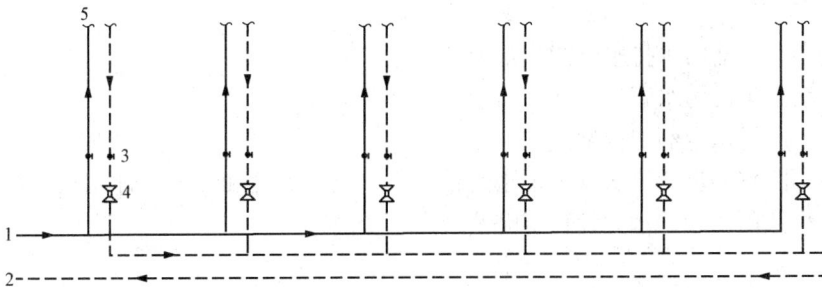

图 6-13　全循环同程系统示意图

1—自净水机房；2—自净水机房；3—流量调节阀；4—流量平衡阀；5—单元建筑

2. 小区室外管道设计

室外埋地管道的覆土深度，应根据各地区土壤冰冻深度、车辆荷载、管道材质及管道交叉等因素确定，管顶最小覆土深度不得小于土壤冰冻线以下 0.15m，行车道下的管顶覆土深度不宜小于 0.7m。

当室外埋地管道采用塑料管时，在穿越小区道路时应设钢套管保护。

室外埋地管道管沟的沟底应为原土层，或为夯实的回填土，沟底应平整，不得有突出的尖硬物体。沟底土壤的颗粒粒径大于 12mm 时宜铺 100mm 厚的砂垫层。管周回填土不得夹杂硬物直接与管壁接触。应先用砂土或颗粒粒径不大于 12mm 的土壤回填至管顶上侧 300mm 处，经夯实后方可回填原土。埋地金属管道应做防腐处理。室外明装管道应进行保温隔热处理。

能力拓展训练

一、选择题

1. 小区生活排水设计流量应按住宅生活排水（　　）与公共建筑生活排水（　　）之

和确定。

    A. 最大时流量   B. 最高日流量   C. 平均日流量   D. 设计秒流量

2. 居住小区生活排水埋地塑料接户管的最小管径为（   ）。

    A. 100mm   B. 150mm   C. 160mm   D. 200mm

3. 居住小区雨水管道宜按满管重力流设计，管内流速不宜小于（   ）。

    A. 0.6m/s   B. 0.75m/s   C. 1.0m/s   D. 1.2m/s

4. 管道在检查井中的连接宜采用（   ）平接。相同管径的管道，或在平坦地区不同管径的管道也可采用（   ）平接，但任何情况下进水管管底不得低于出水管管底。

    A. 管顶、水面   B. 管底、水面   C. 管底   D. 管顶

5. 在计算雨水汇水面积时汇水面积和集水时间的计算可以（   ）。

    A. 相对应   B. 不相对应   C. 不同   D. 相同

6. 小区生活排水系统时变化系数可与其相应的生活给水系统时变化系数（   ）。

    A. 不相同   B. 相同   C. 无关   D. 有关

二、问答题

1. 建筑小区生活污水排水方式应如何选择？

2. 建筑小区生活污水管道应如何布置？

3. 建筑小区排水定额如何确定？

4. 建筑小区室外生活排水管道最小管径、最小设计坡度和最大设计充满度如何确定？

5. 建筑小区雨水管道水力计算有哪些规定？

建筑与小区中水系统及雨水利用

【学习目标】通过本单元的学习和训练，了解建筑中水的分类及组成，熟悉建筑中水的水源和水质，能够计算中水系统各部分的水量；了解建筑与小区雨水利用的分类和组成，熟悉建筑与小区雨水的 水质、处理和回用方式，能够计算建筑与小区雨水的水量。

【学习要求】

知 识 要 点	能 力 要 求	相 关 知 识
建筑中水	能说出建筑中水的水源和水质	
	会计算中水系统各部分的水量	雨水利用海绵城市
建筑与小区雨水利用	能说出建筑与小区雨水的水质和回用方式	
	会计算建筑与小区雨水的水量	

【推荐阅读资料】

1. 建设部 . GB 50400—2006 建筑与小区雨水利用工程技术规范 ［S］. 北京：中国计划出版社，2006.
2. 住房城乡建设部 . 海绵城市建设技术指南——低影响开发雨水系统构建（2014）（试行）［M］. 北京：中国建筑工业出版社，2015.

课题 1　建 筑 中 水

根据服务范围，中水系统可分为 3 类：建筑物中水系统，即在一栋建筑物内设置的中水系统；小区（区域）中水系统，即在小区内设置的中水系统，指居住小区，也包括院校、机关大院等集中建筑区；城市（市政）中水系统，即在城市规划区内设置的污水回用系统，中水水源多为城市污水处理厂的二级处理出水。建筑中水是建筑物中水和小区中水的总称。

一、中水系统的组成与形式

1. 组成

建筑中水系统由原水系统、处理系统和供水系统 3 部分组成。

（1）中水原水系统。中水原水即中水水源，是指收集、输送中水原水到中水处理设施的管道系统及附属构筑物。集水方式分合流、分流集水系统 2 类：

1）合流集水方式：指污、废水共用 1 套管道系统收集、排至中水处理站。

2）分流集水方式：指污、废水分别用独立的管道系统收集，水质差的污水排至城市排水管网进入城镇污水厂处理后排放，水质较好的废水作为中水原水排至中水处理站。

（2）中水处理系统。中水处理系统由预处理、主处理、后处理3个部分组成。预处理是截留大的漂浮物、悬浮物，调节水质和水量；主处理一般是指二级生物处理段，用于去除有机和无机污染物等，后处理则是进行深度处理。

（3）中水供水系统。中水供水系统的任务是把中水通过输配水管网送至各用水点，由中水贮水池、中水配水管网、中水高位水箱、控制和配水附件、计量设备等组成。

2. 系统形式

建筑中水系统宜采用完全分流系统。

完全分流系统是指中水原水的收集系统与建筑内部排水系统、建筑生活给水与中水供水系统完全分开，即建筑物内粪便污水与其他杂排水分流，设有粪便污水、杂排水2套管系和给水、中水2套供水管系，如图7-1所示。

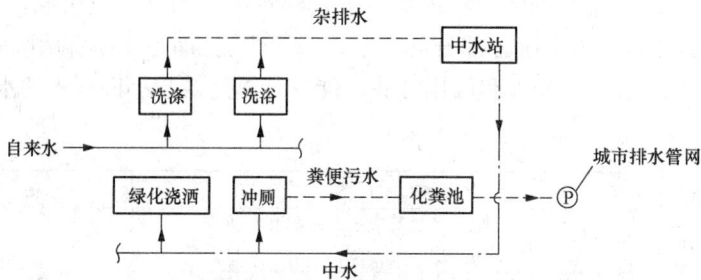

图7-1　完全分流系统

小区中水系统形式应根据工程的实际情况、原水和中水用量的平衡和稳定、系统的技术经济合理性等因素综合考虑确定。

1）全部完全分流系统（4套管路系统），是指原水分流管系和中水供水管系覆盖小区所有建筑物，即在小区内的主要建筑物内部设有污废水分流管系（杂排水和粪便污水2套排水管道系统）和中水、自来水供水管系（2套供水管道系统）。

2）部分完全分流系统，是指原水（污、废水）分流管系和中水供水管系只覆盖了小区内部部分建筑物，如图7-2所示，建筑物1中采用分质供水（自来水、中水2套供水管道系统）、分流收集（杂排水、粪便污水2套排水管道系统）的完全分流系统形式，而建筑物2内则是1套给水系统（只有自来水供水）、污废水合流排放。

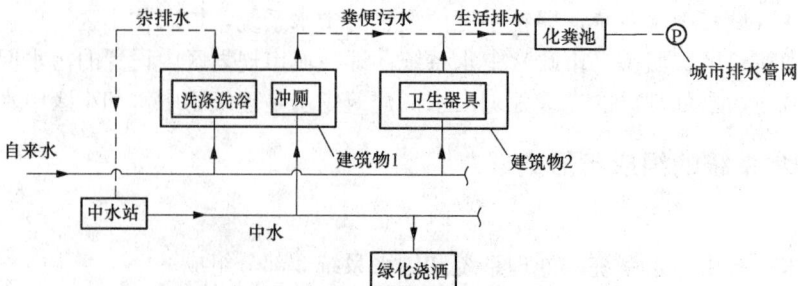

图7-2　部分完全分流系统

3）半完全分流系统（3套管路系统）有2种常见形式：各建筑物内均设置中水、自来水2套供水管系，采用污、废合流排水，以生活排水作为中水水源，如图7-3（a）所示。各建筑物采用分流排水，杂排水作为中水水源，处理后的中水只用于室外杂用，建筑物内末设置中水供水管系，如图 7-3（b）所示。

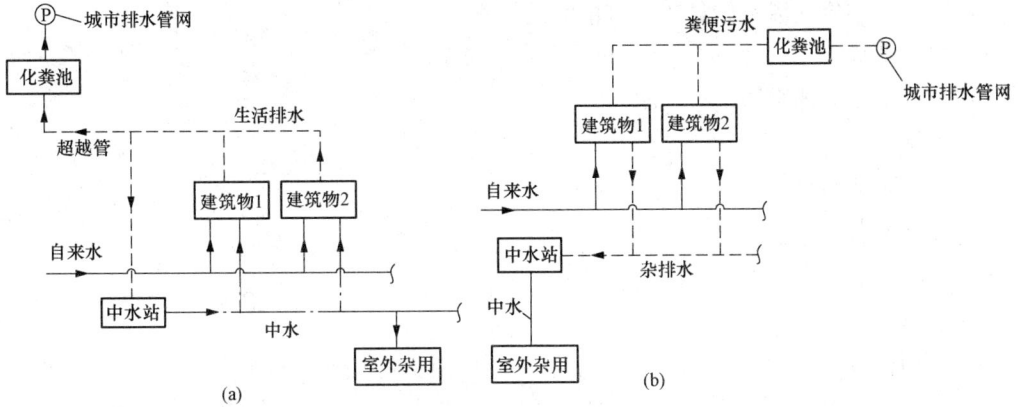

图 7-3　半完全分流系统

无分流管系的简化系统（2 套管路系统），是指各建筑物内污废水合流排放，只设自来水给水管系。中水原水是综合生活污水或外接水源，处理后的中水只用于室外杂用，如图 7-4 所示。

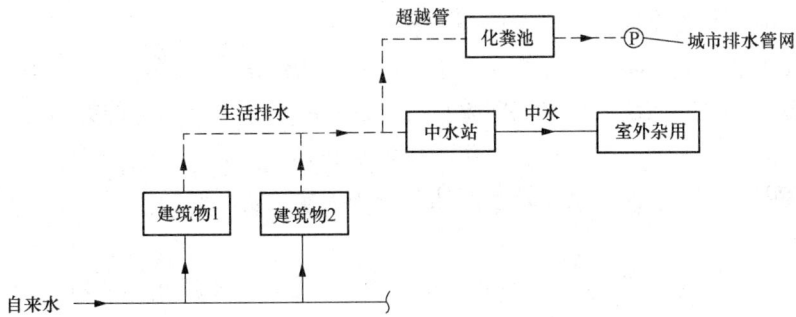

图 7-4　无分流管系的简化系统

二、水源选择与水质

1. 中水原水的水质

（1）建筑物中水系统的原水水质及水源选择。建筑物中水系统的原水水质因建筑物所在地区及使用性质不同，其污染成分和浓度也不相同，设计时可根据水质调查分析确定。在无实测资料时，各类建筑物的各种排水污染物浓度可参照表 7-1 确定。

表 7-1　　　　　　　　　　各类建筑物各种排水污染浓度表　　　　　　　　　（mg/L）

类别	住　宅			公 共 浴 室			办 公 楼		
	BOD	COD	SS	BOD	COD	SS	BOD	COD	SS
厕所	200～260	300～360	250	250	300～360	200	300	360～480	250
厨房	500～800	900～1350	250						
沐浴	50～60	120～135	100	40～50	120～150	80			
盥洗	60～70	90～120	200	70	150～180	150	70～80	120～150	200

建筑物中水系统的原水可取自建筑生活排水或其他可利用的水源，应根据水源的水质、

199

水量、排水状况和中水回用的水质、水量选定。可选择的种类和选取顺序为：

1）卫生间、公共浴室的盆浴和淋浴等的排水。

2）盥洗排水。

3）空调循环冷却水系统排污水。

4）冷凝水。

5）游泳池排污水。

6）洗衣排水。

7）厨房排水。

8）冲厕排水。

建筑物中水系统的原水往往不是单一水源，可由上述几种原水组合：

1）污染程度较低的排水称优质杂排水，如冷却排水、游泳池排水、淋浴排水、盥洗排水、洗衣排水、厨房排水等废水的组合。

2）名用建筑中除粪便污水外的各种排水陈杂排水，如冷却排水、泳池排水、淋浴排水、盥洗排水、洗衣排水、厨房排水等废水的组合。

3）生活排水的水质最差，包含杂排水和冲厕排水。

建筑屋面雨水也可作为中水水源或其补充。

综合医院污水含有较多病菌，作为中水水源时，须经消毒处理，产生的中水仅可用于独立的不与人直接接触的系统。传染病医院、结核病医院污水含有多种传染病菌、病毒，放射性废水会对人体造成伤害，因此均不得作为中水水源。

（2）小区中水系统的原水水质及水源选择。当无实测资料时，小区中水原水水质可按下述方法确定：

1）采用小区生活排水作中水水源时，可按表6-1中综合水质指标取值。

2）采用城市污水处理厂出水为水源时，可按二级处理实际出水水质或以执行的排放标准为依据。

3）利用其他原水的水质需进行实测。

小区中水系统可选择的水源有：①小区内建筑物杂排水；②小区或城市污水处理厂出水；③小区附近相对洁净的工业废水，其水质、水量必须稳定，并要有较高的使用安全性，如工业冷却水、矿井废水等；④小区内的雨水；⑤小区生活排水。

小区中水水源应依据水量平衡和技术经济比较确定，并应优先选择水量充裕稳定、污染物浓度低、水质处理难度小、安全且具名易接受的中水水源。因居民洗浴水的水质相对洁净且水量大，应为优选水源。

城市污水处理厂水量稳定、水质保障程度高、处理成本低于分散的小区中水处理，是小区中水水源的最佳选择。当城市污水回用处理厂出水达到中水水质标准，并有中水供水管网输送到小区时，可将中水直接引入用户使用；如城市污水回用处理厂出水未达到中水水质标准，可作为小区的中水原水进行深度处理，达到中水水质标准后使用。

2. 中水水质（中水的供水水质）

中水水质标准按中水回用用途进行分类。中水用作城镇杂用水（如：冲厕、道路清扫、城市绿化、车辆冲洗、建筑施工等），其水质应符合现行《城镇杂用水水质控制指标》的规定；中水用于食用作物、蔬菜浇灌用水时，其水质应符合《农田灌溉水质标准》的要求；中水用于采暖系统补水等其他用途时，其水质应达到相应使用要求的水质标准；当中水同时满足多种用途时，其水质应按最高水质标准确定。

三、水量与水量平衡

1. 中水系统的原水量

建筑物生活排水中可回收的原水量，按式（7-1）计算：

$$Q_y = \sum \alpha \beta Q b \tag{7-1}$$

式中　Q_y——中水原水量，m^3/d；

α——最高日给水量折算成平均日给水量的折减系数，一般取 $0.67 \sim 0.91$；

β——建筑物按给水量计算排水量的折减系数，一般取 $0.8 \sim 0.9$；

Q——建筑物最高日生活给水量，按《建筑给水排水设计规范》中的用水定额计算确定，m^3/d；（注：如果计算小区中水原水量，则 Q 取小区最高日给水量）

b——建筑物用水分项给水百分率。各类建筑物的分项给水百分率应以实测资料为准，在无实测资料时，可参照表 7-2。

表 7-2　　　　　　　　各类建筑物分项给水百分率　　　　　　　　（%）

项目	住宅	宾馆、饭店	办公楼、教学楼	公共浴室	餐饮业、营业餐厅
冲厕	21.3～21	10～14	60～66	2～5	6.7～5
厨房	20～19	12.5～14	—	—	93.3～95
洗浴	29.3～32	50～40	—	98～95	—
盥洗	6.7～6.0	12.5～14	40～34	—	—
洗衣	22.7～22	15～18	—	—	—
总计	100	100	100	100	100

注　沐浴包括盆浴和淋浴。

2. 小区生活排水中可回收的原水量

小区中水原水量应根据小区中水用水量和可回收排水项目水量的平衡计算确定，可按以下方法计算。

（1）按式（6-1）分项计算小区各建筑物的分项排水原水量，然后累加。

（2）用合流排水为中水水源时，小区综合排水量可按式（7-2）计算：

$$Q_0 = Q_d \alpha \beta \tag{7-2}$$

式中　Q_0——小区综合排水量，m^3/d；

Q_d——小区最高日给水量，m^3/d，按单元五计算；

α、β——同式（6-1）。

（3）中水水源的设计原水量 Q_1，宜为中水回用水量的 $110\% \sim 115\%$。

3. 中水用水量（中水系统供水量）

根据中水的不同用途，分别计算冲厕、洗车、浇洒道路、绿化等各项中水量最高日用水量，然后将各项用水量汇总，即为小区或建筑物中水系统的总用水量，按式（7-3）计算：

$$Q_g = \sum q_{3i} \qquad (7-3)$$

式中　Q_g——中水系统总用水量，m^3/d；

　　　q_{3i}——各项中水用水量，m^3/d。

4. 水量平衡计算

水量平衡计算应从以下两个方面进行：

（1）确定中水水源的污废水可集流的流量，进行原水量和处理水量之间的平衡计算。

（2）确定中水用水量，进行处理水量和中水用水量之间的平衡计算。

水量平衡计算可按下列步骤进行：

1）计算各类建筑物内厕所、厨房、沐浴、盥洗、洗衣及绿化、浇洒等各项用水量，无实测数据时，可按式（7-1）计算。

2）确定中水供水对象，计算可收集的中水原水量 Q_1（中水水源）。

3）计算中水总用水量 Q_g。

4）计算中水日处理水量　中水处理系统的日处理水量应包含中水系统用水量和中水处理设施自耗水量，按式（7-4）计算：

$$Q_c = (1+n)Q_g \qquad (7-4)$$

式中　Q_c——中水系统日处理水量，m^3/d；

　　　n——中水处理设施自耗水系数，可取 $10\% \sim 15\%$。

5）计算中水设施的处理能力，按式（7-5）计算：

$$Q_{2(h)} = Q_c/t \qquad (7-5)$$

式中　$Q_{2(h)}$——中水处理设施设计处理能力，m^3/h；

　　　t——中水处理设施每日运行时间，h。

6）计算溢流量或自来水补充水量，按式（7-6）计算：

$$Q = |Q_1 - Q_c| \qquad (7-6)$$

式中　当 $Q_1 > Q_c$ 时，为溢流量（从超越管排至城市排水管网）；当 $Q_1 < Q_c$ 时，为自来水补充水量，m^3/d。

（3）水量平衡措施。水量平衡措施是通过原水调节池、中水贮水池、中水高位水箱等进行水量调节，以调节原水量、处理水量和用水量之间的不均衡。

1）原水调节池的调节容积。原水调节池设在中水处理设施之前，用于调节原水量和处理水量之间的水量平衡。调节池（箱）的调节容积应按中水原水量及处理量的逐时变化曲线求算。在缺乏上述资料时，原水调节池的调节容积可按下列方法计算：

连续运行时，调节池（箱）的调节容积可按日处理水量的 $35\% \sim 50\%$ 计算，即：

$$W_1 = \alpha_1 Q_c \qquad (7-7)$$

式中　W_1——原水调节池有效容积，m^3；

　　　α_1——系数，取 $0.35 \sim 0.50$；

　　　Q_c——中水日处理水量，m^3/d。

间歇运行时，调节池（箱）的调节容积可按处理工艺运行周期计算：

$$W_1 = 1.5Q_{1(h)}(24 - t_1) \tag{7-8}$$

式中 W_1 ——原水调节池有效容积，m³；

   t_1 ——处理设备连续运行时间，h；

   $Q_{1(h)}$ ——中水原水平均小时进水量，m³/h。

2）中水贮存池（箱）的调节容积。中水贮存池（箱）设在处理设施之后，中水贮存池（箱）的调节容积应按处理量及中水用水量的逐时变化曲线求算。在缺乏上述资料时，其调节容积可按下列方法计算。

连续运行时，中水贮存池（箱）的调节容积可按日中水量的25%～35%计算：

$$W_2 = \alpha_2 Q_g \tag{7-9}$$

式中 W_2 ——原水调节池有效容积，m³；

   α_2 ——系数，取0.25～0.35；

   Q_g ——中水日用水量，m³/d，间歇运行时，中水贮存池（箱）的调节容积可按处理设备运行周期计算；

   $Q_{3(h)}$ ——中水处理系统平均小时用水量，m³/h。

3）中水高位水箱的调节容积。当中水供水系统采用水泵—水箱联合供水方式时，中水高位水箱的调节容积不得小于中水系统最大小时用水量的50%。

4）运行调节。运行调节是利用水位信号控制处理设备自动运行，通过合理调整运行时间和班次有效调节水量平衡。

5）用水调节。充分开辟其他中水用途，如浇洒道路、绿化、施工用水、冷却水补水等，以调节中水使用的季节性不平衡。

6）溢流和超越。当原水量出现瞬时高峰或中水用水发生短时间中断等情况时，溢流是水量平衡原水量与处理水量的手段之一。超越是在处理设备故障检修或其他偶然事故发生时采用的方法。

7）补充自来水。在中水贮存池或中水高位水箱上设置自来水应急补水管，备用于设备发生故障或中水供水不足时用自来水补充。但不允许自来水补水管与中水供水管道直接连接，必须采取隔断措施。

四、中水供水系统

中水供水系统必须独立设置，中水用水量计算按《建筑给水排水设计规范》（GB 50015）中有关规定执行。

建筑中水供水系统管道水力计算按《建筑给水排水设计规范》（GB 50015）中给水部分执行，建筑小区中水供水系统管道水力计算按居住小区给水排水设计的有关规定执行。

中水供水管道宜采用承压的塑料管、复合管和其他给水管材，不得采用非镀锌钢管。中水储存池（箱）宜采用耐腐蚀、易清垢的材料制作。钢板池（箱）内壁应采取防腐处理。中水供水系统上，应根据使用要求安装计量装置。中水管道上一般不得装设取水龙头。当装有取水龙头时，应采取严格的防护措施，便器冲洗宜采用密闭型设备和器具。绿化、浇洒、汽车冲洗宜采用壁式或地下式的给水栓。

课题 2　建筑与小区雨水利用

一、系统形式及选用

1. 系统形式

雨水利用有雨水入渗、收集回用、调蓄排放三种形式。

（1）雨水入渗。雨水入渗是雨水利用回补地下水的一种有效方法，它因全国建筑增加，硬化地面过多，雨水无法回到地下而产生。入渗也可与雨水收集回用相结合使用。

雨水入渗可采用绿地入渗、透水铺装地面入渗、浅沟与洼地入渗、浅沟渗渠组合入渗、渗透管沟、入渗井、入渗池、渗透管—排入系统等方式。绿地雨水应就地入渗；人行道、非机动车通行道的硬质地面、广场等宜采用透水地面；屋面雨水的入渗方式应根据现场条件，经技术经济和环境效益比较确定；小区内路面宜高于路边绿地 50～100mm，并应确保雨水能顺畅流入绿地。

（2）收集回用。雨水回用系统，就是将雨水收集后，按照不同的需求对收集到的雨水进行处理后达到符合设计使用标准的系统。目前多数雨水回用系统，如雨水回用系统，是由截污挂篮装置、弃流过滤装置、蓄水系统、净化系统组成。

雨水回用系统，就是将雨水收集后，按照不同的需求对收集到的雨水进行处理后达到符合设计使用标准的系统。目前多数由弃流过滤系统、蓄水系统、净化系统组成。科学、合理、高效地利用雨水资源，不仅可以缓解城市缺水，而且能涵养与保护水资源、控制城市水土流失，减少水涝，控制城市地下水超采，带来的漏斗效应与沉降，减轻水体污染以及改善城市生态环境。

（3）调蓄排放。雨水调蓄排放系统就是通过雨水储存调节设施来减缓雨水排放的流量峰值、延长雨水排放时间，具有快速排除场地地面雨水、消减外排雨水高峰流量的作用。但没有消减雨水总量的作用。调蓄排放系统由雨水收集、储存和排放管道等设施组成。可利用天然洼地、池塘、景观水体等作为调蓄池，把径流高峰流量暂存在内，待洪峰径流量下降后雨水从调蓄池缓慢排出，以削减洪峰、减少下游雨水管道的管径、节省工程造价。

2. 选用

在一个建设项目中，雨水利用可采用以上三种系统中的一种，也可以是其中两种系统的组合，如雨水入渗、收集回用、调蓄排放、雨水入渗—收集回用、雨水入渗—调蓄排放等。

雨水利用技术的应用应首先考虑其条件适应性和经济可行性，以及对区域生态环境的影响。雨水利用系统的型式、各系统负担的雨水量，应根据当地降雨量、降雨时间分布、下垫面（降雨受水面的总称，包括屋面、地面、水面等）的入渗能力、供水和用水情况等工程项目具体特点经技术经济比较后确定。

（1）入渗系统的适用条件。年均降雨量小于 400mm 的城市，雨水利用可采用雨水入渗系统。地面雨水宜采用雨水入渗。室外土壤在承担了室外各种地面的雨水入渗后，其入渗能力仍有足够的余量时，屋面雨水也可采用雨水入渗。

土壤的渗透系数对雨水入渗技术影响较大，场地的土壤渗透系数（单位水力坡度下水的稳定渗透速度）宜为 10^{-6}～10^{-3}m/s，且渗透面距地下水位（最高地下水位以上的渗透区厚度）应大于 1.0m；当渗透系数大于 10～3m/s 时，雨水入渗速度过大，当渗透区厚度小于 1.0m 时，雨水不能保证足够的净化效果。当渗透区厚度小于 0.5m，雨水会直接进入地下水中。

对化工厂、制药厂、传染病区医院建筑区等特殊场地，如采用雨水入渗等系统时，需要进行特殊处置。水质较差的雨水不能采用渗井直接入渗，以防对地下水造成污染。

以下场所不得采用雨水入渗系统。

1）有陡坡坍塌、滑坡灾害的危险场所。湿陷性黄土、膨胀土在受水浸湿并在一定压力作用下，土体结构会迅速破坏，产生附加下沉，毁坏地面。

2）会造成环境危害的场所。建设用地如发生上层滞水会使地下水位上升，造成管沟进水、墙体裂缝等危害。

3）膨胀土和高含盐土等特殊土壤地质场所。当土壤水分增多时，高含盐量土壤会产生盐结晶。

（2）收集回用系统的适用条件。收集回用系统适用于年均降雨量大于 400mm 的地区。

屋面雨水可采用雨水入渗、收集回用或两者相结合的方式，应根据当地缺水情况、雨水的需求量和水质要求、杂用水量和降雨量季节变化的吻合程度、室外土壤的入渗能力以及经济合理性等因素综合确定。因屋面雨水的污染程度较小，所以是雨水收集回用系统优先考虑的水源。当收集回用系统的回用水量或储水能力小于屋面的收集雨量时，屋面雨水利用可采用回用—入渗相结合的方式。

在降雨量随季节分布较均匀的地区或用水量与降雨量季节变化较吻合的建筑与小区，屋面雨水宜优先采用收集回用系统。在大型屋面的公共建筑或设有人工水体的小区屋面雨水宜采用收集回用系统。

小区内设有景观水体时，屋面雨水宜优先考虑用于景观水体补水。

水面雨水应就地存储，如降落在景观水体上的雨水就地存储。因水面雨水受污染程度小，无须另建收集设施。

（3）调蓄排放系统的适用条件。调蓄排放系统宜用于有消减城市洪峰和要求场地雨水迅速排除的场所。

二、水量与水质

1. 水量

雨水利用工程设计应合理确定雨水径流总量及用水量，充分提高雨水处理设施的利用率。

径流总量可按式（7-10）进行计算：

$$W_s = 10\varphi_z hF \tag{7-10}$$

式中　W_s ——一场降雨时段内场地雨水径流总量，m^3；

　　　φ_z ——综合雨量径流系数；

　　　h ——计算时段内降雨量，mm，一般应扣除初期径流；

　　　F ——汇水面积，ha。

（1）雨水回用于空调循环冷却水补水系统、绿化、车辆冲洗、消防等其他用途时，回用水量按照《建筑给水排水设计规范》（GB 50015）中的有关规定执行。

（2）景观水体补水量应根据当地水面蒸发量和水体渗透损失水量并考虑雨水处理设施自用水量后综合确定：

水面日蒸发量宜按式（7-11）计算：

$$Q_E = E_m S \tag{7-11}$$

式中　Q_E——水体日蒸发量，m^3/d；

E_m——根据当地多年水面蒸发量资料计算的单位面积日平均水面蒸发量，m；

S——水体常水位水面面积，m^2。

水体日渗漏量可根据式（7-12）进行计算：

$$Q_s = S_m \cdot A_s / 1000 \tag{7-12}$$

式中　Q_s——水体的日渗透漏失量，m^3/d；

S_m——单位面积日渗透量，$L/(m^2 \cdot d)$，钢筋混凝土水池取 $2L/(m^2 \cdot d)$，砖水池取 $3L/(m^2 \cdot d)$；

A_s——浸润面积，指水体常水位水面面积及常水位以下侧面渗水面积之和，m^2。

景观水体的雨水处理设施自用水量宜按照水面日蒸发量和水体日渗漏量中两项水量之和的 5%～10%确定。

（3）道路浇洒用水量可按浇洒路面面积乘以 $2～3L/(m^2 \cdot 次)$ 计算，每天按洒水 1 次计算。

（4）绿化灌溉平均日用水量按式（7-13）式计算，年用水量按（7-14）式计算：

$$Q_1 = 0.001 \, q_1 F_1 \tag{7-13}$$

式中　Q_1——日喷灌水量，m^3/d；

q_1——浇水定额，$L/(m^2 \cdot d)$，可取 $2～3L/(m^2 \cdot d)$；

F_1——绿地面积，m^2。

年绿化灌溉月份为每年 3～11 月，根据气候条件，灌溉周期为 4～20 天，则有：

$$Q_a = q \times F_1 \tag{7-14}$$

式中　Q_a——年浇洒水量，m^3/y；

q——年灌溉定额，$m^3/(m^2 \cdot y)$，根据绿化草坪植被类型取 0.28～0.50。

（5）雨水用于冲厕的用水量按照《建筑给水排水设计规范》（GB 50015）中的用水定额确定。

2. 水质

雨水处理后用于各种用途时，其水质应根据应用范围达到《城市污水再生利用——城市杂用水水质》（GB/T 18920）、《城市污水再生利用　景观环境用水水质》（GB/T 18921）、《城市污水再生利用　绿地灌溉水质》（GB/T 25499）、《地表水环境质量标准》（GB 3838）等国家相关标准的要求。当雨水处理后同时用于多种用途时，其水质应按最高水质标准确定。

雨水水质应以实测值为准，无实测资料可采用表 7-3 的经验值。

表 7-3		北京地区雨水水质指标参考值				(mg/L)
水径流类型		COD	TSS	NH₃-N	TN	TP
屋顶雨水	初期径流	150~2000	50~500	10~25	20~80	0.4~2.0
	后期径流	30~100	10~50	2~10	4~20	0.1~0.4
庭院、广场、跑道等雨水	初期径流	150~2500	100~1200	5~25	5~40	0.2~1.0
	后期径流	30~120	30~100	1~4	5~10	0.1~0.2
机动车道路雨水	初期径流	300~3000	300~2000	5~25	5~100	0.5~2.0
	后期径流	30~300	50~300	2~10	5~20	0.1~1.0
入渗铺装下集蓄雨水		10~40	<10	0.2~2	4~20	0.05~0.2

三、雨水收集、入渗、储存与调蓄

1. 雨水收集与弃流

雨水收集利用系统的汇流面选择应遵循下列原则：应尽量选择污染较轻的屋面、广场、硬化地面、人行道等汇流面，对雨水进行收集；应避开厕所、垃圾堆、工业污染地等污染源；对屋面雨水进行收集时，应优先收集绿化屋面及环保型材料的屋面雨水；机动车道路雨水不宜收集回用；当不同汇流面的雨水径流水质差异较大时，可分别收集与储存。

对屋面、场地雨水径流进行收集时，应将初期径流弃流。

初期降雨弃流量应考虑以下因素：下垫面污染状况、集水区汇流时间、高峰控制要求，建议按照实测结果进行计算分析，在没有实测结果条件下，可参考以下数据：屋面：屋面初期弃流宜采用 3~5mm 的径流厚度（在郊区或绿化条件较高的地区可取小值，在污染较重的城区可取大值）；场地、人行道：宜采用分散设置弃流设施，每个独立设施集水区的汇流时间宜小于 20min；当汇流时间小于 20min，宜采用 7~10mm；汇流时间大于 20min 的，宜经过实测后确定。

初期径流弃流量按式（7-15）进行计算：

$$W_i = 10\delta F \tag{7-15}$$

式中　W_i——设计初期弃流量，m³；

　　　δ——初期径流厚度，mm；

　　　F——汇水面积，ha。

收集雨量的计算可按式（7-16）进行计算：

$$W = 10\varphi_c h_e F \tag{7-16}$$

式中　W——收集水量，m³；

　　　φ_c——雨量径流系数，见表 7-4；

　　　h_e—— 一场降雨的设计控制雨量，mm；

　　　F——汇水面积，ha。

雨水设计流量可按下式进行计算：

$$Q = q\varphi_m F \tag{7-17}$$

式中　Q——雨水设计流量，L/s；

　　　φ_m——流量径流系数，见表 7-4；

　　　q——暴雨强度，计算公式参见各地区的暴雨强度计算公式。

表 7-4 径流系数

下垫面种类	雨量径流系数 φ_c	流量径流系数 φ_m
硬屋面、未铺石子的平屋面、沥青屋面	0.8～0.9	1
铺石子的平屋面	0.6～0.7	0.8
绿化屋面	0.3～0.4	0.4
混凝土和沥青路面	0.8～0.9	0.9
块石等铺砌路面	0.5～0.6	0.7
干砌砖、石及碎石路面	0.4	0.5
非铺砌的土路面	0.3	0.4
绿地	0.15	0.25
水面	1	1
地下建筑覆土绿地（覆土厚度大于 500mm）	0.15	0.25
地下建筑覆土绿地（覆土厚度小 500mm）	0.30～0.4	0.4

2. 雨水的入渗

雨水入渗可采用绿地入渗、浅沟入渗、洼地入渗、入渗池、渗透管沟、渗透—排放一体设施等方式或组合形式。

渗透设施的渗透能力按式（7-18）计算：

$$W_p = KJA_s t_s \tag{7-18}$$

式中 W_p——渗透量，m^3；

K——土壤渗透系数，m/s，应以实测资料为准，在无实测资料时可根据地层的土质查阅规范进行选择；

J——水力坡降，一般可取 $J=1$；

A_s——有效渗透面积，m^2；

t_s——渗透时间，s。

渗透设施的有效渗透面积按下列要求确定：水平渗透面按投影面积计算；竖直渗透面按有效水位高度的 1/2 计算；斜渗透面按有效水位高度的 1/2 所对应的斜面实际面积计算；地下渗透设施的顶面积不计。

渗透设施进水量按式（7-19）计算：

$$W_c = \left[60 \frac{q}{1000} (F \Psi_c + F_0) \right] t \tag{7-19}$$

式中 W_c——指在一定设计重现期下，在降雨历时内的设施进水量，m^3；

F——渗透设施的间接集水面积，hm^2；

F_0——渗透设施的直接集水面积，m^2；

t——降雨历时，min。

渗透系统产流历时内的蓄积雨水量按式（7-20）计算：

$$W_s = \text{Max}(W_c - W_p) \tag{7-20}$$

式中 W_s——产流历时内的蓄积水量，m^3，产流历时宜不大于 120min。

渗透设施的有效贮水容积按式（7-21）计算：

$$V_s \geqslant W_s/n \tag{7-21}$$

式中 V_s——渗透设施的有效存储容积，m^3；

n——存储容积内填料的孔隙率，孔隙率应不小于 30%，无填料者取 1。

下凹绿地的有效储水容积按式（7-22）计算：

$$V_a = 10F_a h_1 \tag{7-22}$$

式中 V_a——下凹绿地的有效存储容积，m^3；

F_a——下凹绿地面积，ha；

h_1——下凹绿地下凹深度，mm。

采用下凹绿地渗透雨水时，应满足下列要求：下凹绿地应低于周边铺砌地面或道路，下凹深度一般宜为 50～100mm；入流方式宜采用分散进水，入口处应设置消能缓冲措施；下凹绿地的下凹深度和淹水时间应根据当地土壤的渗透性能计算，并结合绿地的植物特性综合确定；下凹绿地植物应选择耐旱耐淹的品种。

采用生物滞留设施渗透雨水时，应满足下列要求：对于污染严重的汇水区可选用植被浅沟、浅池等对雨水径流预处理，去除大颗粒的沉淀，减缓流速；屋面径流可通过管道直接排入设施，场地及人行道径流可通过路牙豁口流入；溢流系统多为溢流竖管、算子等形式，一般设有 100mm 的超高；设施的蓄水层深度一般在 200～300mm，可根据径流控制目标确定，但不应超过 400mm，蓄水层还应留有 100mm 的超高；种植土层厚度视植物类型确定，当种植草本植物时一般为 250mm 左右，种植木本植物厚度一般为 1000mm；沙层一般由 100mm 厚的细沙和粗沙组成；砾石排水层厚度为 200～300mm，可根据具体要求适当加深；在其中可埋设直径为 100mm 的 PVC 穿孔管；为促进净化后雨水回补地下水，在穿孔管底部可增加 300mm 厚的砾石调蓄层，其厚度可根据现场情况调整。

采用透水铺装地面渗透雨水时，应满足下列要求：铺装面层厚度宜为 60～80mm，面层可采用透水混凝土、透水面砖、草坪砖等；找平层厚度宜为 20～40mm，垫层厚度宜为 100～300mm，垫层可采用无沙混凝土、砾石、沙、沙砾料或其组合形式；铺装面层孔隙率不小于 20%；透水垫层孔隙率不小于 30%；采用草皮砖时，开孔率宜为 20%～50%，砖厚度宜为 60～80mm，下部土厚不宜小于 100mm；透水铺装应满足相应的承载力、抗冻要求。

采用植草沟渗透雨水时，应满足下列要求：浅沟断面形式宜采用抛物线形、三角形或梯形；浅沟顶宽宜为 500～2000mm，深度宜为 50～250mm，最大边坡（水平：垂直）宜为 3：1，纵向坡度宜为 0.3%～5%，沟长不宜小于 30m；植草沟最大流速应小于 0.8m/s，曼宁系数宜为 0.2～0.3，水力停留时间宜为 6～8min；植草沟植被高度一般宜控制在 100～200mm。

采用渗透管（渠）渗透雨水时，应满足下列要求：渗透管（渠）应设置沉淀池等预处理设施；渗透管一般采用 PVC 穿孔管、PE 渗排管、无沙混凝土管等材料制成，塑料管开孔率应大于 1%～3%，无沙混凝土管的孔隙率应大于 20%；渗透管敷设坡度可采用 0.01～0.02；渗透管四周填充砾石或其他多孔材料，砾石层外包土工布，土工布搭接宽度不应小于 150mm；渗透检查井的出水管口管底标高可高于入水管口管底标高，但不应高于上游相邻井的出水管口管底标高；渗透管沟设在行车路面下时覆土深度不应小于 700mm。

采用渗透洼地和渗透池（塘）渗透雨水时，应满足下列要求：渗透池（塘）一般适于汇流面积大于 1ha，且具有空间条件的场地；渗透洼地边坡坡度不宜大于 1：3，宽深比应大于

6：1；渗透塘底部应设置沙渗透层和碎石层，沙层一般不宜小于300mm，碎石层宜为20～40mm；雨水径流汇入前应设沉沙等设施预处理，便于维护管理；地下式渗透池应设检查口；渗透洼地、渗透池（塘）均应设溢流设施；渗透洼地、渗透池（塘）设施外围应设置维护措施，保障管理人员人身安全。

渗透—排放一体设施的设置应符合下列要求：管道整体敷设坡度不应小于0.003，井间管道坡度可采用0.01～0.02；渗透管的管径应满足溢流流量要求，且不小于200mm；检查井出水管口的标高应能确保上游管沟的有效蓄水。当设置有困难时，则无效管沟容积不计入储水容积。

为防止周围土壤进入雨水渗透设施，可在设施底部和侧壁衬上土工布，土工布宜选用无纺土工织物，单位面积质量宜为50～300g/cm²，渗透性能应大于所包覆渗透设施的最大渗水要求，应满足保土性、透水性和防堵性的要求。

3. 雨水的储存与调蓄

（1）雨水的储存。室内雨水储存设施必须设有溢流排水措施，且溢流设施必须设在室外。雨水收集池应满足收集水量的要求，并保证10天的回用用水量。雨水收集池可采用混凝土水池，也可采用埋地式蓄水模块；一般可设置在室外地下。收集池应设检查口或人孔，有效内径不小于700mm。检查口下方的池底设集泥坑，深度不小于300mm，平面尺寸可参照移动式排污泵的占地尺寸设置。当收集池分格时，每格都应设检查口和集泥坑。池底设不小于5%的坡度坡向集泥坑。检查口附近宜设给水栓。当不具备设置排泥设施或排泥确有困难时，应设搅拌冲洗管道，搅拌冲洗水源宜采用池水，并与自动控制系统联动。雨水收集池溢流管和通气管应设防虫措施。雨水收集池可兼做沉淀池，进水和吸水应避免扰动池底沉积物。

（2）雨水的调蓄。雨水调蓄池布置形式可采用溢流堰式和底部流槽式。调蓄池的排空时间不宜超过12h，且出水管管径不应超过市政管道能力。在排水下游或有条件建人工湖区域，可建成集雨水集蓄利用、调控排放、水体净化和生态景观为一体的多功能生态水体。为保证超常规降雨（如连续几场大暴雨导致湖水位的连续上升）对人工湖周边的影响，需在人工湖适当位置设置溢流管道，多余水溢流排往市政管网。使用塑料模块组合水池作为雨水调蓄设施，塑料模块的竖向承载能力应大于400kN/m²，考虑模块使用期限的安全系数应大于2.0。塑料模块水池内应具有良好的水流流动性，直径50mm的颗粒能随水流流动，不堵塞。

四、雨水水质、处理与回用

1. 水质

雨水收集回用系统应设置水质净化系统，雨水处理工艺流程应满足用水水质要求，并经经济技术比较后确定。初期弃流雨水应排至市政污水管网，雨水设施溢流雨水可排至市政雨水管网。

2. 雨水处理

雨水净化设施前处理应符合以下要求：雨水储存设施进水口前应设置拦污格栅、过滤设施，过滤设施可采用滤网或沙石过滤等形式；利用天然绿地、屋面、广场等汇流面收集雨水时，应在收集池进水口前设置沉沙池（井），沉沙池规模根据汇流面面积和来沙情况确定。

雨水净化系统处理工艺可采用物理法、化学法和多种工艺组合，一般可采用过滤、沉淀、消毒等措施，当对出水水质要求较高时，也可采用混凝、深度过滤等处理措施。

3. 雨水回用

屋面雨水回用于景观水体、绿化灌溉、道路浇洒及冲厕时可选择下列工艺流程：

屋面雨水→滤网→初期雨水弃流→景观水面。

屋面雨水→滤网→初期雨水弃流→蓄水池自然沉淀→绿化灌溉、道路浇洒。

屋面雨水→滤网→初期雨水弃流→蓄水池自然沉淀→过滤→消毒→供水调节池。

雨水过滤处理宜采用石英砂、无烟煤、重质矿石、硅藻泥等滤料或其他滤料和新工艺。有条件时可采用生物滞留净化设施。

雨水处理设施运行时间一般不超过 16h/d。设施产生的污泥，当设施规模较小时，可排入污水系统；设施规模较大时，应采用其他方法进行妥善处理。

雨水清水池的有效容积，应根据产水曲线、供水曲线确定，并应满足消毒的接触时间要求。在缺乏上述资料情况下，可按雨水回用系统最高日设计用水量的 25%～35% 计算。

能力拓展训练

一、填空题

1. 在建筑中水系统中，杂排水是指（　　）。
    A. 淋浴排水＋厨房排水　　　　　　　　B. 建筑内部的各种排水
    C. 除粪便污水外的各种排水　　　　　　D. 厨房排水＋粪便污水

2. 根据《建筑中水设计规范》（GB 50336），中水原水量的计算相当于按照中水水源的（　　）确定。
    A. 排水设计秒流量　　　　　　　　　　B. 最大时给水量
    C. 最高日给水量　　　　　　　　　　　D. 平均日排水量

3. 关于中水池（箱）的自来水补水设计，下列叙述中错误的是（　　）。
    A. 补水管管径按中水最大时供水量计算确定　　B. 补水管上应安装水表
    C. 采用最低报警水位控制的自动补给　　　　　D. 采用淹没式浮球阀补水

4. 关于中水管道系统，下列做法中错误的是（　　）。
    A. 中水管道外壁通常应涂成绿色
    B. 中水管道与给水管道平行埋设时，其水平净距不得小于 0.3m
    C. 公共场所及绿地的中水取水口应设置带锁装置
    D. 除卫生间以外，中水管道不宜暗装于墙体内

5. 在中水系统中应设调节池（箱），在无有关资料，其调节容积在连续运行时，可按日处理水量的（　　）计算，在间歇运行时，其调节容积可按处理工艺运行周期计算。
    A. 10%～20%　　　B. 20%～30%　　　C. 35%～50%　　　D. 50%～60%

6. 原水系统应计算原水收集率，收集率不应低于回收排水项目给水量的（　　）。
    A. 50%　　　　　B. 60%　　　　　C. 75%　　　　　D. 80%

7. 根据《建筑与小区雨水利用工程技术规范》（GB 50400），降雨量应根据当地近期（　　）以上降雨量资料确定。

A. 5 年　　　　　　B. 10 年　　　　　　C. 20 年　　　　　　D. 50 年

8. 屋面雨水收集系统中，雨水管道应能承受的压力为（　　）。

A. 管材和接口的工作压力应大于建筑物高度产生的静水压力，且能承受 0.09MPa 负压

B. 管材和接口的工作压力应能承受 0.09MPa 的正压和负压

C. 管材和接口的工作压力应大于建筑物高度产生的静水压力，负压无所谓

D. 管材和接口的工作压力应能承受 0.50MPa 的正压和 0.09MPa 的负压

9. 根据《建筑与小区雨水利用工程技术规范》（GB 50400），当无资料时，屋面雨水弃流可采用（　　）径流厚度。

A. 2～3mm　　　B. 5～6mm　　　C. 8～10mm　　　D. 10～15mm

10. 根据《建筑与小区雨水利用工程技术规范》（GB 50400），渗透设施的日渗透能力不宜小于其汇水面上重现期（　　）的日雨水设计径流总量。

A. 1 年　　　　　B. 3 年　　　　　C. 5 年　　　　　D. 10 年

11. 根据《建筑与小区雨水利用工程技术规范》（GB 50400），雨水可回用量宜按雨水设计径流总量的（　　）计。

A. 70%　　　　　B. 80%　　　　　C. 90%　　　　　D. 100%

二、计算题

1. 某宾馆设中水系统，采用淋浴、盥洗、和洗衣废水作为中水水源，该宾馆最高日用水量为 450m³，中水原水量最小应为多少？

2. 某建筑采用中水作为绿化和冲厕用水，中水原水为淋浴、盥洗和洗衣用水，厨房废水不回用。其中收集淋浴、盥洗和洗用水分别为 149m³/d、63m³/d，厨房废水为 44m³/d。排水量系数为 90%，冲厕需回用废水为 49m³/d，绿化需回用废水为 83m³/d，中水处理设备自用水量取中水用水量的 15%。则中水系统溢流水量为多少？

3. 某小区设有中水系统，其中自来水供水量为：住宅 80m³/d、公建 60m³/d、服务设施 160m³/d；中水供冲厕及绿化，用水量为 213m³/d。若原水收集率 75%，中水站内自耗水量为 10%，则自来水补水量为多少？

附　　录

附录 A　给水管（镀锌钢管）水力计算表

q_g	DN15		DN20		DN25		DN32		DN40		DN50		DN70		DN80		DN100	
	v	i	v	i	v	i	v	i	v	i	v	i	v	i	v	i	v	i
0.05	0.29	0.284																
0.07	0.41	0.518	0.22	0.111														
0.10	0.58	0.985	0.31	0.208														
0.12	0.70	1.37	0.37	0.288	0.23	0.086												
0.14	0.82	1.82	0.43	0.38	0.26	0.113												
0.16	0.94	2.34	0.50	0.485	0.30	0.143												
0.18	1.05	2.91	0.56	0.601	0.34	0.176												
0.20	1.17	3.54	0.62	0.727	0.38	0.213	0.21	0.52										
0.25	1.46	5.51	0.78	1.09	0.47	0.318	0.26	0.077	0.20	0.039								
0.30	1.76	7.93	0.93	1.53	0.56	0.442	0.32	0.107	0.24	0.054								
0.35			1.09	2.04	0.66	0.586	0.37	0.141	0.28	0.080								
			1.24	2.63														
0.40			1.40	3.33	0.75	0.748	0.42	0.179	0.32	0.089								
			1.55	4.11														
0.45			1.71	4.97	0.85	0.932	0.47	0.221	0.36	0.111	0.21	0.312						
0.50			1.86	5.91	0.94	1.13	0.53	0.267	0.40	0.134	0.23	0.037 4						
0.55			2.02	6.94	1.04	1.35	0.58	0.318	0.44	0.159	0.26	0.044 4						
0.60					1.13	1.59	0.63	0.373	0.48	0.184	0.28	0.051 6						
0.65					1.22	1.85	0.68	0.431	0.52	0.215	0.31	0.059 7						
0.70					1.32	2.14	0.74	0.495	0.56	0.246	0.33	0.068 3	0.20	0.020				
0.75					1.41	2.46	0.79	0.562	0.60	0.283	0.35	0.077 0	0.21	0.023				
0.80					1.51	2.79	0.84	0.632	0.64	0.314	0.58	0.085 2	0.23	0.025				
0.85					1.60	3.16	0.90	0.707	0.68	0.351	0.40	0.096 3	0.24	0.028				
0.90					1.69	3.54	0.95	0.787	0.72	0.390	0.42	0.107	0.25	0.031 1				
0.95					1.79	3.94	1.00	0.869	0.76	0.431	0.45	0.118	0.27	0.034 2				
1.00					1.88	4.37	1.05	0.957	0.80	0.473	0.47	0.129	0.28	0.037 6	0.20	0.016 4		
1.10					2.07	5.28	1.16	1.14	0.87	0.564	0.52	0.153	0.31	0.044 4	0.22	0.019 5		
1.20							1.27	1.35	0.95	0.663	0.56	0.18	0.34	0.051 8	0.24	0.022 7		
1.30							1.37	1.59	1.03	0.769	0.61	0.208	0.37	0.059 9	0.26	0.026 1		
1.40							1.48	1.84	1.11	0.884	0.66	0.237	0.40	0.068 3	0.28	0.029 7		
1.50							1.58	2.11	1.19	1.01	0.71	0.27	0.42	0.077 2	0.30	0.033 6		

q_g	DN15		DN20		DN25		DN32		DN40		DN50		DN70		DN80		DN100	
	v	i	v	i	v	i	v	i	v	i	v	i	v	i	v	i	v	i
1.60							1.69	2.40	1.27	1.14	0.75	0.304	0.45	0.087 0	0.32	0.037 6		
1.70							1.79	2.71	1.35	1.29	0.80	0.340	0.48	0.096 9	0.34	0.041 9		
1.80							1.90	3.04	1.43	1.44	0.85	0.378	0.51	0.107	0.36	0.046 6		
1.90							2.00	3.39	1.51	1.61	0.89	0.418	0.54	0.119	0.38	0.051 3		
2.0									1.59	1.78	0.94	0.460	0.57	0.13	0.40	0.056 2	0.23	0.014 7
2.2									1.75	2.16	1.04	0.549	0.62	0.155	0.44	0.066 6	0.25	0.017 2
2.4									1.91	2.56	1.13	0.645	0.68	0.182	0.48	0.077 9	0.28	0.020 0
2.6									2.07	3.01	1.22	0.749	0.74	0.21	0.52	0.090 3	0.30	0.023 1
2.8											1.32	0.869	0.79	0.241	0.56	0.103	0.32	0.026 3
3.0											1.41	0.998	0.85	0.274	0.60	0.117	0.35	0.029 8
3.5											1.65	1.36	0.99	0.365	0.70	0.155	0.40	0.039 3
4.0											1.88	1.77	1.13	0.468	0.81	0.198	0.46	0.050 1
4.5											2.12	2.24	1.28	0.586	0.91	0.246	0.52	0.062 0
5.0											2.35	2.77	1.42	0.723	1.01	0.30	0.58	0.074 9
5.5											2.59	3.35	1.56	0.875	1.11	0.358	0.63	0.089 2
6.0													1.70	1.04	1.21	0.421	0.69	0.105
6.5													1.84	1.22	1.31	0.494	0.75	0.121
7.0													1.99	1.42	1.41	0.573	0.81	0.139
7.5													2.13	1.63	1.51	0.657	0.87	0.158
8.0													2.27	1.85	1.61	0.748	0.92	0.178
8.5													2.41	2.09	1.71	0.844	0.98	0.199
9.0													2.55	2.34	1.81	0.946	1.04	0.221
9.5															1.91	1.05	1.10	0.245
10.0															2.01	1.17	1.15	0.269
10.5															2.11	1.29	1.21	0.295
11.0															2.21	1.41	1.27	0.324
11.5															2.32	1.55	1.33	0.354
12.0															2.42	1.68	1.39	0.385
12.5															2.52	1.86	1.44	0.418
13.0																	1.50	0.452
14.0																	1.62	0.524
15.0																	1.73	0.602
16.0																	1.85	0.685
17.0																	1.96	0.773
20.0																	2.31	1.07

注　q_g——流量，L/s；DN——管径，mm；v——流速，m/s；i——单位长度的压力损失，kPa/m。

附录 B 给水塑料管水力计算表

q_g	DN15		DN20		DN25		DN32		DN40		DN50		DN70		DN80		DN100	
	v	i	v	i	v	i	v	i	v	i	v	i	v	i	v	i	v	i
0.10	0.50	0.275	0.26	0.060														
0.15	0.75	0.564	0.39	0.123	0.23	0.033												
0.20	0.99	0.940	0.53	0.206	0.30	0.055	0.20	0.02										
0.30	1.49	0.193	0.79	0.422	0.45	0.113	0.29	0.040										
0.40	1.99	0.321	1.05	0.703	0.61	0.188	0.39	0.067	0.24	0.021								
0.50	2.49	4.77	1.32	1.04	0.76	0.279	0.49	0.099	0.30	0.031								
0.60	2.98	6.60	1.58	1.44	0.91	0.386	0.59	0.137	0.36	0.043	0.23	0.014						
0.70			1.84	1.90	1.065	0.507	0.69	0.181	0.42	0.056	0.27	0.19						
0.80			2.10	2.40	1.21	0.643	0.79	0.229	0.48	0.071	0.30	0.023						
0.90			2.37	2.96	1.36	0.792	0.88	0.282	0.54	0.088	0.34	0.029	0.23	0.018				
1.00					1.51	0.955	0.98	0.340	0.60	0.106	0.38	0.035	0.25	0.014				
1.50					2.27	1.96	1.47	0.698	0.90	0.217	0.57	0.072	0.39	0.029	0.27	0.012		
2.00							1.96	1.160	1.20	0.361	0.76	0.119	0.52	0.049	0.36	0.020	0.24	0.008
2.50							2.46	1.730	1.50	0.536	0.95	0.517	0.65	0.072	0.45	0.030	0.30	0.011
3.00									1.81	0.741	1.14	0.245	0.78	0.099	0.54	0.042	0.36	0.016
3.50									2.11	0.974	1.33	0.322	0.91	0.131	0.63	0.055	0.42	0.021
4.00									2.41	0.123	1.51	0.408	1.04	0.166	0.72	0.069	0.48	0.026
4.50									2.71	0.152	1.70	0.503	1.17	0.205	0.81	0.086	0.54	0.032
5.00											1.89	0.606	1.30	0.247	0.90	0.104	0.60	0.039
5.50											2.08	0.718	1.43	0.293	0.99	0.123	0.66	0.046
6.00											2.27	0.838	1.56	0.342	1.08	0.143	0.72	0.052
6.50													1.69	0.394	0.17	0.165	0.78	0.062
7.00													1.82	0.445	1.26	0.188	0.84	0.071
7.50													1.95	0.507	1.35	0.213	0.90	0.080
8.00													2.08	0.569	1.44	0.238	0.96	0.090
8.50													2.21	0.632	1.53	0.265	1.02	0.102
9.00													2.34	0.701	1.62	0.294	1.08	0.111
9.50													2.47	0.772	1.71	0.323	1.14	0.121
10.00															1.80	0.354	1.20	0.134

注　q_g——流量，L/s；DN——管径，mm；v——流速，m/s；i——压力损失，kPa/m。

附录 C 塑料排水横管水力计算表 (*N*=0.009)

坡度	h/D=0.5										h/D=0.6	
	*De*50		*De*75		*De*90		*De*110		*De*125		*De*160	
	Q	*v*	*Q*	*v*	*Q*	*v*	*Q*	*v*	*Q*	*v*	*Q*	*v*
0.001											4.83	0.43
0.001 5											5.93	0.52
0.002									2.63	0.48	6.85	0.60
0.002 5							2.05	0.49	2.94	0.53	7.65	0.67
0.003					1.27	0.46	2.25	0.53	3.22	0.58	8.39	0.74
0.003 5					1.37	0.50	2.43	0.58	3.48	0.63	9.06	0.80
0.004					1.46	0.53	2.59	0.61	3.72	0.67	9.68	0.85
0.004 5					1.55	0.56	2.75	0.65	3.94	0.71	10.27	0.90
0.005			1.03	0.53	1.64	0.60	2.90	0.69	4.16	0.75	10.82	0.95
0.006			1.13	0.58	1.79	0.65	3.18	0.75	4.55	0.82	11.86	1.04
0.007	0.39	0.47	1.22	0.63	1.94	0.71	3.43	0.81	4.92	0.89	12.81	1.13
0.008	0.42	0.51	1.31	0.67	2.07	0.75	3.67	0.87	5.26	0.95	13.69	1.21
0.009	0.45	0.54	1.39	0.71	2.19	0.80	3.89	0.92	5.58	1.01	14.52	1.28
0.101	0.47	0.57	1.46	0.75	2.31	0.84	4.10	0.97	5.88	1.06	15.31	1.35
0.012	0.52	0.63	1.60	0.82	2.53	0.92	4.49	1.07	6.44	1.17	16.77	1.48
0.015	0.58	0.70	1.79	0.92	2.83	1.03	5.02	1.19	7.20	1.30	18.75	1.65
0.020	0.67	0.81	2.07	1.06	3.27	1.19	5.80	1.38	8.31	1.50	21.65	1.90
0.025	0.74	0.89	2.31	1.19	3.66	1.33	6.48	1.54	9.30	1.68	24.21	2.13
0.026	0.76	0.91	2.35	1.21	3.74	1.36	6.56	1.56	9.47	1.71	14.66	2.17
0.030	0.81	0.97	2.53	1.30	4.01	1.46	7.10	1.68	10.18	1.84	26.52	2.33
0.035	0.88	1.06	2.74	1.41	4.33	1.59	7.67	1.82	11.00	1.99	28.64	2.52
0.040	0.94	1.13	2.93	1.51	4.63	1.69	8.20	1.95	11.76	2.13	30.62	2.69
0.045	1.00	1.20	3.10	1.59	4.91	1.79	8.70	2.06	12.47	2.26	32.47	2.86
0.050	1.05	1.26	3.27	1.68	5.17	1.88	9.17	2.18	13.15	2.38	34.23	3.01
0.060	1.15	1.38	3.58	1.84	5.67	2.07	10.04	2.38	14.40	2.61	37.50	3.30

注 *Q*——排水流量, L/s; *v*——流速, m/s; *De*——塑料排水管公称外径, mm。

附录 D 雨水斗最大允许汇水面积表

系统形式		虹吸式系统			87式单斗系统				87式多斗系统			
管径/mm		50	75	100	75	100	150	200	75	100	150	200
小时降雨厚度 H/mm/h	50	480	960	2000	640	1280	2560	4160	480	960	2080	3200
	60	400	800	1667	533	1067	2133	3467	400	800	1733	2667
	70	343	686	1429	457	914	1829	2971	343	686	1486	2286
	80	300	600	1250	400	800	1600	2600	300	600	1300	2000
	90	267	533	1111	356	711	1422	2311	267	533	1156	1778
	100	240	480	1000	320	640	1280	2080	240	480	1040	1600
	110	218	436	909	291	582	1164	1189	218	436	945	1455
	120	200	400	833	267	533	1067	1733	200	400	867	1333
	130	185	369	769	246	492	985	1600	185	369	800	1231
	140	171	343	714	229	457	914	1486	171	343	743	1143
	150	160	320	667	213	427	853	1387	160	320	693	1067
	160	150	300	625	200	400	800	1300	150	300	650	1000
	170	141	282	588	188	376	753	1224	141	282	612	941
	180	133	267	556	178	356	711	1156	133	267	578	889
	190	126	253	526	168	337	674	1095	126	253	547	842
	200	120	240	500	160	320	640	1040	12	240	520	800
	210	114	229	476	152	305	610	990	114	229	495	762
	220	109	218	455	145	291	582	945	109	218	473	727
	230	104	209	435	139	278	557	904	104	209	452	696
	240	100	200	417	133	267	533	867	100	200	433	667
	250	96	192	400	128	256	512	832	96	192	416	640

附录 E 悬吊管（铸铁管、钢管）水力计算表

水力坡度 I	管径 D/mm									
	75		100		150		200		250	
	v	Q	v	Q	v	Q	v	Q	v	Q
0.01	0.57	2.18	0.70	4.69	0.91	13.82	1.10	29.76	1.28	53.95
0.02	0.81	3.08	0.98	6.63	1.29	19.54	1.56	42.08	1.81	76.29
0.03	0.99	3.77	1.21	8.12	1.58	23.93	1.91	51.54	2.22	93.44
0.04	1.15	4.35	1.39	9.37	1.82	27.63	2.21	59.51	2.56	107.89
0.05	1.28	4.87	1.56	10.48	2.04	30.89	2.47	66.54	2.87	120.63
0.06	1.41	5.33	1.70	11.48	2.23	33.84	2.71	72.89	3.14	132.14
0.07	1.52	5.76	1.84	12.40	2.41	36.55	2.92	78.73	3.39	142.73
0.08	1.62	6.15	1.97	13.25	2.58	39.08	3.12	84.16	6.62	142.73
0.09	1.72	6.53	2.09	14.06	2.74	41.45	3.31	84.16	3.84	142.73
0.10	1.82	6.88	2.20	14.82	2.88	41.45	3.49	84.16	4.05	142.73

参 考 文 献

[1] 建筑工程设计文件编制深度规定住房和城乡建设部文件建质〔2008〕216 号.

[2] 住房城乡建设部关于发布市政公用工程设计文件编制深度规定（2013 年版）的通知.

[3] 汤万龙主编. 建筑给水排水系统安装 [M]. 北京：机械工业出版社，2015.

[4] 岳秀萍主编. 建筑给水排水工程 [M]. 北京：中国建筑工业出版社，2011.

[5] 上海市城乡建设和交通委员会主编. GB 50015—2003，2009 年版 建筑给水排水设计规范 [S]. 北京：中国计划出版社，2010.

[6] 中华人民共和国公安部主编. GB 50016—2014 建筑设计防火规范[S]. 北京：中国计划出版社，2015.

[7] GB 50400—2006 建筑与小区雨水利用工程技术规范 [S]. 北京：中国计划出版社，2006.

[8] 海绵城市建设技术指南——低影响开发雨水系统构建（2014）（试行）[S]. 北京：中国建筑工业出版社. 2015.